KB035080

VIRUS SHOCK

HISTORY

인류를 공포로 몰아간 바이러스 전염병 확산 연표

미국 에이즈 1981

스페인 독감 1918

멕시코 신종플루 2009

남미 지카 2015

1918 스페인 독감, 인플루엔자 바이러스(A/H1N1)

제1차 세계대전 중 미국에서 출현(추정), 전 세계로 확산되었다. 기원동물은 야생조류로 추정된다. 인류 역사상 가장 치명적인 독감으로, 제1차 세계대전 중 전 세계로 급속히 확산되었다. 당시 세계인구 3분의 1이 감염되었고 2,000~5,000만 명이 사망한 것으로 추정된다.

1957 아시아 독감, 인플루엔자 바이러스(A/H2N2)

1957년 2월 중국 남부지방에서 출현, 홍콩을 거쳐 전 세계로 확산되었다. 믹서기 동물(돼지)에서 조류 바이러스와 사람 바이러스 간 뒤섞임을 통해 출현한 것으로 추정된다. 처음으로 인플루엔자 백신이 일부 사용되었고 폐렴 치료에 항생제가 사용되기 시작했다. 전 세계에서 약 200만 명이 사망한 것으로 추정된다.

1968 홍콩 독감, 인플루엔자 바이러스(A/H3N2)

베트남 전쟁이 진행 중이던 1968년 7월 중국 남부지역에서 출현, 전 세계로 확산되었다. 믹서기 동물(돼지)에서 조류 바이러스와 사람 바이러스 간 뒤섞임을 통해 출현한 것으로 추정된다. 베트남 전쟁에 참전한 미군부대의 복귀로 미국에 확산되었다. 백신접종이 본격적으로 시작되었다. 전 세계에서 약 100만 명이 홍콩 독감으로 사망한 것으로 추정된다.

1976 아프리카 에볼라, 에볼라 바이러스(필로 바이러스)

1976년 자이레(현 민주콩고공화국)와 수단 남부지역(면직공장)에서 독자적으로 출현하였다. 고열, 두통과 심한 복통, 설사 등의 증상을 보인다. 총 602명이 에볼라에 감염되었고 이 중 431명이 사망했다. 당시 출현 원인은 밝혀지지 않았다.

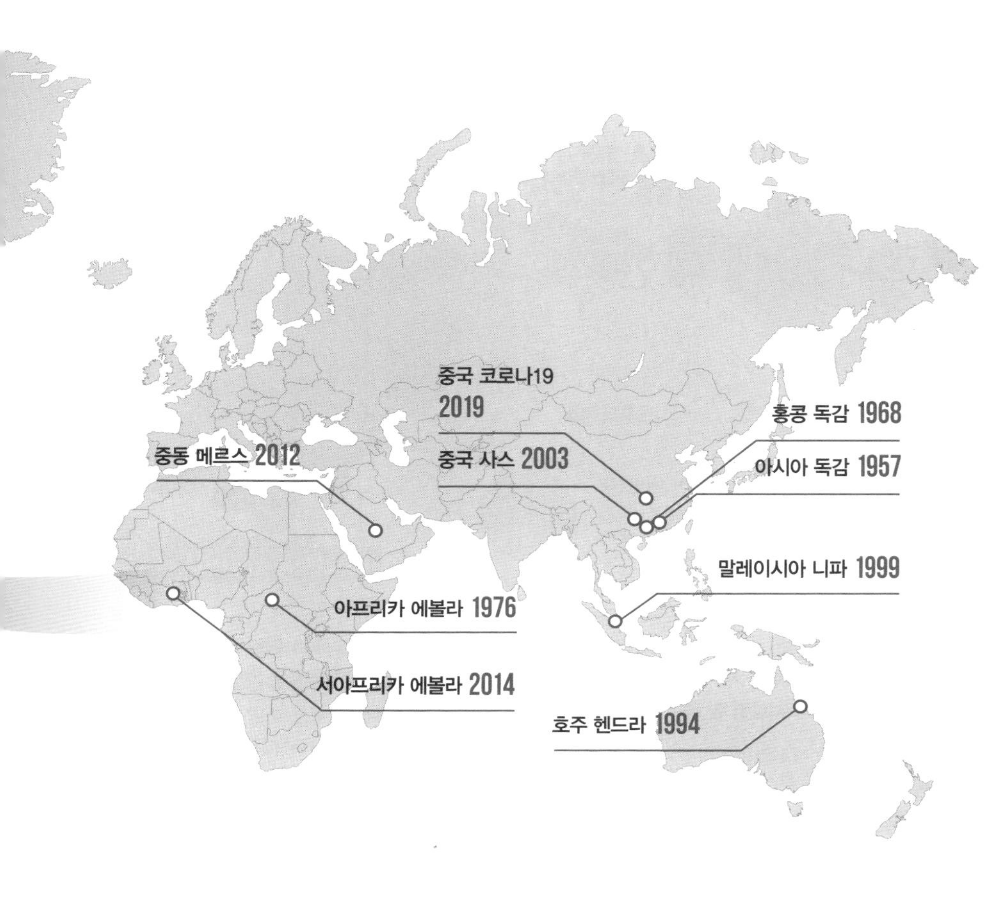

1981 **미국 에이즈(후천성 면역결핍증), 사람면역결핍증 바이러스(레트로 바이러스)**

1981년 미국 캘리포니아 동성애자와 마약중독자 사이에서 처음 보고되었다. 1959년 아프리카 콩고 남성의 혈액에서도 바이러스가 검출되었다. 에이즈의 기원동물은 침팬지로 알려져 있다. 감염초기 독감 증세를 보이다가 긴 잠복기(6~12년)를 거쳐 면역결핍 증상이 악화되면서 각종 질병에 시달린다. 지금까지 전 세계에서 약 3,600만 명이 에이즈로 사망했다.

2003 **중국 사스, 사스 바이러스(코로나 바이러스)**

2002년 11월 중국 광동 한 재래시장에서 처음 출현했다. 기원동물은 중국 관박쥐로 알려져 있다. 감염자는 심한 독감 증상과 폐렴소견을 보인다. 전 세계 38개국에서 8,273명이 감염되어 이 중 775명이 사망(치사율 9.4%)했다.

2012 **중동 메르스, 메르스 바이러스(코로나 바이러스)**

2012년 6월 사우디아라비아에서 중증폐렴환자에서 첫 보고되었다. 기원동물은 박쥐로 추정되며, 낙타가 중간전파 매개체이다. 2015년 9월 1일 기준 1,475명 감염, 515명 사망했다. 2015년 6월 우리나라에서 발생하여 186명 감염자와 36명의 사망자를 낳았다.

2019 **중국 우한 폐렴, 코로나19(COVID-19)**

2019년 12월, 중국 우한에서 고열과 기침을 동반한 최초의 폐렴 환자가 발생. 기원동물은 박쥐로 추정된다. 12월 중순 이후 우한의 한 재래시장을 방문한 사람들을 중심으로 폐렴환자가 속출하기 시작했고, 빠른 속도로 전 세계에 퍼져 수만 명이 감염되었다.

바이러스 쇼크

| 최강석 지음 |

매일경제신문사

추천사

마치 데자뷰 같다. 2020년 벽두부터 우한발 코로나19 확산으로 전 세계가 들썩거렸다. 과거에도 수년에 한 번씩 사스, 메르스, 에볼라 등 낯선 바이러스가 등장해 세상을 흔들어놓곤 했다. 한 번 터질 때마다 재앙급 폭발력을 보이는 바이러스의 공격에 인류가 가장 효과적으로 대처할 수 있는 방법은 무엇일까. 이 책은 각종 바이러스에 대한 다양한 정보와 분석을 통해 일반 대중도 알기 쉽게 그 해답을 내놓고 있다.

– 신찬수 (서울대학교 의과대학 학장)

《바이러스 쇼크》는 범람하는 가짜정보와 가짜뉴스 속에서 무엇보다 과학적이고 객관적으로 바이러스를 설명한 교양서다. 바이러스의 기원, 인체 감염 경로, 과거 전 세계를 공포로 몰아넣었던 메르스와 에볼라 바이러스에 의한 전염병 발생 등도 자세히 기술하였다. 이 책을 읽은 독자들은 코로나19 등 각종 바이러스성 감염병에 대한 지나친 우려 또는 낙관에 빠지지 않고 현명히 대처할 수 있게 될 것이다.

– 강대희 (서울대학교 의과대학 교수)

최강석 박사의 신작 《바이러스 쇼크》는 전작에 이어 근래에 관심이 부각되고 있는 신종 인수공통전염병과 그 원인체인 바이러스의 실체에 대하여 흥미진진하게 기술하고 있다. 결코 쉽지 않은 전문적 영역을 일반 독자들이 이해하기 쉽게 체계적으로 집필하였다. 더욱이 근래에 지구촌을 강타하고 있는 지카 바이러스 등의 여러 신종 질병의 위협과 그 원인을 자연생태계와 연계하여 새로운 시각에서 풀어 나가고 있고, 인류가 해결해야 할 대응방향까지 정리해주고 있다. 심산유곡의 박쥐, 지구온난화로 인한 흡혈곤충의 북상, 생태계의 파괴…신종 질병과 환경에 관심을 가지는 과학도는 물론 일반 독자도 이 책을 꼭 읽어 보시기를 권한다. 메르스 등 일련의 사태를 보는 여러분의 시야가 열릴 것이다.

– 김재홍 (전 서울대학교 수의과대학 학장)

몇 년 전 수의대 학생들을 위해 동물바이러스 도서를 준비하러 수원역에 있는 서점을 들러 최강석 박사의 전작을 접했었다. 그때에는 동물 바이러스를 이해하는 입문서라 할 수 있었는데, 이번 《바이러스 쇼크》는 'One Health'의 개념을 담아 씀으로서 더욱 대중성 있고 현실성 있을 뿐만 아니라 전문적인 책이 되었다. 현재 이슈가 되고 있는 동물 바이러스성 질병들을 짜임새 있게 구성하여 '바이러스'라고 하는 용어의 세계를 더 폭넓게 하였다. 이 책을 통하여 인류와 동물이 환경을 지키면서 행복한 공존을 누릴 수 있길 기대해본다.

– 박봉균 (서울대학교 수의과대학 교수)

공포와 집단 패닉의 원인은 대부분 대상에 대한 무지에서 온다. 지피지기(知彼知己)면 백전백승(百戰百勝)이라는 말이 괜히 명언이 된 것이 아니다. 사스, 메르스, 에볼라, 지카…최근 몇 년간 이러한 바이러스들이 우리에게 불러일으킨 엄청난 공포도 무지에서 기인한 바가 크다. 이름조차도 낯설기에 더욱 공포스러운 존재로 우리에게 각인되고 있는 바이러스들은 점점 늘어나고 있다. 하지만 당신의 마음속 어딘가에 이렇게 두려워하고만 있을 수는 없다는 용기가 한 조각만이라도 존재한다면, 이 책을 권하고 싶다. 오랜 기간 현장에서 바이러스와 부대끼면서 살아온 저자의 경험담과 해박한 지식이 미지의 적을 정면으로 응시할 수 있게 해주는 든든한 안내서가 되어줄 것이니.

– 이은희 (과학커뮤니케이터, 《하리하라의 생물학 카페》 저자)

코로나19, 가장 궁금한 10가지

Q1 코로나19(COVID-19)의 정체는 무엇인가?

코로나 바이러스는 동물 및 사람에서 호흡기 질환이나 소화기 질환(설사)를 일으키는 바이러스의 한 종류로, 그중 사람에게 전파가능한 코로나 바이러스는 현재 6종이 알려져 있다. 이중 4종은 감기와 같은 질병을 일으키는 바이러스이며, 나머지 2종은 각각 '메르스 코로나 바이러스'와 '사스 코로나 바이러스'로 알려져 있다. 코로나19의 공개된 염기서열 분석을 통해 코로나19가 사스유사 박쥐바이러스와 유전자 일치도가 가장 높아(89.1%) 박쥐에서 유래된 것으로 추정한다.

Q2 어떻게 전염되나? 사람 간 전염은?

'공기 감염' 가능성은 매우 낮으며, 메르스 등과 같은 '비말 감염'으로 보인다. 기침 등을 통해 튀어나오는 침방울 등이 매개가 된다. 참고로 공기 감염은 바이러스가 포함된 아주 작은 입자(에어로졸)가 공기 중에 떠다니다 감염되는 방식으로 매우 전염력이 강하다. 이러한 공기 감염과 구분 지어야 할 부분은, 비말 입자는 큰 침방울 입자로 공기 중에 오래 떠있지 못해 일반적으로 2미터 이내에 바닥으로 금방 떨어진다는 것이다. 이러한 비말 입자가 떨어진 표면을 만진 손으로 점막 부분을 비비거나, 가까운 거리에서 침방울에 직접 접촉될 경우 전염된다. 마스크 착용과 손 씻기가 중요한 이유다.

Q3 무증상 감염자가 바이러스 옮길 가능성 있나?

세계보건기구(WHO)는 코로나19 감염증과 관련해 무증상 감염자도 바이러스를 옮길 가능성이 있다고 발표한 바 있다. 무증상 감염이란, 쉽게 말해 증상이 나타나기 전 잠복기에도 전염되는 경우다. 잠복기 동안, 특히 증상이 나타나기 직전 바이러스가 충분히 증식된 상태에서 주변 사람을 감염시킬 가능성이 있는 상태라 할 수 있다. 다만 감염자가 어느 정도 수준의 증상을 보여야 코로나19를 전파할 수 있는지는 계속 연구 중이다. 2020년 2월 3일 기준 국내에서는 아직 무증상 감염사례가 없는 것으로 파악되고 있다.

Q4 반드시 KF94 마스크를 써야 예방 효과가 있나?

'KF94 이상 마스크만 써야 한다'는 소문이 온라인에서 나돌기도 했으나 이는 사실과 다르다. KF는 식품의약품안전처에서 정하는 보건용 마스크 등급으로, '코리아 필터(Korea Filter)'의 약자다. 80 · 94 · 99 등 3가지 등급이 있다. 숫자가 클수록 더 미세한 먼지까지 차단해주지만, 산소 투과율도 같이 낮아져 숨 쉬기 어렵다. 어린이나 노약자, 임산부가 장시간 착용하는 건 오히려 건강에 안 좋다고 한다. 의료 전문가들은 KF80만 돼도 예방 효과가 충분하다고 한다.

Q5 메르스나 사스보다는 치사율이 낮다고 하는데?

메르스 치사율은 30%, 사스 치사율은 10% 정도로, 우한발 코로나19는 이에 비해 낮은 편이다. 확산 초기 2% 정도 치사율로 추정했으나, 한국 보건당국은 기존 추정치보다 2배가량 높은 4~5%에 달할 것으로 내다봤다(2020년 2월 2일 기준). 다만 치사율은 감염 확산 상황에 따라 변경될 수 있다. 중국에서 환자와 사망자 수치가 하루가 다르게 증가 중이어서 4~5%보다 증가하거나 낮아질 가능성이 있다. 중국 내 의료기관이 부족해 치료를 제대로 못 받는 환자가 대다수란 점을 고려하면 사망자가 증가해 치사율도 오를 수 있다. 반면 감염자 수 증가보다 사망자 수 증가 속도가 더딘 점을 고려하면 이보다 낮아질 가능성도 있다.

Q6 코로나19도 박쥐가 원인?

코로나 바이러스는 동물과 사람 모두를 감염시키는 인수 공통 전염병이다. 사스는 박쥐 바이러스가 사향고양이를 매개로, 메르스는 박쥐 바이러스가 낙타를 매개로 출현한 것으로 추정한다. 우한발 코로나19는 박쥐 중에서도 중국관박쥐가 잠정적인 원인으로 알려져 있다. 1967년 첫 환자가 보고된 마르부르그바이러스(아프리카출혈열), 1998년 말레이시아에서 발견된 니파바이러스, 1994년 호주에서 발견된 헨드라바이러스 등의 보균체이기도 하다. 박쥐의 종류는 1,200여 종으로, 엄청난 생물학적 다양성을 가지고 있다. 각 박쥐 종마다 많은 종류의 동물 바이러스를 가지고 있어서, 박쥐는 자연계 '동물 바이러스의 보고'라고 할 수 있다. 그 중 일부가 사람에게 넘어와서 문제를 일으키는 것이다.

Q7 전염병이 우리 경제에 끼치는 영향은?

2000년 이후 전염병이 글로벌 경제에 충격을 준 사례가 세 차례 있었다. 2002~2003년 사스, 2009년 신종플루, 2015년 메르스 등이었다. 한국 경제는 중동에서 시작됐던 메르스나 멕시코발 신종플루에 비해 중국발 사스의 충격을 가장 크게 받았다. 대외경제정책연구원(KIEP) 분석을 보면 사스는 2003년 2분기 한국 경제 국내총생산(GDP) 성장률을 1%포인트, 연간으로는 0.25%포인트가량 떨어뜨린 것으로 추정된다. 당시 중국과의 교역이 중단되면서 국내 증시는 급락했고 원 · 달러 환율이 급등하는 등 후폭풍이 컸다. 코로나19 역시 여행과 외식 등 야외활동 중단과 소비 위축을 불러오고 제조업, 금융 등 경제 전반에 악영향을 미쳤다.

Q8 세계 경제에는 어떤 영향 미칠까?

영국의 경제분석 기관인 옥스퍼드 이코노믹스는 〈글로벌 시나리오〉 보고서에서 코로나19 판데믹으로 인해 2020년 세계 경제 국내 총생산(GDP) 증가율이 1.1%에 그칠 것으로 내다봤다. 미국 연방준비제도(Fed) 역시 기준금리를 0.5%포인트 내린 데 이어 보름도 안 돼 추가로 1%포인트 인하하면서 코로나19로 인한 경제침체를 적극적으로 방어했다. 이를 신호로 대한민국을 포함한 세계 각국도 연이어 금리인하를 결정했다. 다른 글로벌 경제위기와 다르게 이번 위기는 바이러스로 인한 것이기에 통화나 재정정책으로는 근본적인 해결이 어렵다. 세계 주요국들과 대형 제약사들이 치료제와 백신 개발에 사활을 걸고 있는 이유다.

Q9 세계보건기구(WHO)의 '국제적 공중보건 비상사태(PHEIC)'란?

△공중보건에 미치는 영향이 심각한 경우 △사건이 이례적이거나 예상하지 못한 경우 △국가 간 전파위험이 큰 경우 △국제무역이나 교통을 제한할 위험이 큰 경우 WHO 사무총장이 긴급위원회를 소집해 선포할 수 있다.

국제적 공중보건 비상사태 연표

연도	질병	국가
2009년	신종인플루엔자A(H1N1)	전 세계
2014년	폴리오	파키스탄 · 카메룬 · 시리아 등
2014년	서아프리카 에볼라바이러스	라이베리아 등
2016년	지카바이러스	브라질 등
2018년	콩고 에볼라바이러스	콩고 등
2020년	코로나19	중국 등

Q10 코로나19 관련 용어

의사환자 & 확진환자

의사환자는 감염병의 예방 및 관리에 관한 법률에 따라 감염병 병원체가 인체에 침입한 것으로 의심되지만 감염병 환자로 확인되기 전 단계를 말한다. 코로나19 사례에서는 후베이성에 다녀온 후 14일 이내에 발열 및 기침, 인후통 등 호흡기증상이 나타난 경우가 이에 해당한다. 확진환자는 말 그대로 의사환자 중 감염병 병원체 감염이 확인된 환자다. 확진환자와 밀접하게 접촉한 후 14일 이내에 발열 또는 호흡기 증상(기침, 인후통 등)이 나타난 사람도 의사환자로 분류된다.

밀접접촉자 & 일상접촉자

접촉자는 확진환자와 접촉한 사람을 통틀어 일컫는데, 노출 시간, 노출 위험도에 따라 밀접접촉자와 일상접촉자로 분류한다. 환자와 같은 공간에 얼마나 오랜 시간 체류했는지, 환자가 마스크를 착용했는지 등을 보고 역학조사관이 판단한다. 밀접접촉자는 자가격리 후 모니터링 대상이 된다.

능동감시 대상자 & 조사대상 유증상자

능동감시 대상자는 격리 대상은 아니지만 증상이 어떻게 변하는지 보건소의 모니터링을 받는 사람이다. 중국 우한에서 입국했지만 유증상자가 아니거나 확진환자와 접촉한 사람이 이에 해당한다. 조사대상 유증상자는 중국을 방문한 후 14일 이내에 영상의학적으로 폐렴이 확인된 사람이다.

비말 감염 & 공기 감염

비말(飛沫)은 '튀어서 흩어지는 물방울'이란 뜻이다. 환자 침이나 콧물 같은 체액이 재채기나 기침 등으로 튀어 감염되는 것을 비말 감염이라고 한다. 공기 감염은 체액이 마른 후에도 바이러스가 공기를 떠다니면서 곳곳에 감염을 일으키는 경우다.

2차 감염

확진환자의 바이러스가 전파돼 다른 환자를 감염시키는 것을 말한다. 우한시장에서 야생동물 바이러스에 감염된 환자가 1차 감염자라면 국내 확진자는 2차 감염자로 볼 수 있다.

선별진료소

응급실 외부 또는 의료기관과 분리된 별도의 진료시설로 감염증 의심증상자가 출입 전에 진료를 받는 공간이다. 보건복지부 및 질병관리본부 홈페이지에서 선별진료소를 확인할 수 있다.

프롤로그

마당 돼지의 죽음

1970년대, 유년 시절을 보냈던 시골 마을은 지금과는 사뭇 색다른 풍경들로 가득 차 있었다. 읍내에서 막걸리 장사를 하는 총각 아저씨가 한 번씩 자갈투성이 신작로를 따라 경운기를 끌고 마을을 찾아와서는 마치 기다리기나 한 것처럼 집집마다 막걸리를 한 통씩 쏟아부었다. 그러고는 흙먼지를 날리며 신작로를 따라 마을로부터 사라졌다. 그럴 때면 코흘리개 우리들은 질주하는 경운기를 따라 경주하듯 마을 어귀까지 달려가고는 했다.

필자가 살던 시골 마을은 읍내에서 걸어서 수십 분이면 갈 수 있는, 그리 멀지 않은 곳에 있었다. 30여 가구가 옹기종기 모여 살았던 동네는 삼면이 자그마한 산들로 둘러싸여 있고, 동네 앞으로는 실개천이 지나가고 있었다. 어린 시절을 보냈던 집은 실개천을 건너는 조그마한 시멘트 다리가 놓인 마을 한가운데쯤에 위치했다. 집 마당은 마치 성곽에 둘러싸인 요새처럼 아담했다. 어렴풋이 떠오르는 기억의 조각을 맞추어 보면, 집 마당은 앞마당과 뒷마당으로 나뉘어져 있을 정도로 꽤나 큰 편이었고 나름대로 조화로운 경제적 활동 공간을 제공했다.

집 앞마당 한 면을 통째로 차지하고 있었던 것은 소 마구간이었다. 당시 소는 논이나 밭 갈기, 곡식이나 무거운 짐 나르기 등 농사일을 하는 데에 빼놓을 수 없는 중요한 우리 집 구성원이었다. 어린 시절, 아침에 눈뜨자마자, 그리고 학교에서 돌아오자마자 소를 끌고 산으로 가서 풀을 먹이는 것은 중요한 필자의 일과였다. 집에는 큰 가마솥이 두 개가 있었다. 안방 부엌은 가족들을 위한 부엌이었고, 작은 방 옆에는 소여물을 삶아주던 가마솥이 놓여있었다. 지금은 상상하기 어렵지만 소 팔아서 자식을 대학 보내던 시절, 소는 듬직한 농촌 가족경제의 상징이었다.

집 앞마당을 차지하는 또 다른 구성원은 닭이었다. 마구간 귀퉁이 위에 닭 보금자리가 있어서, 마당을 돌아다니던 닭들은 거기에 알을 낳았다. 암탉은 마당을 돌아다니면서 먹이를 찾아 먹었고, 가끔씩 마당에 뿌려진 먹다 남은 음식 부스러기를 먹었다. 암탉은 가난한 시골 살림에서 계란이라는 중요한 동물성 단백질을 제공했고, 수탉은 새벽 아침을 깨우는 중요한 파수꾼 역할을 했다.

뒷마당은 배추, 상추 등을 심은 작은 밭과 나무와 볏짚을 재어놓은 공간이 있었다. 초가집 뒤편에는 감나무들이 있어서 가끔씩 까치들이 찾아오곤 했다. 뒷마당 밭을 지나면 담벼락에 붙은 곡식 창고가 있었다. 그 창고의 한 칸을 돼지 한 마리가 차지하고 있었다. 지금 생각에는 비육하는 일반 돼지로 기억하지만, 당시 어린 눈에는 엄청난 덩치의 소유자였다. 그 돼지는 새끼를 낳기 위한 번식용이라기보다는 집안 큰 행사나 명절에 돼지고기를 준비하기 위한 용도였다. 돼지는 우리 가족들의 음식 잔반을 먹고 자랐다.

어머니가 잔반 먹이를 갖다줄 때마다 필자도 같이 돼지우리를 드나들곤 했다. 돼지는 축축하게 젖어있는 낡은 시멘트 바닥에서 살았다. 혼자 살아서인지 돼지의 눈은 외로워 보였다. 그래서였을까? 음식 잔반을 먹이통에 부어줄 때면 돼지는 먹이가 반갑기도 하지만 사람이 반갑기도 해서 꿀꿀거리며 자그마한 꼬리를 흔들었다.

그러던 어느 날 돼지는 피부병에 걸린 듯 붉은 반점이 생기면서 시름시름 앓다가 아침에 일어나보니 죽어있었다. 나중에 수의학을 배우면서 깨닫게 된 사실이지만, 사람에게는 잘 걸리지 않는 돼지 전염병인 돈단독에 걸려 죽은 것이었다. 매일 꿀꿀거리며 반기던 애정 어린 가족 구성원 하나가 사라진 것이다. 그렇게 크고 건강하던 돼지가 이상한 병에 걸려 갑자기 죽을 수 있다는 사실에 충격을 받았다.

학교에서 돌아오자마자 돼지우리로 갔다. 죽은 돼지는 자취를 감추었고, 돼지우리는 텅 비어 황량하기까지 했다. 어머니는 죽은 돼지를 어딘가에 묻어주었다고 말했다. 그 일이 있은 후, 집에서 더 이상 돼지를 키우지 않았다. 그렇다고 해서 어릴 적 그 충격이 지금 걸어가고 있는 가축 바이러스 감염 예방 연구에 집중하는 수의사의 길을 걷게 된 직접적인 계기는 아니었다. 몇 해 전, 우리나라에서 구제역이 유행하고 있을 때 구제역 발생 농장을 방문한 적이 있었다. 평생 키우던 소가 구제역에 걸려 모두 매몰해야 한다는 사실에 농장주는 이미 충격을 받아 있었다. 그 장면을 보면서 새삼 어린 시절 마당 돼지의 죽음이 파노라마같이 생각나 공명현상처럼 그 슬픔이 마음속에 울려 퍼졌다.

누구를 위하여 종을 울리나?

어릴 적 마당 돼지의 죽음에 대해 장황하게 말을 꺼낸 것은 단지 돼지 전염병 자체에 대해 알리고자 하는 것이 아니다. 오히려 그보다는 당시 가축사육 시스템과 그러한 환경이 가져다주는 전염병의 출현에 대해 말하고자 한다. 1970년대 또는 그 이전에 시골에서 어린 시절을 보냈던 사람들은 비슷한 경험과 추억을 가지고 있을 것이다. 그 당시 집집마다 소, 돼지, 닭, 개 심지어 염소나 토끼 등 각종 가축을 키우는 것은 흔한 일이었다. 그러나 지금은 시골에서 그런 풍경을 찾아보기가 거의 힘들다. 지금의 시골은 동네 길을 따라 뛰어다니던 소리들은 거의 사라지고, 누군가 낯선 사람이라도 지나칠 때면 개 짖는 소리가 간혹 들릴 뿐이다.

최근 들어, 세계동물보건기구World Organization for Animal Health, OIE 전문가 활동을 시작하며 동남아시아 시골 마을을 방문하는 일이 잦아졌다. 계절이 없는 열대산림 지역은 언제나 이국적인 느낌이 들지만, 전염병 학자의 시각으로 그 풍경들을 관찰하고 바라보는 습관이 생겼다. 저 멀리 산속 어딘가에 커다란 과일박쥐들이 살고 있을 것이고, 벌목하고 통나무를 나르는 사람들을 상상하게 된다. 말레이시아 밀림계곡 한 양돈장에서 니파 바이러스Nipah virus가 출현한 것이나, 중앙아프리카 열대우림 지역에서 에볼라 바이러스Ebola virus가 그러한 환경 속에서 출몰했다.

동남아시아 시골 마을을 방문할 때면 그곳은 언제나 어린 시절을 보낸 시골에 대한 향수를 자극하곤 했다. 어릴 적 자랐던 시골마을처럼, 동남아시아나 중국에서 집집마다 여러 가축들을 키우는 것은 흔한 일이다. 몇 해 전 캄보디아 한 시골 마을을 방문했을 때, 큰 열대나무들 아래 그 집 마당에는 여러 마리의 닭들이 모여 다니면서 모이를 쪼아 먹고 있었다. 그 집의 마당 앞 논에는 시퍼런 벼 잎사귀 사이로 여러 마리의 오리들이 논과 마당을 들락거리며 돌아다녔다. 마당 앞 논과 경계선상에 있던 마당 끝자락에는 통나무로 사방을 둘러친 우리 안에 돼지 한 마리가 한가롭게 드러누워 있었다. 어쩌다 한 번씩 오리 몇 마리가 돼지우리 주변을 어슬렁거렸다.

어릴 적 자랐던 시골 마을처럼, 이곳 마을에서도 집집마다 여러 가축들을 키우는 것은 흔한 일이다. 중국 남부 지역의 경우에는 아파트처럼 층마다 각각 닭, 오리, 심지어 돼지를 키우는 곳도 있다. 이와 같이 여러 종의 가축이 서로 접촉하며 살아가는 환경은 다양한 바이러스들이 뒤섞이는 기회를 제공하고, 그 과정에서 사람에게 감염의 기회가 생기는 경우 신종 전염병으로 발전할 수 있다. 특히 야생조류와 가금조류 그리고 돼지 간의 빈번한 접촉은 사람에게 위험할 수 있는 신종 인플루엔자 바이러스가 출현할 수 있는 데에 이상적인 여건을 제공해준다. 중국 남부 광둥 지역에서 1957년 아시아 독감$_{H2N2}$과 1968년 홍콩 독감$_{H3N2}$ 바이러스가 출현하게 된 배경도 돼지와 오리를 개방된 공간에서 사육하는 환경에 있었다. 이 인플루엔자 바이러스들은 돼지 몸속에서 오리 바이러스와 돼지 바이러스가 뒤섞이며 사람에게 감염되는 독감 바이러스가 생성되었다. 그래서 지금도 이들 지역은 신종 인플루엔자가 출현할 수 있는 유행 거점 지역으로서 집중 감시를 받고 있다.

2020년 새해 벽두부터 우리가 경험하지 못한 새로운 바이러스로 전세계가 패닉에 빠져 있다. 중국 우한에서 발생한 코로나19가 그 주인공이다. 이 바이러스는 중국 야생박쥐의 바이러스로부터 유래된 것으로 추정되며, 중국 우한의 재래시장(야생동물 판매 가게들)이 발원지로 알려지면서 집중 조명을 받고 있다.

중국 대도시에서 시작된 코로나19는 중국 전역으로 확산되어 감염자가 폭증하고 있으며 아시아, 유럽, 북미대륙으로도 확산되는 중이다. 중국 코로나19 사태가 어떤 방향으로 진행될지 현재로는 짐작하기조차 힘들다. 아직까지 바이러스 정체도 제대로 밝혀지지 않았을 뿐더러 유행 초기라 알지 못하는 수많은 상황변수가 도사리고 있기 때문이다. 과거와 비교할 수 없을 만큼 강력한 국제적 확산 차단 노력도 진행될 것이다. 유행 초기 단계에서 글로벌 바이러스 쇼크가 찻잔 속 태풍 정도이기를 바라고 있지만 불행하게도 그 전망은 어둡고 불길하다.

신종 바이러스는 우리가 경험하지 못한 바이러스다. 그래서 신종 바이러스 출현은 반복하는 법이 없다. 언제나 예상하지 못한 상황에서 예측하지 못한 경로를 통해 새로운 병원체가 문제를 일으킨다. 앞으로도 지구촌 어디에선가 허술한 사각 지대의 틈을 통해 제2, 제3의 신종 코로나 바이러스가 출현할 것이다. 불행하게도 현 시점에서 우리는 지구 어느 지역에서 언제 어떻게 그 바이러스가 출현할 지 예측하기 어렵다.

그러한 위험에도 불구하고 (우리 인류의 노력과 의지에 달려 있는 문제이긴 하지만) 치명적인 신종 전염병이 출현하더라도 인류 생존에 중대한 위협으로까지 발전하지는 않을 것이라는 희망을 가진다. 교통 및 운송수단의 발달, 인구 집중화, 규모화된 축산업 등으로 전염병이 확산될 수 있는 위험 요인들이 있지만, 의학과 과학의 발달로 전염병 출현과 확산에 대처하는 방역기술도 날로 개선되고 있기 때문이다.

신종 바이러스가 왜 최근 들어 자주 출현하는지, 어떻게 출현하는지, 전파 양상이나 위험성은 얼마나 되는지, 그 파장이 어떻게 나타날지, 국제사회나 보건당국이 무엇을 대비하고 대처해야 하는지, 개인은 무슨 조치를 해야 하는지 먼저 이해할 필요가 있다. 그를 통해 전염병 확산 차단 방법을 이해하고, 전염병에 대한 올바른 정보와 지식으로 다가올 위험을 올바르게 해석하고, 위험 상황에 대처할 수 있는 역량을 가지게 될 것이다. 이 책은 독자들이 가지고 있을 그러한 궁금증을 해소하고 스스로 대처 역량을 가지는 데 도움이 될 만한 바이러스 기본 지식을 제공하는 데 목적이 있다.

본문 중에서는 독자들의 이해를 돕기 위하여 감염병을 전염병으로 표기하였다. 공식 의학용어는 감염병이지만, 보다 익숙한 용어인 전염병으로 표기하는 점 이해 부탁드린다. 그럼 이제 인류를 위협하는 바이러스 탐험을 시작해 보자.

CONTENTS

제4장
신종 전염병, 지구촌을 위협하다

제5장
신종 바이러스에 대처하는 우리의 노력

V I R U S

수천 년 동안 수백만 마리가 넘는 흰 백조를 보고 또 보면서
견고하게 다져진 정설이 검은 백조 한 마리 앞에서 무너져버렸다.
검은 백조 한 마리로 충분했다.

– 나심 니콜라스 탈레브, 《블랙스완》 중에서 –

S H O C K

제1장

박쥐로 시작된 인류 대재앙의 공포

01

왕관을 쓴 바이러스, 세계적 대재앙을 일으키다?

중국 우한의 비극, 코로나19

"글로벌 위험이라는 것은 운명처럼 우리에게 닥치는 것이 아니라 인간의 손과 머리의 합작품이며, 기술 지식과 경제적 이익 계산의 결합에서 나온다." 독일 사회학자 울리히 벡이 그의 저서 《글로벌 위험사회》에서 했던 말이다.

2020년 1월 30일, 세계보건기구는 국제 공중보건 비상사태를 선포했다. 세계를 위험으로 몰고 가고 있는 주범은 그 동안 경험하지 못한 새로운 병원체, '2019년 신종 코로나 바이러스'다.

대도시였다. 세계 최대 인구대국인 중국의 후베이성 우한 지역이다. 우한은 중국의 동서남북을 이어주는 사통팔달의 교통 요지, 양자강이 가로질러 흘러가는 중국 본토의 강호 지역 가운데 위치한 곳, 삼국지에서 그 유명한 적벽대전이 일어났던 바로 인근 지역이다. 인류를 위협하는 신종 바이러스가 이처럼 대도시에서 발원한 경우는 매우 이례적이다. 외신 보도에 따르면 2020년 1월 중순 이후 중국 우한과 인근 도시에서 매일 감염자가 폭증하면서 우한시 탈출 러시가 이어졌다고 한다. 우한은 거리에 다니는 사람이 보이지 않을 정도로 공포와 불안이 가득한 유령 도시로 변했다. 우한에 거주하는 자국민을 철수하는 국가들이 늘고 있다. 심지어 중국과의 인적 교류를 제한하는 국가들도 늘어가고 있다. 중세기 흑사병 시대에서나 있을 법한 대 탈출극이 버젓이 21세기에 벌어지는 것이다.

코로나19 사태가 어떻게 시작되었는지 거슬러 올라가보자. 유행 초기라(2020년 2월 기준) 정확한 초기 발생 역학정보가 부족해 실제로 언제 어떻게 시발되었는지 미스터리로 남아 있다. 중국 우한 진위탄 병원 후앙 박사 등 중국 과학자들이 의학저널 〈랜싯Lancet〉에 최초 환자들에 대한 연구 결과를 긴급 발표했다. 이 논문에 따르면 2019년 12월 1일, 우한시에서 고열과 기침을 동반한 최초의 폐렴 환자가 발생했다. 그로부터 열흘 후 3명의 폐렴환자가 추가로 발생했다. 이 환자 중에는 우한 재래시장(화난 수산물 도매시장)을 방문한 사람도 한 명 포함되었다. 나흘이 지난 12월 중순 이후 우한 재래시장(화난 수산물 도매시장)을 방문한 사람들을 중심으로 매일 폐렴환자가 속출하기 시작했다. 우한시의 비극은 그렇게 시작되었다.

전 세계 언론이 중국 우한을 주목하기 시작한 것은 2020년 1월 1일 중국 정부가 우한 재래시장인 화난 수산물 도매시장을 전격 폐쇄하면서부터였다. 12월에 원인불명 폐렴환자 대부분(41명 중 27명)이 공통적으로 그 재래시장을 방문했기 때문이다. 얼마 지나지 않아 그 범인이 사스 바이러스와 매우 유사한 '신종 코로나 바이러스'라는 사실이 밝혀졌다.

우한의 비극, 그것은 서막에 불과했다. 중요하고 불행한 사실은 세계 최대 인구 대국인 중국, 그것도 하필 사통팔달 교통요지의 대도시 한 가운데 재래시장에서 최초로 집단 발생했고, 그 시기가 또 하필 중국인들의 이동이 가장 많은 춘절을 앞두고 있는 절묘한 시점이었다(사스도 춘절을 전후로 크게 유행했으며, H7N9 인플루엔자도 매년 춘절 전후로 유행이 반복되었다). 이미 수많은 사람들이 우한시를 탈출했다. 그 중에는 감염자도 포함되어 있을 수 있다. 만약 중국 정부가 그들을 제대로 통제하지 못하면 걷잡을 수 없이 전염병을 확산시키는 도화선이 될 수 있다.

이미 그 어두운 그림자가 어른거리고 있다. 2020년 1월 30일, 세계보건기구의 비상사태 선포 시점에 이미 중국 포함 22개국 감염자 9,800여 명, 사망자 213명이 발생했다. 이후 한 달도 지나지 않아 한국에서도 순식간에 네 자릿수까지 감염자가 늘었다. 결국 2020년 3월 11일, WHO는 코로나19에 대해 세계적 대유행, 즉 판데믹을 선언했다. 예측하지 못한 최악의 사태! 기세로 볼 때 확진자 발생 국가와 감염환자 수는 당분

간 계속 증가할 것으로 보인다. 그 증가세가 언제 어떻게 꺾일지는 중국 정부가 얼마나 잘 통제하는가에, 국제 사회가 얼마나 효과적으로 반응하는가에 달려 있다. 곧 진정세로 돌아설지, 장기전으로 돌입할지 현재로선 누구도 전망을 제대로 할 수 없다. 물리적 조치 이외에 뾰족한 방법이 없는 상태에서, 언제든 돌발변수가 나타날 수 있기 때문이다.

신종 코로나 바이러스가 범인이라는 언론 기사를 접하면서 그때 나의 뇌리를 스친 생각은 '그 바이러스는 분명 우리가 경험하지 못한 새로운 바이러스이고, 그 바이러스는 박쥐 바이러스일 것이다'였다. 그 예측은 적중했다. 얼마 지나지 않아 신종 코로나 바이러스의 전장 유전자 정보가 공개되었다. 중국 내 야생동굴에 서식하는 박쥐가 가진 코로나 바이러스와 매우 유사해서, 바이러스 전문가 누구나 그 바이러스가 박쥐 유래 바이러스라는 것에 동의할 수 있을 정도였다. 사스 사태 때와 달리, 매우 신속하게 박쥐 유래 바이러스로 판단할 수 있었던 것은 그나마 중국 과학자들이 그 동안 야생 박쥐가 가지고 있는 코로나 바이러스를 수집하여 분석해 놓았던 덕분이었다.

코로나19 출현. 단지 박쥐가 퍼트린 운명 같은 재앙일까? 아니면 올리히 벡이 말한 것처럼 정말 인간 스스로 자초한 것일까? 왜 하필 이번 사태가 중국 재래시장에서 시작되었을까? 사실 이미 오래전부터 그 불씨를 안고 있었다.

바이러스 시한폭탄, 중국 재래시장

코로나19 사태를 계기로 중국 재래시장이 신종 바이러스 화약고로 주목받기 시작했다. 사실 오래 전부터 전염병 전문가들은 각종 동물 거래가 빈번한 중국 재래시장을 '신종 바이러스가 언제 터질지(출현할지) 모르는 시한폭탄을 안고 있는 거점지역'으로 지목 · 주시해왔다. 2013년 중국에서 출현한 H7N9 인플루엔자 바이러스가 재래시장을 중심으로 창궐할 때 이미 예견되어 있었는지도 모른다. 왜 하필이면 중국 재래시장일까?

중국 재래시장은 가축뿐 아니라 우리가 상상하지 못하는 각종 야생동물을 현장에서 도축해 팔거나 거래하는 곳이다. 거기에서 파는 가축 동물들을 상상해 보라. 이 동물들을 여기저기 여러 마을에서 사가지고 왔을 것이다. 마치 쇼핑하듯이, 아니면 마을 어딘가에서 농작물 내다 팔듯 가져왔을 것이다. 바이러스 입장에서 보면 재래시장은 여러 지역의 다양한 동물과 함께 다양한 바이러스들이 모일 수 있는 절호의 기회를 제공해 준다. 오리가 가지고 있던, 닭이 가지고 있던, 야생조류가 가지고 있던 다양한 인플루엔자 바이러스들이 재래시장에 모이면서 바이러스 뒤섞임이 일어날 수 있다. 이러한 과정을 통해 2013년 중국 상해에서 H7N9 인플루엔자 바이러스가 탄생했다. 대부분 감염자는 중국 재래시장들을 중심으로 생닭이나 생고기를 만지는 과정에서 감염되었다. 중국에서만 1,568명이 H7N9바이러스에 감염되고 이중 766명이 사망했다. 엄청나게 치명적이다.

다행히 2017년 가금조류에 H7N9 백신접종을 시작하면서 진정되었다. 그러나 끝났다고 끝난 게 아니다. 또다시 신종 바이러스가 나타날 여지는 항상 도사리고 있다. 중국 조류 인플루엔자가 근절되지 않는 한, 재래시장에서 각종 가축 판매를 전면 중단하지 않는 한, 야생조류에서 바이러스가 제거되지 않는 한 말이다.

재래시장에서는 가축만이 문제가 아니다. 그보다도 더 큰 위험이 도사리고 있다. 바로 그곳에서 팔고 있는 야생동물이다. 중국 우한에선 신종 코로나 바이러스 출현에 야생박쥐의 역할을 주목하고 있다. 2020년 1월 22일자 미국 〈비즈니스인사이드〉에 실린 중국 우한 재래시장 탐사 기획보도를 보면, 그 재래시장은 수산물을 사고파는 재래시장이라고는 하지만 닭, 당나귀, 양, 돼지와 같은 가축뿐 아니라 여우, 오소리, 쥐, 고슴도치, 뱀, 박쥐, 사향고양이 등 우리가 상상하지 못하는 다양한 야생동물들을 파는 가게들이 즐비하다. 중국 우한 대중목축 야생동물 가게의 메뉴판 사진이 외신을 통해 알려지면서 화제가 되었다. 그 기사에 따르면, 그 가게에서 고기로 판매하는 야생동물만 해도 42종이나 된다.

이들 야생동물들은 어디에서 왔을까? 누군가가 돈벌이를 위해 야산을, 들판을, 양자강을, 호수를 뒤져 그러한 동물들을 잡아왔을 것이다. 어디서 언제 잡았는지도 모를 것이며, 건강상태가 어떤지도 모를 것이다. 그 동물들이 우한 재래시장의 좁은 케이지에 갇혀 팔려가기를 기다리고 있었을 것이다. 그리고 가게에서 주문한 소비자가 보는 앞에서 바로 동물을 비위생적으로 비윤리적으로 도축하여 팔았을 것이다. 그래서 상인과 소비자들이 야생동물 또는 그 생고기에 직접 접촉할 수 있는 위험에 항상 노출되어 있다.

이들 야생동물이 우리가 알지 못하는 다양한 바이러스들을 가지고 있을지도 모를 일이며, 가축과 야생동물들이 접촉하는 과정에서 이들 바이러스들이 뒤섞여 신종 바이러스가 생성될 수 있고, 도축하거나 도축한 생고기를 만지는 과정에서 사람들을 감염시킬 위험을 가지고 있다. 이러한 과정을 거치면서 재래시장 야생동물이 신종 바이러스를 배양하는 역할을 하게 되는 것이다. 2019년 12월 중국 우한에서 코로나19가 그러한 과정을 통해 출현했을 것이라고 추정하고 있다. 실제로 2020년 1월에 진행된 우한 재래시장에 대한 역학조사 결과, 재래시장 내 야생동물 판매 가게에서 집중적으로 신종 코로나 바이러스가 검출되었다는 중국 질병통제센터의 발표가 그러한 가능성을 강력하게 반영하고 있다는 증거다.

하지만 신종 바이러스가 사람에게 출현하는 경로가 비단 이것뿐이겠는가? 신종 바이러스가 출현할 수 있는 여건은 어디에나 있을 수 있다. 그 배경에는 '푸시&풀Push&Pull'이 작동한다.

푸시&풀, 신종바이러스를 만드는 유혹

신종 바이러스가 출현하기 위해서는 전제 조건이 있다. 자연 숙주라고 불리는 동물 집단 내에서 그 바이러스가 효율적으로 유지되고 있어야 가능하다. 자연 숙주 집단 내 바이러스가 지속적으로 유행하기 위해서는 감염 개체가 최소한 다른 한 개체 이상의 개체를 감염시켜야 바이러스 유행의 생명력을 유지할 수 있다. 한 개체가 감염시킬 수 있는 평균 개체 수를 뜻하는 전문 역학용어로 이것을 '기본감염재생지수'라고 한다. 기본감염재생지수가 높을수록 전염력은 강하게 나타나며, 반대로 낮을수록 바이러스 전염이 급격히 떨어진다.

바이러스 유행이 지속적으로 유지되려면 일단 그 집단 내 개체 수가 충분히 존재하고, 숙주 개체가 서로 빈번한 접촉이 가능하도록 해야 한다. 전염성이 강한 홍역 바이러스를 예로 들어보자. 홍역 바이러스가 인간 집단 내에서 매년 발생하려면 최소 25만~50만 명의 인구를 유지해야 한다고 한다. 마찬가지로 동물 세계에서 특정 바이러스가 지속적으로 유지될 수 있으려면 대규모로 집단 서식하는 동물 집단이 유리할 수 있다. 동굴에 서식하는 수백만 마리의 박쥐 집단에서 유지되는 광견병 바이러스와, 수십만~수백만 마리가 떼 지어 다니는 야생오리류 사이에서 순환하는 인플루엔자 바이러스가 그러하다. 또 집단 사육하는 가축 사이에 유지되는 각종 가축 바이러스들은 이러한 환경 속에서 바이러스가 유지되는 집단성이 작용한다.

대부분의 바이러스들은 고유한 자연 숙주의 틀 속에서 서식하고 있다. 그러나 동물 바이러스가 자연 숙주 동물에서 다른 숙주 동물 종으로 전이될 수도 있다. 이것을 우리는 '스필오버Spillover'라고 말한다. 그러나 현실적으로는 바이러스가 기존의 숙주 영역 범위를 벗어나 새로운 동물 종으로 스필오버하는 것은 거의 일어나기 힘든 사건이다. 종간 장벽이라는 커다란 장애물이 존재하기 때문이다. 우리가 키우고 있는 반려견이 혹시 개 홍역에 걸리더라도 주인이 그 병에 걸리지 않는 것이 그 때문이다. 특정 바이러스가 종간 장벽을 뛰어넘어 스필오버가 발생하기 위해서는 그러한 사건이 일어날 수 있는 개연성과 전염 조건이 나타날 수 있는 효율성 간 절묘한 접점이 맞아떨어져야 한다.

스필오버가 나타나기 위해서는 자연 숙주와 새로운 숙주 간의 빈번한 접촉이 존재해야 그 개연성이 높아질 수 있다. 우연히 한두 번 접촉했다 해서 쉽게 바이러스가 넘어오지 않는 게 일반적이다. 접촉할 기회가 많을수록, 보다 긴밀하게 직접적으로 접촉할수록 스필오버의 티켓을 쥐어잡을 확률이 올라간다.

또한 중간매개동물을 거쳐 그 동물 종에서 감염될 수 있도록 바이러스가 구조적 변화(변이)를 일으킬 때 스필오버의 기회를 보다 쉽게 부여잡게 된다. 코로나19 사태도 그러한 흔적의 그림자가 어른거리고 있다. 코로나19 바이러스를 중국 과학자들이 분석한 유전자 정보에 의하면, 유전자 일부가 박쥐 바이러스와 일치하지 않았다. 특히 바이러스 표면 돌기 부분에서 그러한 차이가 관찰되는데, 그 부위는 바이러스가 숙주 세포에 달라붙는 중요한 바이러스 부위다. 이 사실은 박쥐 바이러스가 제3의 동물 코로나 바이러스와 유전자 재조합(바이러스 뒤섞임)이 되어 사람에게 보다 잘 감염되도록 항원 구조가 바뀌어 출현했다는 것을 암시한다. 신종 코로나 바이러스가 그 유전자를 어떻게 획득했는지는 바이러스 출현 경로를 찾아내고, 그 경로를 차단하고자 하는 데 중요한 단서를 제공할 것이다. (제3의 바이러스를 가진) 중간매개 동물이 무슨 동물 종인지 밝혀내야 하는 것이 과학자들에게 숙제로 남겨졌다.

2020년 3월, 중국 과학자들이 유력한 중간 매개 동물 용의자를 찾아냈다. 중간 매개 동물 후보 동물들을 조사하던 중, 동남아시아로부터 중국 남부 광동성으로 밀수하다 적발된 천산갑(포유동물) 밀수품에서 그 바이러스를 찾아낸 것이다. 박쥐와 천산갑 사이에서 어떤 방식으로 뒤섞임이 벌어졌는지는 앞으로 연구해 알아내야 할 과제다.

이러한 형태의 바이러스 뒤섞임 과정을 보며 문득 미국 칠면조에서 출현한 신종 코로나 바이러스가 떠올랐다. 1990년대 중반, 신종 코로나 바이러스가 갑자기 출현해 미국의 칠면조 산업에 큰 피해를 입힌 바 있다. 미국 과학자들은 닭 코로나 바이러스가 칠면조 코로나 바이러스 표면돌기 부분을 만드는 유전자를 획득하면서 출현한 것으로 분석했다. 즉 닭 코로나 바이러스가 칠면조 코로나 바이러스와 뒤섞임 과정을 거치면서 등장했다는 것이다. 동물에서 신종 코로나 바이러스 출현을 연구하다 보면 사람 신종 코로나 바이러스 출현 과정에 대한 힌트와 암시가 보인다. 코로나19 바이러스는 칠면조 신종 코로나 바이러스의 데자뷔다.

인간 역사에 있어 인간 집단의 밀집도가 급증하던 두 번의 시기에 신종 전염병 출현을 위한 푸시&풀 여건이 크게 작동하였다. 첫 번째 시기는 인류가 유목생활을 접고 농업 정착생활을 하던 시기였고, 두 번째 시기는 인구가 폭발적으로 증가하는 오늘날의 대도시화 현대 문명 시대이다. 첫 번째 시기에는 야생동물을 가축화하는 중 오늘날 상당수의 사람 바이러스들이 이 가축화 단계의 동물로부터 전이되어 넘어왔다. 가장 대표적인 것이 소에서 넘어온 홍역 바이러스다. 두 번째 시기인 현대 문명 시대의 신종 바이러스는 그동안 상대적으로 접촉이 없었던 숲속 야생동물에서 가축 등 주변 동물을 거쳐 인간으로 넘어왔다. 사스 바이러스, 메르스 바이러스, 니파 바이러스, 신종플루 바이러스 등 오늘날 출현하는 신종 바이러스들이 그런 사례들이다.

푸시Push 여건은 특정 지역에 인구 집단이 그 이전에 비해 과도하게 증가하면서 작동한다. 예를 들어 인간 집단의 증가가 시작되면 그로 인해 생활터전 공간과 식량 자원에 대한 수요가 폭발적으로 늘어난다. 이것은 그 지역에 사는 다른 동물의 서식지 영역을 크게 훼손하게 만들고, 필연적으로 서식지에서 쫓겨난 동물들은 살아남기 위해서 새로운 서식지(사람 생활공간을 포함)를 찾아 침범할 수밖에 없다. 대표적인 사례가 아프리카에서 나타난 에볼라 바이러스, 에이즈 바이러스 등이다.

풀Pull 여건은 인구 밀집이 가속화됨에 따라 엄청난 농축산물의 대량 생산이 일어나면서 작동한다. 대량의 농축산물이 생산되는 농경지나 과수원은 특히 자연재해나 벌목 등으로 인해 먹이부족으로 허덕이는 야생동물이 사람들의 생활터전을 침범하여 곡식과 과일을 침탈하게 만든다. 가뭄과 산불로 보루네오에서 쫓겨난 과일박쥐가 말레이시아 양돈장 내 과수원을 습격하면서 인부들 사이에서 출현한 니파 바이러스가 대표적인 사례이다.

그러면 2019년 중국 우한에서 출현한 코로나19 사태에서도 푸시&풀

원리가 작동했을까? 그러할 것으로 본다. 일단 박쥐가 범인이 분명하다고 전제하고 설명해 보자. 우리는 그럴듯한 과정을 상상할 수 있다. 인간이 돈벌이를 위해서 야생 동굴에 서식하는 박쥐들을 마구 포획해 왔을 것이다. 그리고 코로나 바이러스를 가진 박쥐가 운이 없게도 사람들의 손에 들어왔을 것이다. 그 박쥐 바이러스는 박쥐를 잡아서 재래시장 한편에 가두고 있는 동안 다른 포유동물과 접촉할 기회가 충분히 주어졌을 것이고, 또는 박쥐 고기를 팔기 위해 도축하는 과정에서 시장 상인이나 구매자 등과 긴밀하게 접촉했을 것이다. 그러한 과정에서 박쥐 바이러스는 사람에게 넘어올 수 있는 티켓을 부여잡았을 것이다. 이러한 상상이 맞다면, 그것은 인간 스스로 강제적인 푸시&풀 조건을 만들어 버린 것이다. 야생박쥐를 포획하지 않았다면, 신종 바이러스 출현 사태 자체가 생기지도 않을 것이다. 야생박쥐가 스스로 돌아다니면서 마구 뿌리고 다니지는 않았을 테니 말이다. 도대체 박쥐가 퍼트린 그 바이러스 정체가 무엇인가?

누구냐 넌?

"바이러스 중 왕은?"

"코로나 바이러스지. 왕관을 쓰고 있거든."

어느 날 지인과 대화를 나누다 농담반 진담반으로 했던 얘기다. 최근처럼 하루도 쉬지 않고 몇 달 동안 코로나 바이러스 모형 그림이 텔레비전 화면 배경을 차지한 적이 없었다. 그래서 우리나라 사람이면 누구나 그게 코로나 바이러스라는 것을 금방 알아차린다. 그만큼 코로나19가 우리 생활에 미치는 파급력은 막대하다.

사실 바이러스 종류도 너무나 많고 그 모양 역시 다양하고 제각각이다. 광견병(공수병) 바이러스처럼 탄환 모양의 바이러스가 있는가 하면, 지렁이처럼 생긴 에볼라 바이러스도 있고, 밤톨처럼 생긴 인플루엔자 바이러스도 있다. 코로나 바이러스는 공처럼 생긴 모양에 끝이 뭉뚝하다. 그 돌기가 마치 왕관(라틴어 Corona) 형상을 하고 있다고 해서 코로나 바이러스라는 이름이 붙여졌다.

코로나 바이러스는 어떻게 탄생하고 어떻게 진화했을까? 과학자들은 지구상에 존재하는 각종 코로나 바이러스의 유전자 정보를 분자시계 도구를 사용해 분석 · 추적해 왔다. 원시 코로나 바이러스는 최소 수만 년 전, 지구상의 알 수 없는 생명체를 서식처(숙주)로 해서 탄생했다. 그 원시 코로나 바이러스는 특정한 원시 동물에 서식하면서 진화를 거듭하다가, 기원전 약 8,000여 년에 조류(Bird) 코로나 바이러스와 박쥐 코로나 바이러스로 분화하게 되었다. 서식처로 삼은 박쥐와 조류는 모두 날아다니는 동물이다. 그래서 아마도 원시 코로나 바이러스의 서식처가 되는 동물도 비행 능력이 있던 숙주가 아니었을까 상상해 본다. 이들 바이러스는 오늘날 각종 동물에 서식하는 코로나 바이러스의 조상 바이러스로 자리 잡았다. 숙주가 생물학적 다양성을 만들어가는 진화 과정 중에, 다양한 박쥐와 조류 종 안에서 숙주 영역을 확장시켜 나갔을 것이다.

이렇게 진화를 거듭하던 조류 바이러스와 박쥐 바이러스는 기원전

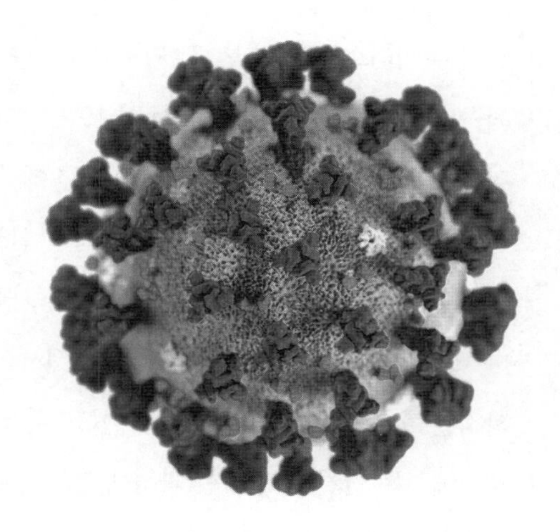

코로나19(COVID-19) 바이러스

3,000년 전후로 마치 진군하는 군대처럼 서로 경쟁이라도 하듯 지구의 또 다른 동물 종으로 서식처를 확장해 나갔다. 조류 바이러스는 닭, 오리, 칠면조 등 다양한 조류 종을 중심으로 숙주 영역을 확장해 나갔고, 포유류 동물인 박쥐 바이러스는 사람, 돼지, 소, 개, 고양이, 쥐 등 다양한 포유류 동물 종을 중심으로 숙주 영역을 확장해 나갔다. 태초의 지구에서 탄생한 RNA 유전물질(코로나 바이러스 게놈은 RNA 형태임)은, 지구상에서 진화 · 분화되는 동물 종을 따라 RNA 유전물질을 보다 다양한 모습으로 발달시켰다. 그리고 그 존재를 유지하고 존속시키면서 지구상 생명체를 점령해 버린 것이다.

환절기마다 걸리는 감기도 바이러스가 일으키는 질병이고, 그 원인 중 하나가 사람 코로나 바이러스다. 이 바이러스마저도 수천 년 전으로 거슬러 올라가면 조상이 박쥐 바이러스로 귀결된다는 사실을 알게 된다.

감기 바이러스도 수천 년 전 박쥐에서 넘어와 사람에게 안착한 것이다. 최근 나타난 사스, 메르스, 코로나19 바이러스가 박쥐에서 사람으로 넘어왔듯 말이다. 2016년 중국 관박쥐 종에 서식하던 박쥐 바이러스가 양돈장 새끼 돼지로 넘어와 치명적인 급성 설사를 일으키는 사건이 발생하면서, 이 바이러스가 사람으로 넘어올까 과학자들이 한때 긴장하기도 했다. 이렇듯 박쥐에서 사람으로, 박쥐에서 돼지로 바이러스가 넘어오는 과정은 우리들 눈에 매우 위협적이고 두렵지만, 어찌 보면 바이러스의 세계에서는 단지 진화의 한 과정에 불과할 뿐이다.

대부분의 코로나 바이러스는 동물 숙주의 호흡기든 소화기든 '점막' 표면을 선호한다. 바이러스의 표면 돌기가 숙주의 점막 표면 수용체에 잘 달라붙도록 구조적으로 특화되어 있기 때문이다. 돼지 코로나 바이러스는 주로 돼지의 소화기 점막에 달라붙어 설사를 유발하도록 진화되어 왔다. 반면 사람 코로나 바이러스는 사람의 호흡기(상기도) 점막에 잘 달라붙어 증식하도록 설계되어 주로 호흡기 질환을 일으키도록 진화해 왔다. 코로나19 신종 코로나 바이러스도 그러한 방향(호흡기 감염)으로 숙주 영역을 확장하고 있다. 그래서 인류가 이 바이러스의 침공을 막지 못하는 불행한 상황으로 가게 된다면, 치사율은 낮아지면서 전염력은 유지하거나 강화시키는 방향으로 진화할 것으로 보인다. 영화에서 보는 것과 같은, 우리가 혹시나 하고 우려하는 그런 치명적인 방향으로 바이러스 진화(변이)가 진행될 것 같지는 않다. 그게 숙주를 대하는 바이러스의 속성이다.

코로나 바이러스, 숙주 영역의 확장성을 만드는 진화의 비밀은 어디에서 나오는가? 나는 수년간 닭 코로나 바이러스로 진화의 비밀을 파헤쳐 왔다. 닭 코로나 바이러스는 사람에게 전혀 감염이 되지 않는 닭의 감기 바이러스에 불과하지만, 코로나 바이러스의 진화를 분석하기에는 이상적인 모델을 제시한다. 닭은 밀집 사육하기 때문에 '집단성'이라는 바이러스 유행조건을 만들어 주고, 수많은 닭 코로나 바이러스의 존재로 다양한 뒤섞임 과정을 거치기에 신종 코로나 바이러스가 출현할 수 있는 이상적인 환경을 제공한다.

1996년 중국 청도의 한 양계장에서 과거에 경험하지 못한 새로운 신종 닭 코로나 바이러스가 출현했다. 이 신종 코로나 바이러스의 출현 사실은 외국 학자들이 거의 주목하지 않은 중국의 한 국내 잡지에 보고되었다. 이후 이 바이러스는 수 년 동안 중국 전역의 양계장으로 급속히 퍼졌고, 2000년대 초에는 주변 아시아 국가들로 확산되고, 급기야 유럽 전역의 양계장에서 유행하기에 이르렀다. 중국에서 신종 바이러스가 출현해서 판데믹 유행으로 진행되는 데 딱 10년이 걸렸다.

이 신종 코로나 바이러스는 중국에서 유행하던 닭 코로나 바이러스가 오리 코로나 바이러스와 유전자 뒤섞임 과정을 거쳐 새로운 형태로 탄생한 바이러스였다. 전 세계로 확산되는 과정에서 이 바이러스가 도달한 지역에 있던 닭 코로나 바이러스와 유전자 뒤섞임을 반복했다. 이에 따라 바이러스 껍데기는 중국에서 처음 출현한 구조를 가지면서도, 바이러스 복제를 담당하는 유전자가 그 지역 닭 코로나 바이러스 유전자로 교체되어 경쟁력(?)을 갖추는 방향으로 진화했다.

이렇게 닭 코로나 바이러스 간 유전자 뒤섞임이 쉽게 일어날 수 있는 배경은 이 바이러스의 RNA 게놈(유전체)이 절편 형태로 복제되어 바이러스 껍데기를 구성하는 각종 단백질을 만드는 독특한 복제 방식에 있다. 거기에 RNA 바이러스 치고는 유전자 덩치가 큰 것도 RNA 바이러스가 가지는 부실한 복제기능을 더욱 악화시킨다. 그러한 특성으로 인해 특정 유전자 부위의 결손이 발생하든가, 아니면 바이러스 게놈에 새로운 유전자가 추가되거나 대체되는 복제가 쉽게 일어날 수 있다. 이러한 과정 중 다양한 변종 바이러스들 간 생존 경쟁에서 살아남은 바이러스가 바이러스 집단 내 우점종을 차지하면서 진화를 가속시킨다. 이러한 코로나 바이러스의 부실한 복제 능력은, 박쥐 바이러스가 돼지나 사람에게 넘어올 수 있는 진화(변이)의 능력을 확보하게 만드는 힘으로 작용했다. 강한 바이러스가 살아남는 게 아니라, 살아남는 바이러스가 강한 것이다.

적자생존

중국에서 시작된 코로나19의 감염자 수는 2009년 신종플루의 유행 곡선을 따라가고 있다. 1월 중국에서 급속하게 감염자 수와 사망자 수가 증가하더니, 2월에 들어서면서 우리나라를 비롯해 이란과 이탈리아가 유행의 바통을 이어받았고, 그리고 3월 이후부터는 유럽 전역과 미국에서 그 유행의 불씨가 급속하게 타올랐다. 바이러스가 출현한 지 3개월

이 지났을 때 전 세계 감염자 수가 20만 명을 훌쩍 넘었다. 얼마 지나지 않아 그 유행의 파고가 아직 잔잔한 아프리카나 남미로 향할 것이다. 전 세계를 돌아가면서 태워버릴 기세다.

전 세계에서 지금껏 경험하지 못한 강력한 국가 간 인적이동 통제 조치가 확대되고는 있지만, 그마저도 시간적 차이만 만들고 있을 뿐 유행 확산을 막기에는 역부족이다. 그 비밀은 경증 감염자가 많고 전염력이 강한 바이러스 특성에 있다. 단 한 명의 감염자라도 슈퍼전파자가 되지 않도록 무증상자나 경증 감염자를 철저하게 통제하고 관리하는 것이 매우 힘든 일이기 때문이다. 일반 국민들이 개인위생수칙을 준수하는 사회적 공감대와 적극적 협력이 절실하게 요구된다.

물론 날씨가 더워지고 실내 환기가 보다 더 잘 되는 여건이 만들어지면 바이러스 유행의 강도는 확 낮아질 것이다. 평소 여름에 감기에 잘 걸리지 않는 것처럼 말이다. 하지만 그런 상황이 와도 질병 통제에 성공했다고 긴장감을 놓기엔 위험하다. 이러한 바이러스를 근절한다는 건 정말 어렵다. 우리가 질병 통제에 성공한다 하더라도 지구촌 어디에선가 그 유행의 불씨가 꺼지지 않는 한 안심할 수 없다. 그만큼 코로나19를 통제하는 것은 쉬운 일이 아니다. 이러한 상황이 지속된다면 장기간이 소요되는 백신 개발에 대한 시각은 달라질 것이고, 제약 회사들은 백신 개발로 방향키를 돌릴 것이다. 백신만이 유행을 잠재우는 강력한 무기가 될 수 있기 때문이다.

관악산 자락에 위치한 서울대학교 캠퍼스엔 아직도 봄이 오지 않았다. 코로나19 사태가 진정되지 않으면서 개강이 미루어지는가 싶더니, 비대면 온라인 강의가 시작되었다. 온라인 강의가 언제 끝날지 알 수 없는 안타까움이 지배한다. 중세기 유럽 흑사병의 데자부 같다. 1347년 가을 이탈리아 제노바 선박을 통해 들어온 흑사병(페스트)이 중세 암흑기의 종말을 이끌고, 막 태동하던 르네상스 시대의 문을 활짝 열어 재꼈듯이 말이다.

코로나19 판데믹 사태로 지구촌 전체가 혼돈의 시간을 겪었다. 국민들의 '안심의 영역'뿐만 아니라 '안전의 영역'까지 급속히 악화되면서 국경 통제로, 입국 제한으로 서로 여행을 갈 수도 없다. 여행사도, 항공기 회사도 파산하는 것 아닌가 걱정하게 만든다. 다중 이용시설을 피하게 되면서 사람이 모여야 영업을 할 수 있는 모든 경제 활동이 직격탄을 맞았다. 전염병 유행으로 공중보건의 위기가 만들어낸 신체와 행동의 자유가 또 다른 제한과 규제를 만들고, 그 제한과 규제가 또 다른 제한과 규제를 만들고, 그렇게 반복적이고 연쇄적으로 경제적 활동을 옥죄고 있다. 그 틈새로 새로운 문화, 새로운 기술, 새로운 패러다임이 손을 쭉 내밀고 있다.

"온라인 수업도 할 만한데? 이러다 우리 교수 직업도 없어지는 것 아냐? 세계적으로 저명한 교수들의 강의를 온라인으로 구매해서 수업을 진행할 수도 있을 것 같은데?"

학교 교수님들이 이구동성으로 이야기한다. 이제 교대근무나 재택근무 생활이 우리 사회에서 그리 낯설지 않다. 택배나 온라인 주문이 늘어난다. 군중 속의 고독한 섬이 하나씩 하나씩 자꾸 만들어져 간다. 서서히 자리 잡기 시작하는 온라인 디지털 세계가 우리의 삶과 의식 자체에도 깊이 있게 정착할 것이다. 제레미 리프킨이 주창하듯 소유의 시대에서 접속의 시대로 변화는 더욱 빨라질 것이다. 전염병 판데믹 재난은 새로운 개념의 검역과 방역 문화를 만들고, 그러한 문화를 지탱하는 초연결 바이오테크 시대를 만들어갈 것이다. 이 격변의 시대를 어떻게 살아갈 것인가? 이제 격변에 대비해야 할 시간이 왔다.

02

대한민국을 위기로 몰아간 메르스 바이러스, 진범은?

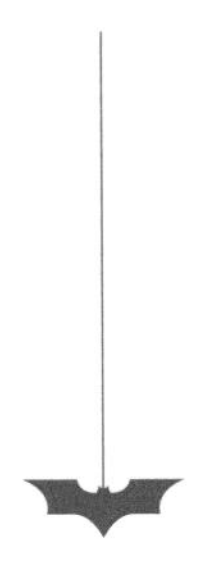

바이러스, 모든 것을 삼키다

2015년 6월, 여름 기운이 완연한 어느 더운 날, 저녁식사 약속이 있어 서울의 한 단골 식당에 들어섰을 때의 그 광경을 아직도 잊을 수 없다. 그 식당은 꽤 넓은 규모임에도 평소에 미리 좌석 예약을 하지 않으면 자리를 잡기가 쉽지 않은, 맛으로 꽤나 유명한 식당이었다. 평소 같았으면 손님으로 가득했을 그 시간에 테이블에 앉은 손님이라곤 단 하나의 테이블, 바로 필자의 지인들이 전부였다. 식당 주인은 반가운 손님이 찾아온 듯 단 하나의 테이블을 위해 정성을 쏟았다. 그 당시 손님 발길이 뚝 끊긴 식당들에 대한 뉴스가 여기저기서 흘러나오고 있었다.

"아이고, 제발 저런 뉴스를 내보내지 말았으면 좋으련만, 이렇게 자꾸 내보내니 손님이 더 없어."

주인의 푸념이 이어졌다.

"메르스 환자가 여기 근처에 지나가지도 않았는데…."

이유는 단 하나, 우리나라에서 메르스MERS가 발생했기 때문이었다. 2015년 5월 20일, 국내에서 처음으로 메르스 환자가 발생했다. 발생지 중동Middle East을 방문했다가 5월 4일 국내에 입국한 감염자였다. 5월 20일 확진 판정이 나기 전까지 그 환자는 수도권의 여러 병원을 돌아다녔고, 가는 병원마다 바이러스를 뿌리고 다녔다. 제2의 사스가 될까? 메르스 사태 초창기, 폭발적인 감염자 수 증가에 전 세계의 이목이 우리나라에 쏠렸다. 한국으로의 여행 자제령이 내려졌고 한국 방문객은 급감했다. 평소 중국 관광객으로 가득 찼던 서울 명동거리가 한산해졌다. 마지막 환자가 발생한 7월 5일까지 총 47일간 186명의 환자가 발생하고 불행하게도 38명이 메르스 감염으로 사망했다.

비단 식당만 그런 것은 아니었다. 짧고도 긴 수개월 동안 메르스라는 전염병은 우리나라 사회를 들었다 놓았다 했다. 많은 사람들이 건강한 삶을 갈망하며 병원에 들렀다가 날벼락을 맞은 듯 메르스에 걸렸다. 병원으로 호송된 환자들의 경위가 위험하다는 뉴스가 하루가 멀다 하고 흘러나왔다. 첫 메르스 환자에 의한 일차 확산의 진원지였던 경기도 평택시는 한동안 사람의 발길이 뚝 끊긴 유령도시처럼 변했다. 사람들이 많이 모이는 행사들은 대부분 취소되었다. 환자 발생 지역에 있는 학교들 중 상당수는 휴교령을 내리기도 했다. 그 지역에서 남의 일같이 바라봤던 메르스가 발생하면, 감염자의 동선을 따라 지나갔던 사람들은 공포스러운 바이러스가 옮을까봐 전전긍긍했다. 메르스 감염자가 특정 지역 지하철을 이용했다는 사실이 알려지자 그 대중교통을 이용하는 사람들은 너도나도 마스크로 무장했다. 누가 기침이나 재채기라도 하게 되면 주변 사람들의 매서운 눈초리를 의식할 수밖에 없었다. 6·25 전쟁 때의 난리는 난리도 아니었다고 여기저기서 탄식이 흘러나왔다.

사람들은 왜 그렇게 메르스에 대한 공포감을 가지고 있을까? 일단 바이러스에 노출되면 누구든 가리지 않고 자신의 의지와 관계없이 그 몹쓸 병에 걸릴 수 있고, 치명적인 결과를 초래할 수 있다는 데에 있다. 이렇듯 전염병, 특히 치명적인 신종 전염병은 단지 전염병 통제라는 그 자체에만 머물지 않는다. 전염병 자체보다도 과도하게 포장된 두려움은 공포를 만들어내 사람들의 가슴속에 확대 재생산된다. 그러면 사회적 활동들이 위축되고 그 피해가 사회 곳곳에서 휘몰아치듯이 일어난다. 세계 어느 지역에서나 사람 사는 곳이면 신종 전염병 출현에 대한 공포와 사회적 충격은 반복적으로 나타난다. 그 이전에 발생했던 사스(2003년), 신종플루(2009년), 에볼라(2014년) 사태 때에도 그랬다. 저명한 바이러스 학자 네이선 울프Nathan Wolfe는 이 사태를 예측이라도 한 듯 '바이러스 폭풍Viral storm'이라고 표현했다.

2015년 우리나라는 메르스 종식을 선언했다. 메르스 유행 초기 사상 초유의 사태에 다소 혼란은 있었지만 모두 병원 내 감염으로 끝났다. 지역사회 전파 사례 하나 없이 성공적으로 마무리되었다. 2003년 홍콩발 사스가 세계적 확산의 도화선이 되었지만, 한국발 메르스는 한국의 병원 내 감염에서 끝났다. 아직도 메르스 환자가 지속적으로 발생하고 있는 중동 지역과는 분명 다른 문제 해결 역량을 우리는 보여주었다. 메르스 사태는 전염병에 대한 우리 사회의 안전의식을 새삼 일깨우는 계기가 되었다. 우리 사회에 일시적으로 엄청난 충격을 주고 끝이 났지만, 이를 계기로 우리가 전염병을 대처하는 데 있어서 무엇을 준비해야 하는지 그 숙제는 남겨졌다.

알리 자키 박사의 결심

2012년 6월, 사우디아라비아 중동 홍해 근처 항구도시 제다Jeddah시에 있는 한 사설병원에 60세 남성이 고열과 호흡곤란 등 심한 폐렴 증세를 호소하며 중환자실에 입원했다. 이 남성은 비옥한 토지와 대추야자 과일이 풍부한 인근 곡창지대 비샤Bisha 지역에서 철물점을 운영하는 가게 주인이었다. 그 병원에서 폐렴을 완화하기 위해 항생제 치료를 집중적으로 처방받았지만 그 환자는 호전되지 않았다. 병원 집중 치료에도 불구하고 입원한 지 11일째 결국 신부전으로까지 이어져 사망했다.

그 병원에 근무하던 이집트 태생의 바이러스 학자 알리 자키Ali Zaki 박사는 호흡기 괴질 환자의 사망원인을 조사하고 있었다. 그가 근무하는 병원 진단연구실에 환자 객담 검체가 도착했다. 그가 하는 일은 그 환자

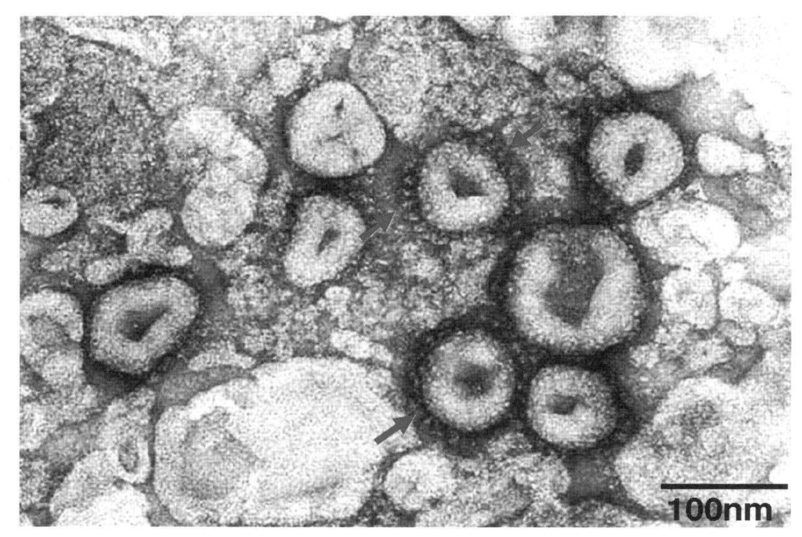

전자현미경으로 관찰한 코로나 바이러스 입자 모양. 둥근 공 모양의 바이러스 입자 표면에는 곤봉 모양의 표면단백질이 돌출되어 있다. (출처: 농림축산검역본부 박중원)

의 사망원인을 찾아내는 것이었다. 평소 여느 때와 마찬가지로, 연구실에서 배양하고 있던 원숭이 콩팥세포에 환자 객담 검체를 접종했다. 며칠이 지나자 세포 속에서 바이러스가 증식하고 있는 것을 발견했다. 이미 알려진 호흡기 질환 유발 바이러스를 조사했지만 모두 음성 판정이 나왔고 이 바이러스가 기존에 알려진 호흡기 바이러스가 아닌 새로운 신종 바이러스임을 직감했다. 2003년 중국 사스 사태를 순간 떠올렸다. 그의 우려는 현실로 다가왔다. 코로나 바이러스Corona virus 검사에서 양성반응이 나왔으나 사스 바이러스는 아니었다. 그는 이 바이러스가 또 다른 신종 바이러스임을 알아챘다. 그리고 네덜란드 에라스무스 연구소 롱

퐁시에Ron Fonchier 박사팀에게 자신이 검사한 결과와 함께 바이러스 샘플을 보내 신종 바이러스를 분석해 달라고 요청했다. 네덜란드에서 날아온 검사 결과도 알리 자키 박사의 검사 결과와 일치했다. 더욱이 그 바이러스는 박쥐 코로나 바이러스와 매우 유사한 신종 코로나 바이러스임이 밝혀졌다. 그 소식을 듣고 알리 자키 박사는 고심했다.

"이 바이러스가 퍼지면 얼마나 위험할까? 만약 모르고 방치한다면 그건 재앙이 될 것이다."

그는 결국 자신이 발견한 신종 코로나 바이러스 출현을 국제사회에 급히 알려야겠다고 생각하고, 9월 15일 이 바이러스를 발견한 사실을 편지로 써서 국제전염병기구 소식지인 '프로메드 메일ProMed Mail'에 보냈다. 그 편지는 9월 20일자로 인터넷을 통해 전 세계에 공개되었다. 반응은 즉각적으로 나왔다. 그의 편지가 공개되자마자 며칠 뒤 영국 런던의 한 병원에서 알리 자키 박사의 사례와 매우 유사한 카타르 환자가 입원해 있으며, 이 환자 역시 동일한 바이러스가 검출되었다는 소식이 전해졌다. 이어서 최근 중동 지역 폐렴 사망자들에 대한 역추적 조사도 이루어졌다. 사우디에서 첫 환자가 발생하기 두 달 전에도 요르단 폐렴 사망자 두 명이 메르스에 걸렸던 것으로 뒤늦게 밝혀졌다. 이것은 사우디아라비아에서의 첫 환자가 발생하기 이전 중동 여러 지역에 이미 메르스 바이러스 감염이 이루어지고 있었음을 암시했다.

알리 자키 박사는 검체 시료를 사우디아라비아 보건당국의 승인 없이 네덜란드 연구소로 불법적으로 반출한 혐의에 대해 당국의 조사를 받았다. 그리고 그가 다니던 병원에 사직서를 제출해야 했다. 하지만 박사의 노력으로 메르스가 알려지게 되었다.

알리 자키 박사의 노력으로 초창기 묻힐 뻔했던 메르스의 출현 사실이 밝혀지자마자, 중동 지역 보건당국과 영국에서 대응조치가 이루어지기 시작했다. 나중에 전염병 유행이 확산되면 누군가 괴질의 원인을 밝혔겠지만 그의 노력이 없었다면 많은 사람들이 무방비로 노출되어 중동뿐만 아니라 영국에서도 메르스 환자가 속출하는 전염병 재앙으로 번졌을지도 모른다.

블랙스완

"수천 년 동안 수백만 마리가 넘는 흰 백조를 보고 또 보면서 견고하게 다져진 정설이 검은 백조 한 마리 앞에서 무너져버렸다. 검은 백조 한 마리로 충분했다." 이 말은 나심 니콜라스 탈레브Nassim Nicholas Taleb가 그의 저서 《블랙스완》에서 한 말이다.

아직도 백조가 모두 흰색 깃털을 가지고 있다고 믿는가? 아마도 전 세계적으로 선풍적인 인기를 끌었던 《블랙스완》 책이 출간되기 전까지 대부분 사람들은 그렇게 믿고 있었을 것이다. 나 또한 어릴 적부터 지금까지 관찰한 백조는 모두 흰색 깃털을 가졌다고 그렇게 알고 살았다. 비록 그 책을 통해 그 사실을 알기 전까지, 최소한 그랬다. 서구인들은 1697년 네덜란드 출신 선장 윌리엄 드 블라밍Willem de Vlamingh이 호주 서부 지역에서 우연히 검은 깃털을 가진 백조를 발견하기 전까지, 백조는 당연히 흰 깃털을 가졌을 것이라고 믿었을 것이다. 검은 백조가 존재한다는 것 자체가 서구인에게는 기존 관념과 편견을 뒤엎는 엄청난 사고의 혼란과 충격이었던 것 같다. 그러면 백조라는 이름을 다른 표현으로 대체해야 하는 걸까?

나심 니콜라스 탈레브는 그의 저서에서 '블랙스완'이 내포한 의미에 세 가지 속성을 지니고 있다고 정의했다. 그에 의하면, 블랙스완은 과거 경험상의 관측값 영역을 벗어난 범위에 놓여있어서 매우 예외적이고 예측이 거의 불가능하지만(희귀성) 일단 발생하면 엄청난 충격과 파급 효과를 가져오고(엄청난 충격 파장), 사건이 발생한 후에야 소급하여 예견할 수 있는(예견의 소급 적용) 속성을 가진다. 존 캐스티John Casti는 이 같은 상황을 'X이벤트Extreme Event'라고 정의한다. 우리나라에도 '설마가 사람 잡는다'라는 비슷한 의미의 속담이 있다. 사전적 의미로는 그럴 리가 없다고 믿고서 마음을 놓고 있거나 사건을 의도적으로 축소 또는 부정하다가 큰 문제가 발생한다는 뜻이다.

중동 메르스도 이러한 블랙스완이 가지는 세 가지 속성을 그대로 보여주고 있다. 2002년 중국 광둥에서 사스 바이러스가 출현한 이후, 바이러스 학자들은 밀림이나 깊은 산속에 숨어있는 야생동물이 가지고 있는, 인간에게 전이될 수 있는 위험한 바이러스들을 조사해왔다. 특히 전 세계에 분포하고 있는 숨어있는 야생박쥐는 과학자들의 집중 감시 대상이 되었다. 그 덕분에 전 세계 모든 대륙에서 수많은 바이러스들이 발견되었다.

메르스 바이러스가 왜 지금 중동 지역에서 출현했을까? 이것은 신종 바이러스가 출현할 때마다 공통적으로 제기되는 질문에 속한다. 누구도 예측하지 못하는 사항이기 때문이다. 역학조사가 진행 중이지만 여전히 미스터리로 남아있다. 현재까지 밝혀진 사항으로는 중동 지역 감염 낙타와의 직간접적 접촉을 통해 사람에게 전이되었다는 것뿐이다. 낙타가 사람들 사이에 전염병을 퍼트릴 것이라고 상상이나 했겠는가?

2015년 5월 이전, 메르스 추가 환자의 발생은 중동 지역 특히 사우디 아라비아 지역에 집중되어 있었다. 메르스 바이러스가 마치 '중동'이라는 저수지에 갇혀있는 것 같았다. 그러나 반드시 그런 것만은 아니었다. 중동 지역에서 주기적 유행 파동을 반복할 때마다 바이러스 저수지의 가득 찬 물이 출렁거렸다. 그때마다 바이러스는 저수지 둑을 흘러넘치듯 중동 지역을 벗어나곤 했다. 중동 지역 메르스 유행 파동 강도가 특히 강했던 2014년 초에 바이러스는 중동 지역 외부로 가장 빈번하게 흘러넘쳤다. 중동 지역과 인적 교류가 잦은 유럽에서 발생 빈도가 상대적으로 많았지만, 그렇다고 아시아나 북미 대륙에서 메르스 발생 사례가 없었던 것은 아니었다.

중동 이외 지역에서의 메르스 발생은 한결같이 예측 가능성이 매우 낮고 임의적인 성격을 가지고 있다. 한국의 사례도 마찬가지였다. 중동에서의 메르스 사태가 남의 일인 양 우리들 마음속에 "설마 국내에 들어오겠어?" 하는 안이한 생각이 지배하던 때 마치 기습 공격하듯이 우리나라에 들어왔는지도 모를 일이다. 2015년 5월 4일 중동을 방문하고 돌아온 단 한 명의 메르스 감염자가 '블랙스완' 사태를 몰고 올 것이라고 누가 예상이나 했겠는가?

낙타의 수난

처음으로 낙타를 접한 경험은 2003년 몽골에서였다. 그 당시 한국국제협력단Korea International Cooperation Agency, KOICA 수의학 전문가로 몽골 정부기관에 파견되어 활동하고 있을 때였다. 낙타를 친숙하게 경험한 것은 몽골 남부 지역 샤인산드Shainsand 지역 유목민 농가들을 방문했을 때였다.

몽골 유목민에게 낙타는 옛날 우리나라 조상들의 소와 같은 존재이다. 낙타도 소와 마찬가지로 참으로 온순한 동물이다. 사람을 적대적으로 대하지 않는다. 한번은 구제역 검사를 위해 낙타를 채혈할 일이 있었다. 낙타는 채혈하는 순간에도 미동하지 않고 약간의 엄살 같은 소리를 낼 뿐 가만히 있었다. 그래서 소나 돼지처럼 채혈을 하기 위해 단단히 붙들고 있을 필요가 없었다. 구제역은 발가락이 두 개인 동물들이 걸리는 전염병인데 낙타도 두 개의 발가락을 가졌다. 낙타가 구제역에 걸리면 소와 돼지처럼 발가락과 입 주위에 물집이 생긴다. 그래서 구제역에 걸린 낙타는 발 통증으로 짐 운반과 같은 일을 할 수가 없게 된다.

그런 낙타가 메르스에 걸렸다. 중동에서 가축으로 사육하고 있는 등 봉우리가 한 개인 단봉낙타가 바로 그 불행의 주인공이다. 몽골에서 사육하는 등 봉우리가 두 개인 쌍봉낙타도 메르스에 걸릴까? 쌍봉낙타를 키우는 지역에서 메르스가 발생하지 않았기 때문에 지금으로서는 판단

사막낙타의 모습

하기가 쉽지 않다. 다만 같은 낙타이기 때문에 쌍봉낙타도 메르스에 걸릴 수 있는 개연성이 높다.

메르스에 걸린 낙타는 사람처럼 독감과 유사한 심한 증상을 앓지는 않는다. 단봉낙타를 대상으로 실험한 논문자료들에 의하면, 낙타에 메르스 바이러스를 주입해도 약간의 콧물 정도만 보이고 바로 회복했다. 그러다 보니 중동 지역에서 자세히 관찰하지 않으면 단봉낙타가 메르스에 걸렸는지조차 알 수 없었을 것이다. 실제 중동 지역에서 감염 낙타의 대부분은 아무런 증상을 보이지 않았다. 그래서 중동 사람들은 증상이 나타나지도 않는 낙타와 무턱대고 접촉을 피하기는 어려웠을 것이다. 그래서 중동 지역의 메르스 환자 수백 명이 낙타가 메르스에 걸렸는지도 모르고 접촉했을 것으로 추정된다. 만약 메르스에 걸린 낙타가 심한 독감 증상을 보였다면 낙타 주인에 의해 쉽게 발견되었을 것이다. 어쩌면 그런 낙타가 발견되는 즉시 방역과 검역조치를 곧바로 취했을지도 모른다. 감염된 낙타가 메르스를 옮긴다는 사실을 알고 있는 한, 사람들이 그 낙타와의 접촉을 피했을 게 분명하기 때문이다.

낙타가 사람에게 메르스를 옮기는 데 주범 역할을 했다는 증거는 여러 곳에서 나왔다. 실제로 중동 지역 메르스 환자들을 대상으로 감염 경로를 분석조사한 결과에 따르면, 병원 내 감염 사례를 제외하고는 대부분 감염자들은 낙타와 직간접적으로 접촉했던 것으로 밝혀졌다. 또한 중동 지역 농가에서 사육하는 여러 가축들을 조사했을 때, 낙타에게서만 유일하게 메르스 감염 증거인 항체가 나왔다. 중동 지역 낙타 대부분은 메르스 바이러스 항체를 보유하고 있었다. 심지어 일부 어린 낙타에게서는 메르스 바이러스까지 검출되었다. 이러한 증거들만으로도 사람에게 메르스를 옮기는 동물이라는 범인으로 몰기엔 충분했다.

세계보건기구는 메르스 감염 방지를 위해 중동 지역을 여행하거나 방문할 때 낙타나 낙타 체액 접촉 금지, 멸균하지 않은 낙타 우유 섭취 금지, 낙타 생고기 섭취 금지 등을 권장했다. 사람에게 메르스 바이러스를 옮기는 중간 전파 매개체 역할을 하는 동물이 중동 지역 단봉낙타라는 것은 기정사실이 되었다. 이 사실이 알려지자 중동을 포함하여 여러 지역에서 낙타에 대한 메르스 검사가 이루어졌다. 낙타가 메르스 바이러스를 가지고 있을지도 모른다는 두려움이 사람들 사이에서 펴져 나갔기 때문이다. 우리나라에서도 2015년 6월 초, 국내 메르스 환자가 속출하기 시작할 당시 낙타에 대한 메르스 감염 여부 조사가 이루어졌다. 당시 국내에서는 동물원 등 10개소에서 단봉낙타 36마리, 쌍봉낙타 10마리, 총 46마리의 낙타를 사육하고 있었다. 다행히도 메르스 감염 낙타는 한 마리도 발견되지 않았다. 몽골에서도 쌍봉낙타에 대한 메르스 검사가 있었는데, 거기에서도 메르스 감염 낙타가 발견되지 않았다. 메르스 감염 낙타가 발견된 지역은 아프리카 북부와 중동 지역뿐이었다.

사우디아라비아 제다시의 한 병원에서 처음 메르스 바이러스를 분리했을 당시, 알리 자키 박사가 메르스 환자 발생 이전 병원에 입원했던 환자 2,400명의 보관 혈액을 급히 꺼내어 메르스 검사를 진행했다. 다행히도 메르스 사망자가 입원하기 이전 환자들 중에서 메르스에 걸린 사람은 단 한 명도 없었다. 이것은 그 이전에 메르스 감염자가 존재하지 않았다는 것을 시사한다.

메르스 바이러스는 사람의 감기 바이러스처럼, 낙타가 원래 가지고 있는 바이러스일까? 왜 지금에서야 메르스 바이러스가 퍼지는 것일까? 평생 낙타와 살았던 농민들이 지금 메르스에 걸리는 이유는 뭘까? 무엇이 문제일까?

사람에게 넘어온 가축 바이러스는 일반적으로 가축화하는 시기에 인간과의 빈번한 접촉으로 인해 넘어왔다. 천연두는 지금은 사라졌지만 1980년 이전까지만 해도 가장 큰 공포의 대상이었다. 그런 천연두 바이러스가 낙타에게서 넘어왔다면 사람들은 믿을까? 실제 천연두 바이러스는 낙타두창 바이러스Camelpox virus와 가장 가까운 사촌 바이러스이다.

낙타두창 바이러스와 천연두 바이러스는 공통조상으로부터 진화했다. 3,000년 내지 4,000년 전 아프리카 동북부 지역에서 낙타를 가축화하는 단계 중 낙타 바이러스로부터 진화해 생긴 바이러스로 추정하고 있다.

천연두 이외에도, 인류 역사상 야생동물을 가축화하는 단계에서 사람으로 넘어온 바이러스들이 상당수 있다. 지금도 가끔 집단발생해서 기사화되기도 하는 '홍역'을 예로 들어보자. 홍역을 일으키는 것도 바이러스이다. 이 바이러스는 2011년 동물 바이러스 최초로 지구상에서 근절된 소 우역 바이러스Rinderpest virus와 가장 가까운 사촌 바이러스이다. 우역은 소에서 가장 치명적인 전염병으로 19세기에 아프리카에서만 수천만 마리의 소와 물소를 죽였던 공포의 바이러스이다. 홍역 바이러스는 2,000년 내지 5,000년 전, 중앙아시아에서 소를 가축화하는 단계 시 소 바이러스가 진화해 생긴 것으로 추정하고 있다.

낙타는 중동 지역 농민들과 수천 년 동안 접촉하면서 살아온 가축이다. 사람과의 접촉이 빈번하게 되면 그 동물로부터 전염될 확률이 높아지는 것은 당연할 수밖에 없다. 그런 논리를 적용하면 메르스 바이러스는 몇 년 전이 아니라, 낙타의 가축화가 진행되었던 수천 년 전 사람에게 넘어왔어야 했다.

과거에 중동 지역에서 채혈해 보관 중인 낙타 혈청을 꺼내어 조사가 이루어졌다. 뜻밖에도 메르스 감염 항체는 중동 지역뿐만 아니라, 메르스가 발생하지 않는 아프리카 북동부 지역의 최소한 10여 년 전 낙타들에게서도 광범위하게 메르스 양성반응이 나왔다. 왜 아프리카 지역에 메르스 환자가 없었을까? 왜 지금에서야 메르스가 나타났을까? 두 가지 그럴듯한 가능성이 존재한다. 하나는 메르스 바이러스와 교차반응을 보이나 사람에게는 감염되지 않은 또 다른 코로나 바이러스가 낙타에 존재하고 있다는 것. 아니면 오래전 낙타에 이미 메르스 바이러스가 존재하고 있었던 것인지도 모른다.

여기에서 우리는 신종 바이러스의 출현에 대해 알아야 할 것이 있다. 나중에 다시 언급하겠지만, 신종 바이러스가 동물에게서 사람으로 넘어오기 위해서는 종간 장벽Species barrier을 넘어서야 한다. 그러기 위해서 필수적으로 따르는 과정은 돌연변이나 바이러스 간 재조합 등을 통해 바이러스가 사람에게 감염될 수 있는 구조로 바뀌어야 한다는 것이다. 가장 그럴듯한 가능성은 낙타 코로나 바이러스가 2012년에 어떤 환경적 변화에 의해 사람에게 감염이 가능한 바이러스로 갑작스러운 변신이 일어났다고 추정하는 것이다. 과거의 신종 바이러스에서도 그러하듯이, 사람 바이러스로의 변신은 원래 그 바이러스를 가지고 있는 자연숙주Natural host 동물이 아니라, 일반적으로 자연숙주와 사람 간 바이러스를 연결하는 중간 전파 매개체 동물 몸속에서 일어난다. 숨어있는 배후가 있다.

숨어있는 배후

사실 메르스 코로나 바이러스를 분리했던 당시부터 이미 과학자들의 이목은 야생박쥐를 향하고 있었다. 이 바이러스가 박쥐 바이러스, 사스 바이러스와 같은 부류의 코로나 바이러스라는 사실이 밝혀졌기 때문이

사스 바이러스의 기원이 되는 중국 남부 지역 동굴에 사는 중국관박쥐

다. 이미 많은 과학자들은 사스의 기억을 떠올렸다. 실제 메르스 바이러스라고 명명하기 전에는 사스 유사 바이러스라고 부르기도 했다. 사스가 유행할 당시 재래시장 사향고양이가 바이러스를 퍼트리는 단독 범인으로 몰렸지만 나중에 중간 전파 매개체 동물에 불과하다는 사실이 밝혀졌다. 사스 바이러스의 기원은 중국 남부 지역 동굴에 사는 중국관박쥐라는 사실이 지속적으로 입증되고 있기 때문이다. 많은 과학자들은 메르스 코로나 바이러스의 정체가 밝혀지자 중동 지역에 서식하는 어떤 박쥐종이 메르스 바이러스 기원 동물일 것이라고 추정했다. "이건 박쥐 바이러스야!" 필자 또한 그렇게 예측했다.

박쥐에 대한 의심은 메르스 감염자가 최초로 확인된 이후 사우디아라비아 보건당국이 취한 후속 역학조사 과정에서도 쉽게 드러난다. 2012

년 9월 사우디아라비아에서 처음 메르스 바이러스 출현 사실을 인식하였다. 그다음 달부터 비샤 지역 첫 메르스 환자의 집 주변 12km 이내 지역, 그리고 그 환자가 일했던 철물점 주변 1km 이내 지역에 서식하고 있는 박쥐 96마리를 포획해서 메르스 바이러스 보유 여부 조사를 집중적으로 벌였다.

예상했던 대로 결과는 적중했다. 박쥐 검체에서 2종의 코로나 바이러스가 검출되었다. 그중 코로나 바이러스 한 종이 비샤 지역 빈집에 서식하던 이집트 무덤박쥐 한 마리에서 발견되었다. 이 바이러스 유전자의 일부는 메르스 코로나 바이러스와 일치했다. 그러나 이집트 무덤박쥐가 메르스 바이러스를 퍼트린 진범이라고 확신하기에는 확인된 증거가 아직까지도 완전하지 않다. 박쥐 바이러스를 세포배양으로 분리배양하는데 실패했고, 바이러스 게놈의 중요 유전자 대부분이 분석되지 않았기 때문이다.

많은 과학자들은 2005년부터 세계 각 지역에 서식하는 박쥐 바이러스 찾기에 열을 올렸다. 제2의 사스 출현을 예측하고 사전에 그런 사태를 차단하기 위해서였다. 그러나 그동안 중동 지역 야생박쥐의 코로나 바이러스 조사가 제대로 이루어진 적이 없었다. 그래서 메르스 코로나 바이러스는 사람뿐만 아니라 동물에게서도 여태껏 발견된 적이 없었기 때문에 어느 누구도 이 바이러스가 중동에서 출현할 것이라고 예측하지 못했다. 사스와 유사한 신종 바이러스가 출현할 위험은 경험에서 근거한 관측치를 벗어난 곳에 존재하고 있었다.

야생박쥐 코로나 바이러스가 왜 중동 지역에서 발견되지 않았을까? 왜 메르스가 출현한 이후에서야 허겁지겁 야생박쥐 조사를 취하고 중동 지역 야생박쥐 코로나 바이러스를 파악했을까? 만약 그전에 중동 지역 박쥐 조사를 철저히 했더라면, 그래서 미리 파악하고 있었다면 메르스 출현을 사전에 예측할 수 있었을까?

메르스와 유사한 바이러스들이 아프리카와 아시아 지역 박쥐에서 분리되고 있지만, 그 바이러스가 사람에게 위협적이라는 것을 증명하는 것은 거의 불가능에 가깝다. 박쥐에서 야생 상태로 분리되는 상당수 바이러스는 종간 장벽에 막혀 사람 세포에서 증식 자체를 하지 않기 때문이다. 즉 사람 바이러스로 변신한 이후에나 가능한 일이므로 그 변신을 예측하고 사람에게 위협적인지 판단할 수 있는 과학적 분석기술은 여전히 미비하다.

03

치사율 60% 에볼라 바이러스의 출발은 과일박쥐였다

의문의 보온병

지금으로부터 약 40년 전 1976년 9월, 벨기에 앤트워프 열대의학연구소에서 근무하고 있던 27살의 젊은 과학자 피터 피오트Peter Piot는 멀리 자이레(현 콩고민주공화국) 킨샤사Kinshasa로부터 온 의문의 보온병 하나를 받았다. 그 당시 자이레 수도 킨샤사에 파견된 벨기에 의사가 보낸 것이었다. 그 보온병 안에는 혈액 샘플과 함께 '괴질에 걸린 수녀의 혈액'이라 적힌 메모지가 같이 동봉되어 있었다.

피오트는 그의 동료와 함께 실험실에서 배양한 세포를 사용해 바이러스 배양검사를 하고 있었다. 평상시 일상적으로 하는 것처럼 그는 혈액 샘플을 꺼내 실험실에서 배양하고 있는 원숭이 콩팥세포에 접종했다. 며칠 후 그는 검체를 접종한 세포를 현미경으로 뚫어지게 보고 있었다. 그 세포에서 무언가 바이러스가 증식하고 있는 것을 발견했다. 무슨 바이러스가 그 세포에서 증식하고 있는지 알아보기 위해 전자현미경으로 바이러스 입자를 관찰하다가 피오트는 큰 충격에 빠졌다. 그의 눈에 비친 바이러스 입자는 일반적인 바이러스 입자 모양과 달리, 지렁이 모양의 기괴한 구조를 띠고 있었기 때문이다.

수녀를 죽음으로 몰아간 이 바이러스가 범상치 않은 치명적인 바이러스임을 직감했다. 1967년 독일 마르부르크Marburg에서 발생한 마르부르크 출혈열을 일으키는 바이러스와 매우 흡사했기 때문이었다. 당시 마르부르크 출혈열은 백신 생산에 필수적인 원숭이 콩팥세포를 확보하기 위해, 우간다로부터 수입한 원숭이와 접촉한 백신공장 종업원을 중심으로

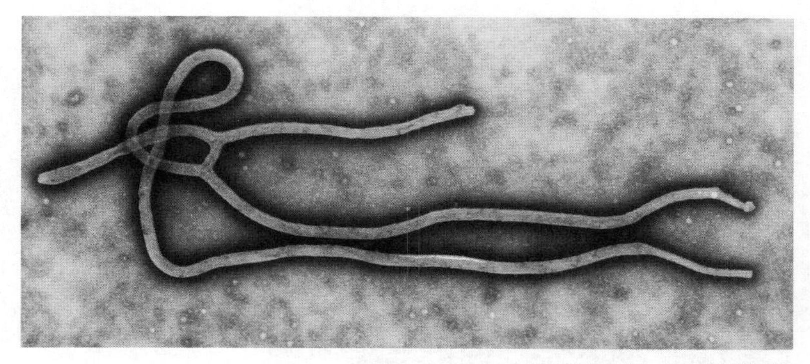

에볼라 바이러스의 전자현미경 사진

총 31명이 감염되고 7명을 사망하게 만든 충격적인 전염병 사건이었다.

얼마 지나지 않아 피오트는 그 벨기에 출신 수녀가 괴질로 결국 사망했으며, 이어서 그 수녀가 있었던 열대우림 외진 마을에서 고열, 설사, 구토 증상을 보이다가 피를 토하며 사망하는 사람들이 속출하고 있다는 소식을 듣게 되었다. 보름 후 피오트와 그의 동료들은 미지의 괴질 바이러스를 퇴치해야 한다는 사명감을 가지고 서둘러 필요한 검사 장비를 꾸렸다. 비행기를 타고 자이레 킨샤사와 붐바Bumba를 거쳐 적도 열대우림에 있는 괴질이 발생한 얌부쿠Yambuku 마을까지 날아갔다.

얌부쿠 마을은 콩고 강 최북단 지류인 에볼라Ebola 강 근처에 위치하고 있었으며, 죽음의 공포가 드리워진 곳이라고는 믿기지 않을 정도로 열대우림으로 둘러싸인 조용하고 아름다운 곳이었다. 가난한 원주민들이 마을을 이루며 살고 있는 곳이었다. 그들이 도착했을 때 벨기에 출신의 가톨릭 신부와 수녀들이 병원과 학교를 운영하면서 선교활동을 하고

에볼라 바이러스는 콩고 강 최북단 지류인 에볼라 강 근처에 위치한 얌부쿠 마을에서 의문의 괴질로 시작되었다. 1976년 벨기에 과학자 피오트는 바이러스의 주 무대가 되었던 마을 근처의 에볼라 강 이름을 따서 '에볼라 바이러스'라 부르기 시작했다. 사진은 에볼라 강의 원천이 되는 콩고 강 전경

있었다. 피오트 자신이 검사한 그 수녀를 포함해서 이미 수녀 4명이 괴질에 걸려 사망한 뒤였다. 나머지 생존자들은 죽음을 기다리고 있듯이 괴질의 공포 앞에서 떨고 있었다.

피오트와 동료들은 생존 수녀들을 대상으로 이곳에서 무슨 일이 벌어지고 있는지 조사했다. 수녀들의 진술을 토대로 괴질이 발생한 마을들을 지도에 표시하고 일일이 찾아다니며 그 괴질이 어디서 출현했고 얼마나 발생했으며, 어떻게 전염되는지를 파악하기 시작했다. 조사 과정에서 뜻밖에도 괴질에 걸린 환자들 중 상당수가 젊은 임산부들이었다는 점과 이 임산부들은 한결같이 얌부쿠 마을에 있는 작은 병원에서 정기검진을 받았다는 사실을 알게 되었다. 그들이 방문한 지방 병원은 너무나 열악해서 위생소독시설이라고는 거의 찾아볼 수가 없었다. 주사기는 몇 개에 불과했고, 한 주사기로 여러 명의 환자나 병원 방문자들을 치료하는 데 사용하고 있었다. 그리고 괴질이 사망한 임산부들의 장례식에 참석한 가족 친지들을 중심으로 확산되었다는 사실도 알게 되었다. 피오트가 발견한 괴질 바이러스는 지방 병원 임산부를 중심으로 퍼졌고, 환자를 돌보거나 장례식에 참석하면서 감염 환자와의 접촉을 통해서 확산되었다는 게 명확해졌다.

괴질에 걸려 신음하고 있는 환자들은 즉시 사람들로부터 격리되도록 조치가 이루어졌고, 장례식에 참석한 사람들이 시신과 접촉하는 관습을 하지 못하도록 했다. 결국 괴질의 확산은 멈추었으나 총 318명의 감염자가 발생했고, 치사율 88%로 이 중 280명이 사망했다. 전염병 역사상

이렇게 치명적인 바이러스는 유사 이래 없었다. 피오트는 이 공포의 괴질을 발생 지역 강 이름을 따서 '에볼라'로 명명했다.

1976년 자이레에서 출현하기 3개월 전, 자이레 발생 지역에서 그리 멀지 않은 열대우림 지역인 남부 수단의 한 면직공장에서 이미 에볼라가 발생했다. 284명의 감염자가 발생, 151명이 사망하는 등 끔찍한 사건이었다. 이듬해 자이레에서 에볼라로 1명이 사망했고, 1979년에는 남부 수단 면직공장 인부 중 또다시 34명의 감염자가 발생하고 22명이 사망하는 등 공포의 여진은 계속되었다. 그러나 다행히도 에볼라 바이러스는 아프리카 열대우림 지역을 벗어나지 못하고 머물러 있었다. 그 후 에볼라 바이러스는 홀연히 사라졌다. 하지만 불씨가 사라진 것은 아니었다.

하인리히 법칙, 때가 무르익다

1931년 미국의 한 보험회사에 근무하는 허버트 하인리히Herbert Heinrich는 《산업재해 예방의 과학적 접근》이라는 책을 출간했다. 거기에서 그는 수많은 산업재해 사고 통계자료를 분석하여 흥미로운 이론을 제시했다. 그는 그 저서를 통해 대형 재앙이 일어나기 전 29건의 재난사고가 발생하고 그 이전에 300건의 사소한 사건이 일어난다고 주장했다. 이 이론은 오늘날 각종 재해 및 재난안전 분야에서 도그마처럼 자리 잡은 하인리히 법칙(1:29:300 법칙)이 되었다.

그에 따르면 대형 재앙은 결코 우발적으로 일어나지 않는다. 그 이전에 수많은 재난과 사건들이 발생하여 대형 재앙의 징후를 나타낸다. 인과의 법칙이다. 그래서 사소한 사건이 발생하였을 때 단지 사소한 문제라고 치부하지 말고 그 원인을 사전에 제대로 인지하고 차근차근 예방책을 세워야 한다. 설마가 사람을 잡는다는 말처럼 잦은 사고에도 불구하고 재발 방지에 노력하지 않는다면 궁극적으로 대형 재앙으로 이어질 수 있다.

에볼라가 1979년 아프리카 열대우림에서 홀연히 사라졌다. 사람들의 기억에서 사라지는 듯했다. 잊힌 과거의 사건으로 치부되었던 에볼라는 1994년 12월 가봉의 한 금광 채굴 현장 인부들 사이에서 악령처럼 다시 나타났다. 종적을 감춘 지 15년 만에 아프리카 열대우림에서의 정적이 깨졌다. 인류 역사상 가장 치명적인 전염병으로 지목되는 에볼라에도 그 기저에 하인리히의 법칙이 유유히 흐르고 있었다.

그것은 비극의 서막에 불과했다. 1990년대 후반에 아프리카 열대우림에 다시 나타난 에볼라는 과거 1970년대 후반에 나타났던 에볼라와 달랐다. 아프리카에서 거의 매년 크고 작은 에볼라 발생이 전 세계 신문의 토막기사 하나를 장식했다. 아프리카에서 에볼라가 발생하지 않은 기간은 단 세 번 2002~2003년, 2006년, 2009~2010년 뿐이었다. 치명적인 전염병이 자주 발생함에도 불구하고, 매번 발생할 때마다 외지고 격리된 지역에서 발생하다 보니 에볼라가 멀리 확산되지 않고 멈추었다.

에볼라 발생의 주 무대는 중앙아프리카 열대우림 지역이었다. 2014년 서아프리카에서 대유행하기 이전까지만 해도, 에볼라 감염자의 99% 이상이 중앙아프리카 열대우림 지역에서 발생했다. 중앙아프리카 열

에볼라 바이러스 피해자 수

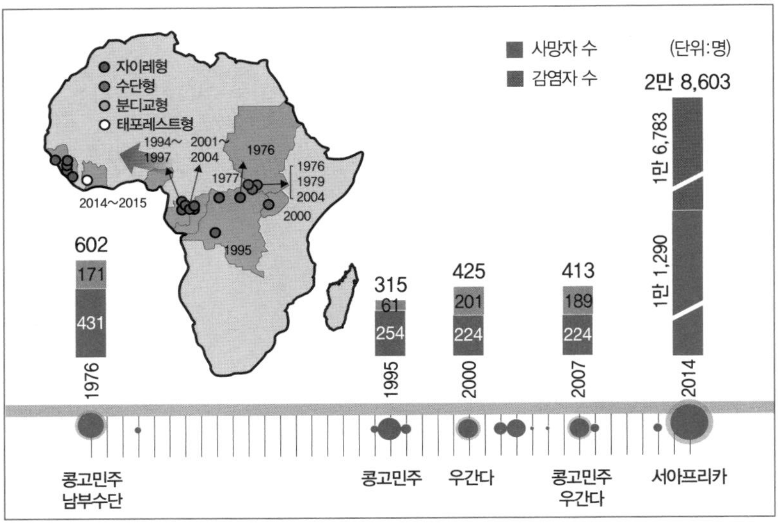

2014년 서아프리카에서 에볼라가 크게 창궐하기 이전부터 중앙아프리카 밀림 지역에서는 에볼라가 소규모든 대규모든 자주 발생했다.

대우림 지역에서 몇 번 재앙의 징조는 있었다. 1994·1996년 404건, 2000·2002년 549건, 2007·2008년 445건, 2012년 88건 등 5년 내지 7년 주기로 에볼라가 발생하여 대형 인명 피해가 나타났다. 대형 인명 피해 발생은 금광 채굴, 야생 침팬지 사냥 또는 도축하는 과정, 즉 인간이 열대우림 지역을 개척하고 침투하는 과정에서 스스로 만들어낸 참혹한 결과였다. 인간이 보다 나은 삶을 위해서 열대우림 지역을 파고들었지만, 오히려 가만히 있는 에볼라 바이러스에 인간 스스로가 비단길을 깔아주고 있었던 것이다.

서아프리카에서의 대재앙을 나타내는 또 다른 징조가 있었다. 매우 드물기는 했지만 중앙아프리카 열대우림 지역을 벗어난 지역에서 발생한 것이다. 에볼라가 15년간의 정적을 깨고 나타났던 1994년과 1995년, 서아프리카에서 에볼라 발생이 있었다. 서아프리카 지역에서의 에볼라 발생은 1994년 아이보리코스트에서 단 1명, 1995년 라이베리아에서 단 1명에 불과했다. 그러나 그것은 어쩌면 우리 인간에게 오늘날의 서아프리카 대재앙에 대한 암시를 준 것이었는지 모른다. 그러나 재앙의 순간을 예측하지 못했다.

아프리카의 눈물

"꽃으로도 때리지 말라."

월드비전 홍보대사로 활동하던 배우 김혜자 씨가 서아프리카 지역에서 구호활동을 하면서 전쟁과 가난, 그 참혹한 실상을 소개했다. 서아프리카는 빈곤의 3대 축인 가난, 전쟁, 전염병이 끊임없이 이어지고 있는 악순환의 고리에서 벗어나지 못한 대표적인 지역이다. 세계에서 8번째로 가장 가난한 최빈국 기니는 인구의 절반 이상이 하루 2달러(약 2,473원) 이하의 수입으로 살아가고 있고, 이 중 절반은 하루 1달러(약 1,236원)도 채 벌지 못하는 극빈층이다.

2014년 봄, 가장 빈곤한 서아프리카 지역에서, 가장 악랄한 에볼라 바이러스가 창궐했다. 과거 유례를 찾아볼 수 없는 끔찍한 재앙적 피해가 속출하고 있다. 세계보건기구World Health Organization, WHO에 따르면 2016년 기준 에볼라 감염자(추정 포함) 2만 8,603명, 사망자 1만

에볼라 바이러스 발생 통계 데이터

년도	국가 (지역)	감염자 수 (명)	사망자 수 (명)	치사율 (%)
1976	수단	284	151	53
1976	콩고민주	318	280	88
1977	콩고민주	1	1	100
1979	수단	34	22	65
1994	가봉	52	31	60
1995	콩고민주	315	254	81
1996	남아프리카	1	1	100
2000	우간다	425	224	53
2001	콩고	59	44	75
2001	가봉	65	53	82
2004	수단	17	7	41
2005	콩고	12	10	83
2007	우간다	149	37	25
2007	콩고민주	264	187	71
2008	콩고민주	32	14	44
2011	우간다	1	1	100
2012	콩고민주	57	29	51
2012	우간다	7	4	57
2012	우간다	24	17	71
2014('16. 2. 10 기준)	서아프리카	2만 8,603	1만 1,301	40

2014년 서아프리카 지역에서 가장 악랄한 에볼라 바이러스가 창궐했음을 통계로 볼 수 있다.

1,301명으로 치사율 40%이다. 이 중 기니 감염자 3,787명, 2,524명 사망, 라이베리아 감염자 1만 666명, 4,806명 사망, 시에라리온 감염자 1만 3,470명, 3,951명이 사망하였다. 빈곤에 찌든 사회, 열악한 위생보건시설, 밀집된 인구분포, 질병에 대한 무지, 미신과 민간요법 문화, 사

아프리카 시에라리온의 한 마을에서 에볼라 진단 검사 중인 모습

망자와 신체 접촉하는 장례의식, 열악한 보건대응 체계, 국제적인 긴급 의료지원 미흡, 불안정한 사회안전망 등 수많은 부정적인 요소들이 에볼라 유행 초기에 피해를 눈덩이처럼 키웠다.

2014년 이 비극의 씨앗은 기니 남동부 외딴 지역 궤케두Guéchédou에서 시작되었다. 기니 남동부 지역은 최빈국 기니에서 가장 외진 산림 지역으로 라이베리아, 시에라리온과의 접경을 이루는 지역이다. 이 지역은 지난 수십 년 동안 내전으로 시달리던 라이베리아, 시에라리온 피난민들이 몰려들어 한때 인구 약 5만 9,000명에 달할 정도였고 그로 인해 각종 수인성 전염병 창궐로 몸살을 앓았다.

우기에서 건기로 넘어가는 시점인 2013년 12월 초, 궤케두 지역 멜란두Meliandou 마을의 한 집에서 두 살배기 남자 아이가 고열과 설사, 구토에 시달렸다. 결국 그 아이는 나흘 후 사망했다. 아이가 사망한 후 일주일 뒤 그 아이의 엄마(12월 13일), 누나(12월 29일), 할머니(1월 1일)까지 같은 병증을 보이면서 사망했다. 그 마을의 산파가 고열로 궤케두 병원에 입원하면서 산파를 진료하던 간호사까지 사망하기에 이르렀다.

병원 감염은 마을에서 마을로 전염이 확산되는 초기 유행의 기폭제가 되었다. 병원에서 시작된 에볼라는 궤케두 지역 다른 마을로 번져 나갔고, 다음해 2월에는 마센타Macenta 지역, 3월에는 키시도구Kissidougou 지역까지 확산되었다. 이 지역 병원과 보건소에는 환자들이 몰려들었지만 위생장갑, 주사기, 소독제 등이 제대로 구비된 곳이 없었다. 오히려 병원이 에볼라를 재생산하는 역할을 했다. 궤케두와 마센타 지역 병원에서 에볼라 사망자가 속출하자 결국 2014년 3월 10일, 이곳 의료진들은 기니 보건부와 '국경없는 의사회'에 괴질 발생 상황을 긴급하게 알림으로써 세계보건기구에 통보되고 에볼라 발생이 전 세계에 알려지게 되었다.

서아프리카 지역 에볼라 대량 발생 사태가 우리나라에 알려진 것은 2014년 3월 23일이었다. 이날 외신, 방송과 신문들은 일제히 아프리카 기니에서 에볼라가 발생하여 80명의 환자가 발생했고 이 중 59명이 사망했다는 소식을 긴급뉴스로 전했다. 기니 보건당국은 에볼라 확산을 저지하기에는 역부족인 상황이었고, 국제사회에 긴급지원을 요청했다. 국제 의료 구호단체인 국경없는 의사회는 성명을 내고 의사와 간호사, 위생 전문가 등 24명을 기니에 파견했다. 사태는 시간이 갈수록 긴박하게 돌아가고 있었다.

궤케두 마을의 미스터리

사실 에볼라는 바이러스 모양 자체도 지렁이처럼 험악하게 생긴 데다, 엄청나게 치명적인 것으로만 알려져 있다. 대부분의 바이러스들이 그렇듯 자이레형, 수단형, 분디교형, 태포레스트형(아이보리코스트형), 레스톤형 등 서로 다른 다섯 가지의 얼굴을 지니고 있다.

레스톤형과 태포레스트형 에볼라는 에볼라 중에서도 가장 온순한 얼굴을 가졌다. 레스톤형 바이러스는 1989년 미국 레스톤 지방에 있는 검역시설에서 필리핀 수입 원숭이 검역 과정 중 검역직원이 감염되면서 알려졌으나 사망자는 없었다. 태포레스트형 에볼라는 1994년 아이보리코스트에서 죽은 야생침팬지를 부검한 과학자 1명, 1995년 라이베리아의 내전 피난민 1명에게서 발병하였으나 사망자는 없었다.

자이레형과 수단형, 분디교형 에볼라는 잔인한 악마의 얼굴을 가졌다. 그중에서도 자이레형 에볼라가 인간과 영장류에게 가장 잔인하다. 1976년 자이레형 에볼라가 처음 출현하여 318명의 감염자가 발생했을 때 치사율이 무려 88%에 달했다. 당시 에볼라에 걸렸다가 살아남은 사람들은 거의 기적에 가까웠다. 자이레형 에볼라는 단 한 건, 남아라비아연방에서 1996년에 발생한 1명을 제외하고는 1976년 이래로 40년 역사상 중앙아프리카 열대우림 지역을 벗어나 발생한 적이 없었다.

그런데 왜 에볼라가 거기서 발생했을까? 2014년 열대우림 지역이 아닌 서아프리카에서 에볼라가 출현했을 때 여러 전문가들은 의문을 가졌다. 그동안 에볼라 역사 40년 동안 서아프리카 지역에서 에볼라가 발생한 건 1994년과 1995년 합쳐 단 2건에 불과했기 때문이다. 그것도 사람에게 치명적이지 않은 순한 태포레스트형 에볼라였다.

2014년 처음 에볼라가 발생했을 때 전문가들은 10년 전 이 지역에서 발생한 적이 있었던 태포레스트형 에볼라일 것이라고 예상했다. 그런데 막상 나타난 범인은 가장 치명적인 자이레형 에볼라였다. 1990년대 중반 이후 에볼라는 아프리카에서 거의 매년 크고 작은 일을 벌였기 때문에 2013년 침묵의 시간은 흘렀지만 곧 어디에선가 나타날 것이라고 전문가들은 예측하고 있었다. 다만 그 무대가 열대우림을 벗어날 것이라고 예측한 전문가는 거의 없었다. 전혀 예측하지 못한 상황이 벌어진 것이다. 최근에 나타난 신종 바이러스들이 그러하듯, 에볼라도 예측하지 못했던 지역에서 불쑥 나타나 재앙 수준으로까지 발전했다. 서아프리카 지역에서의 에볼라 바이러스 출현도 전염병 블랙스완 사건이었다.

무엇이 문제인가?

에볼라 악몽의 무대 배경을 제공한 서아프리카 기니는 수년간에 걸쳐 심한 가뭄에 시달리고 있었다. 이곳 주민들은 지난 수십 년간 벌목으로 산림이 황폐해진 탓이라고 여겼다. 2013년 12월은 우기에서 건기로 진행되는 시점이었다. 황폐해진 산림 지역, 지속된 가뭄 그리고 건기의 시작은 하루하루 생계를 이어가는 사람들이 먹거리를 구하기 위해 야생동물을 사냥하러 보다 깊숙이 산속을 파고들게 만들었다. 또 목초나 과일을 먹고사는 야생동물은 먹이가 부족하여 사람의 생활 영역을 침범할 수밖에 없는 환경적 여건이 되었다. 결국 이러한 환경은 야생동물과 사람 간 접촉을 빈번하게 만들고 야생동물 몸속에 숨어있던 바이러스가 사람들에게 노출될 수 있는 위험성을 증가시켰는지도 모른다. 묘하게도 그러한 시기에 맞추어 에볼라 바이러스가 이 지역 궤케두 마을에 갑자기 나타났다. 환경은 전염병이 출현하도록 잔칫상을 차려놓고 있었던 것이 아닐까?

자이레형 에볼라가 서아프리카에 어떻게 도착했을까? 이 질문에 명확한 답을 얻기 위해서는 좀 더 시간이 필요하다. 우리는 아직도 많은 것에 대해 알지 못하며, 여전히 하나씩 학습하며 알아가고 있는 중이다. 왜냐하면 서아프리카에서 지금까지 이 바이러스가 정체를 드러낸 적이 없었기 때문이다. 추론할 수 있는 대답의 방향은 단순하다. 인간에게 발각되지 않았지만 이전부터 이미 그 지역 어딘가에 존재하고 있었거나, 아니면 최근에 중앙아프리카에서 이 지역으로 유입되었거나, 둘 중 하나일 것이다.

기니에 이미 바이러스가 존재하고 있었다면, 그전에는 왜 사례가 없었을까? 바이러스 출현의 단서를 찾기 위하여 답을 반드시 제시해야 하는 것은 아니다. 자연숙주 동물 집단에 바이러스 감염개체 비율이 매우 낮거나, 사람과의 접촉이 매우 제한되어 그동안 노출될 기회를 가지지 못했을 수도 있기 때문이다. 설령 사람에게 감염이 일어났다 하더라도, 서아프리카에서 상재하고 있는 라사열 등 다른 출혈성 전염병으로 치부했었는지도 모른다. 에볼라 발생을 초래한 결정적인 요인이 무엇인지 아

에볼라 바이러스의 주범이 되는 과일 박쥐의 모습

직까지 파악되지 않았으므로 수많은 환경적, 사회경제적 유발요인에 대하여 광범위하게 조사가 진행 중인 것으로 알려져 있다. 그 일환으로 진행되고 있는 거주민 대상 과거에 입원했던 환자의 혈액 보관 시료를 이용한 역추적 조사가 마무리되면 이 지역에 이미 존재하고 있었는지의 여부에 대해 어느 정도 결론이 도출될 것이다.

만약 이 바이러스가 중앙아프리카에서 기니로 새로 유입된 것이라면? 감염 환자가 그 지역을 방문했거나, 또는 자연숙주 동물이 새롭게 유입되었거나 두 가지 경로를 가정해볼 수 있을 것이다. 감염 환자의 방문에 의한 바이러스 유입 가능성은 희박해 보인다. 궤케두 지역은 중앙아프리카 기존 발생 지역과는 수천 km 떨어져 있는 데다, 인근 공항에서 비포장도로를 따라 차로 10시간 이상 가야 하는, 사람의 왕래가 거의 없는 외진 시골 지역이기 때문이다. 아마 방문했다 하더라도 감염 환자는 장거리 이동 중 고열, 구토, 설사 등을 보이며 쓰러졌을 것이다.

오히려 에볼라에 걸려도 병증을 나타내지 않고 바이러스만 배출하는 자연숙주 동물을 통해 유입되었을 가능성이 훨씬 그럴듯해 보인다. 현재 에볼라를 이 지역으로 가지고 온 범인으로 가장 지목되는 동물은 야생과일박쥐다. 2005년 이후 이미 아프리카 야생박쥐가 에볼라 바이러스의 기원으로 지목되고 있었다. 2000년대 초 가봉과 콩고 접경 지역에서 집단 에볼라 발생이 연이어 일어나던 시점에 과일박쥐 3종 H.monstrosus, E.franqueti, M.torquata에서 자연숙주의 증거인 항체가 발견되었기 때문이다. 이들 과일박쥐는 사하라사막 이남 지역에 광범위하게 분포하고 있고, 특히 장거리 비행 능력을 가지고 있어서 중앙아프리카에서 서아프리카까지 수천 km를 단숨에 이동할 수 있다.

에볼라가 발생하기 직전, 프리실라 안티 Priscilla Anti 박사는 서아프리카 가나의 시골 마을에 거주하는 주민 1,274명을 대상으로 식습관에 대해 조사한 적이 있었다. 이들 중 45.6%가 사냥(21.1%), 덫 포획(21.1%), 재래시장 구입(10.3%) 등을 통해 과일박쥐 고기를 먹은 적이 있다고 답했다. 또한 이들 주민 66%는 과일박쥐와 직접 접촉한 경험이 있으며, 37.4%는 물리거나 할퀴거나 박쥐 분뇨를 만진 적이 있고, 심지어 47%는 박쥐 서식 동굴을 자주 방문하는 것으로 조사되었다. 그러므로 가나와 같은 서아프리카 국가인 기니도 상황은 거의 비슷할 것이라고 쉽게 짐작할 수 있다. 그렇다면 2000년대 초 가봉에서의 에볼라 발생 사례처럼, 감염 과일박쥐 개체를 사냥 후 그 고기를 먹는 과정에서 직접적인 접촉을 통해 바이러스에 노출되었을 가능성이 존재한다. 에볼라 발생 초기 기니 보건당국이 박쥐 고기 판매와 섭취를 금지하는 조치를 신속하게 내린 것에서도 에볼라 매개 동물로서 야생박쥐의 역할 가능성을 충분히 인식하고 있음을 엿볼 수 있다.

현재까지 서아프리카에서 에볼라 매개 동물로서 야생박쥐의 역할에 대해 알려진 것이 별로 없다. 에볼라 바이러스를 실어 나르는 야생박쥐는 서아프리카에 실제로 존재하고 있을까? 중앙아프리카 열대우림 생태학적 환경에 무슨 일이 일어나 감염 박쥐 일부가 서아프리카로 이주했을까? 이들 박쥐가 서아프리카 지역으로만 이주했을까? 또 다른 에볼라 블랙스완 출현을 차단하기 위하여 야생박쥐 조사에 대한 초점을 단지 기니 궤케두 지역으로만 돌릴 수 없는 이유가 바로 여기에 있다.

VIRUS SHOCK

04

중국 대륙을 덮친 사스 바이러스의 범인은 사향고양이?

전염병보다 무서운 공포

"신뢰할 수 있는 공식 정보가 없을 때 데이터, 믿음, 추론 등 온갖 지적자원을 동원하여 공감대를 구축함으로써 대중들은 마치 해결자처럼 대응한다."

미국 사회학자 타모츠 시부타니Tamotsu Shibutani가 유언비어의 속성을 두고 한 말이다. 정보 부재로 인한 두려움은 각종 유언비어를 낳아 대중들을 쉽게 비이성적으로 변하게 만들어 사회 곳곳에서 혼란을 부추긴다.

2003년 2월 1일부터 시작된 중국 최대 명절 춘절, 가족 친지들과 명절을 보내고 있던 광둥성 광저우 시민들에게 "괴질로 사람들이 죽어간다"는 문자가 핸드폰을 통해 돌아다니기 시작했다. 그 문자 메시지는 며칠 사이 삽시간에 광저우 시민들 사이에 퍼졌다. 그 괴질 소문은 사실이었다. 이미 한 달 전부터 중국 광둥성에서 괴질이 발생하고 있었다. 이 괴질 원인을 놓고 조류독감 변종이니 탄저균이니 하는 각종 소문만 난무했다.

이 사실이 알려지자 춘절 휴가를 보내던 광저우 시민들은 순식간에 공포의 도가니에 빠졌다. 식품 사재기가 나타나고, 약국에는 항생제 약을 사려는 시민들로 난리가 났다. 심지어 식초가 괴질에 효험이 있다고 소문나는 바람에 슈퍼마켓에 있는 식초가 동이 나는 사태까지 발생했다. 광저우에서 시작된 유언비어는 핸드폰과 인터넷을 통해 순식간에 중국 전역으로 퍼져나갔다. 중국 정부가 괴질이 발생한 사실을 침묵함에도 불구하고 괴질 유행에 대한 소문은 인터넷을 통하여 중국을 넘어 해외로 퍼져나가기 시작하였다. 그러자 2월 11일, 중국 광저우 시당국은 결국 광둥성에서 305명의 감염자가 발생했다면서 괴질 발생을 시인했다.

3월 27일, 북경 시내 한 병원 의사와 간호사가 사스로 사망하면서 이 사실이 북경 시내에 금방 퍼졌다. 북경발 사스 공포는 다방면에서 나타났다. 즉각 많은 국가들이 자국민의 발생국 여행 자제를 권장했으며, 발생국가로 향하는 해외여행 취소가 봇물을 이루었다. 사스 발생국가에서 입국하는 모든 여행객에 대해서 마스크 착용을 의무화하고 어길 시 징역형을 취한다는 태국, 중국과 홍콩의 주재 외교관 철수령 발표하는 미국,

2003년 중국에서 사스 환자가 속출하고 있는 가운데 북경의 한 병원 복도가 사스 환자들에게 사용될 산소통으로 가득 메워져 있다.

발생국 방문객 공항검역, 대형 축제 취소 등 전 세계가 비상이 걸렸다. 그 당시 이미 세계 각국은 중국 여행 자제를 권고하는 등 중국 사스에 대한 이목을 집중하고 있던 때였다.

"3월 31일 현재 중국 내 1,190명의 사스 감염자가 발생했고, 46명이 사망했다." 나흘이 지난 4월 1일, 중국 정부는 중국 내 사스 발생을 공식 시인했다.

2003년 봄, '사스 자체보다 더 무서운 사스 공포', 무엇이 그토록 세상을 공포로 몰아넣었을까? 원래 공포는 알 수 없는 두려움에서부터 잉태되어 증폭되기 마련이다. 그 공포의 시작은 2003년 2월 중국 광둥 지방에서 시작돼 급속히 전 세계로 퍼져나갔지만, 그 실체가 밝혀지기 전까지 사스 의심 환자는 병증에 근거하여 확진을 내려야 하는 비정상적인 상황이 벌어졌다. 그 실체가 신종 코로나 바이러스라는 사실이 밝혀진 것은

2003년 3월 말이었다. 이미 바이러스 광풍이 세계를 한번 휩쓴 뒤였다.

"익지 않은 바나나를 먹지 마세요, 현재 하이난의 바나나에서 사스 바이러스가 검출되었으니 주의 바람."

2007년 4월, 중국 핸드폰 사용자들에게 문자 메시지 하나가 전송돼 중국 사회가 발칵 뒤집어졌다. 이 문자 하나만으로, 중국 남방 지역 바나나 재배농가들은 바나나 가격 폭락이라는 날벼락을 맞는 이해하기 힘든 일이 벌어졌다. 바나나가 사스를 퍼트릴 수 있을까? 어떻게 말도 안 되는 이런 루머들이 대중의 심리 속으로 파고들고 공감대를 형성할까?

어느 나라든 전염병이 창궐하면 각종 괴소문과 유언비어가 진실인 양 날개를 달고 돌아다닌다. 2015년 6월 한국 메르스 사태 때, 바세린을 바르면 효과가 있다는 둥, 양파가 메르스 퇴치에 좋다는 둥, 어느 병원에 환자가 발생해서 심각하다는 둥 각종 유언비어로 홍역을 앓았다. 급기야 정부가 그런 유언비어를 통제하기에 이르렀다. 대중들이 잘못된 지식을 가지고 어설프게 판단하고 해석하는 것은 전염병을 통제하려는 국가적, 사회적 노력에 장애물로 작용할 수 있다. 그러므로 전염병 재난에 대처 시 필요한 올바른 정보와 판단 능력은 사회 집단에서의 전염병 확산을 저지하는 데 매우 중요하다. 우리는 어디로 어떻게 나아가야 할까?

전염병 확산의 키워드, 슈퍼전파자

"슈퍼전파자를 찾아내 통제하는 것이 사스를 통제하는 핵심 열쇠이다."

사스 유행이 정점에 달했던 2003년 4월, 세계보건기구 관계관이 한 언론 인터뷰에서 한 말이다.

전염병 역학 분야에서 '슈퍼전파자'는 이미 오래전부터 역학자들 사이에서 사용되어온 용어였다. 일반 대중들이 언론매체를 통해 슈퍼전파자를 폭넓게 인식하게 된 계기는 2003년 사스 유행 때이다. 2003년 사스 유행 때 주요 슈퍼전파자의 사례를 살펴보자.

사스 출현 당시 첫 번째 슈퍼전파자는 2002년 12월 중국 남부 광둥성의 한 식당에서 일하는 요리사로, 그 환자는 사스에 걸린 후 치료 차 한 지역병원에 입원했다가 추가로 8명을 감염시켰다. 이 환자로 인하여 다음해 1월, 광둥성에 사스가 급증하는 시발점을 제공했고, 중국 남부 지역에서 괴질 발생의 공포를 증폭시키는 기폭제가 되었다. 그 당시 광둥성에서 발생한 두 번째 슈퍼전파자가 광둥성 시내 한 병원에 입원하면서 19명의 친척과 최소한 5명의 의료진을 감염시켰다.

세 번째 슈퍼전파자는 두 번째 슈퍼전파자의 2차 감염자인 의료진으로부터 감염된 의사였다. 이 의사는 사스에 걸려 독감을 앓고 있는데도 불구하고 친지 결혼식에 참석하기 위해 무리하게 홍콩을 방문했다. 그곳 4성 호텔 9층에서 단 하루 머물면서 아마도 같은 엘리베이터를 이용한 것으로 추정되는 호텔 투숙객 및 방문자 최소한 16명을 감염시켰다. 이들은 다시 전 세계로 바이러스를 실어 날랐다.

그 당시 호텔에서 머문 뉴욕 출신 사업자는 베트남 하노이를 방문하여 거기서 무려 63명을 감염시켰고, 그의 2차 감염자 중 여성 한 명은 싱가포르를 방문해 거기서 최소한 195명 이상을 감염시켰다. 그 당시 호텔에 머물렀다 사스 바이러스에 감염된 캐나다 여성은 토론토에 귀국해 거기서 136명을 감염시켰다. 세 번째 슈퍼전파자 광둥 지방 의사는 중국에서 다른 나라로 사스 바이러스를 퍼트리는 슈퍼전파자 역할을 한 것이다.

중국 광둥 의사가 어느 고급 호텔에 머무르던 날 잠시 들렀던 한 청년 인턴 사원은 고열과 통증에 시달리다 못해 보름이 지난 3월 4일 홍콩의 한 병원에 입원했다. 거기서 143명을 감염시켰고, 그중 한 사람인 신장 투석 환자는 퇴원 후 자신이 살던 아파트 단지에 단 하룻밤 머물면서 입주민 213명을 감염시켰다. 한 노인은 홍콩에 있는 그 병원에 입원해 있던 동생 병문안을 갔다가 비행기를 타고 북경으로 돌아가면서 비행기 승객 최소한 22명과 2명의 승무원을 감염시켰다. 2차 감염된 승객들은 대만, 태국, 방콕, 싱가포르, 심지어 내몽골까지 사스를 확산시켰다.

슈퍼전파자 광둥 의사 한 명이 2차, 3차 슈퍼전파자를 만들면서 사스는 중국에서 홍콩으로, 아시아 국가로, 북미 대륙 등 전 세계로 바이러스가 순식간에 확산되었다. 지금까지 사스 감염자 8,273명이 발생했고 그중 775명이 중증 폐렴으로 사망했다.

2015년 6월, 메르스가 우리 사회 최대의 이슈였을 때, 전염병의 확산과 공포를 관통하는 핵심 단어 또한 슈퍼전파자였다. 국내 첫 메르스 감염자가 중동에서 입국 후 확진될 때까지 여러 병원을 다니는 동안 30명의 2차 감염자가 발생했고, 16번째 감염자는 23명을, 14번째 감염자는 무려 80여 명을 감염시켰다. 단 3명의 슈퍼전파자가 우리나라 전체 감염자의 72%를 병원에서 감염시켰다. 무엇이 슈퍼전파자를 만드는 것일까?

방치된 감염자

메르스 감염자는 누구든지 다른 사람에게 메르스를 옮길까? 그렇지 않다. 특정 집단 내 전염병이 발생하면 감염자 누구나 다른 사람을 감염시킬 수 있다고 생각하기 십상이다. 그러나 실상은 모든 감염자가 동일한 전파력을 가지는 것은 아니다. 감염자의 접촉으로 인한 2차 감염자는 다른 사람과의 접촉을 차단하는 엄격한 격리 통제까지 받게 된다. 그래서 다수의 감염자는 다른 사람에게 2차 감염을 거의 일으키지 않는다. 2003년 싱가포르에서의 사스 사례들을 예로 들면, 사스 감염자의 81%는 다른 사람을 감염시킨 사례가 없었다.

소수의 슈퍼전파자가 다수의 사람들에게 바이러스를 감염시켜 전염병을 확산시킨다. 1997년 옥스퍼드대학 울하우스Woolhouse는 과거 전염병의 전파율 측정 통계를 분석한 결과를 토대로, 많은 전염병 발생에서 특정 집단 내 소수의 감염 환자 20%가 전체 감염 환자 80%에게 감염시킨다는 20/80 경험법칙이 존재한다고 발표했다. 실제 2003년 홍콩과 싱가포르 두 도시에서 발생한 사스 사례를 분석한 결과를 보면 단 7명의 슈퍼전파자가 전체 감염자 중 4분의 3을 감염시켰다. 심지어 대부분의 감염자는 다른 사람을 감염시킬 수 있는 상태는 아니었다.

왜 소수의 슈퍼전파자가 존재할까? 사스나 메르스의 경우, 감염자는 잠복기(병증을 나타내지 않은 초기 감염기간) 동안에는 바이러스를 배출하지 않는다. 즉, 잠복기 상태의 감염자는 다른 사람과 접촉하더라도 2차 감염을 일으킬 가능성이 거의 없다. 잠복기가 지나고 고열, 통증, 심지어 호흡곤란 등으로 이어지는 일련의 병증이 나타나는 기간에 바이러스는 몸 밖으로 배출된다. 이때 다른 사람을 감염시킬 수 있는 위험성이 높아진다. 그래서 독감 증상이 나타날 때 격리조치 등을 취하지 않고 계속 방치될수록 병증은 악화되고 감염자는 보다 많은 바이러스를 배출할 것이다. 검역과 통제조치가 제대로 이루어지지 않을수록 감염자는 슈퍼전파자가 될 가능성이 높아지는 것이다. 홍콩과 싱가포르의 사스 유행의 경우, 다른 감염자와 달리 슈퍼전파자는 병증이 나타나고도 4일 이상 격리조치 없이 방치된 상태에 놓여있던 감염자들이었다.

슈퍼전파자를 어떻게 통제할까? 결론적으로 한 명의 감염자라도 방치하지 않는 것! 잠재적 슈퍼전파자를 조기에 찾아내고 신속하게 통제하는 것, 그것이 전염병 확산을 막는 핵심 방법이다. 제2의 사스, 제2의 메르스가 발생하더라도 전염병 확산을 통제하는 방법의 핵심은 마찬가지일 것이다. 이론적으로는 울하우스의 20/80 경험법칙처럼, 슈퍼전파자 통제에 성공한다면 전체 감염자의 발생 수를 80% 줄일 수 있다.

퍼즐 맞추기

2004년 사스 바이러스가 어디에서 유래했는지 제대로 밝히지 못한 채 사스 유행은 멈췄다. 그후 사스가 어디에서 어떻게 출현하게 되었는지에 대한 역학조사가 집중적으로 이루어졌다. 향후 사스의 재출현을 막기 위한 예방조치를 취하는 데 있어서 그 근원을 찾아내는 것은 무엇보다 중요하기 때문이다.

2004년 사스 환자가 발견된 중국 광둥성의 보건당국 관계자들이 사스 바이러스 감염원으로 알려진 야생 사향고양이들을 도살할 준비를 하고 있다.

사스가 처음 발생한 곳은 2002년 11월 말에 중국 남부 광둥성 광저우시의 한 재래시장이었다. 중국에 있는 다른 재래시장과 마찬가지로, 그 재래시장에서도 겨울 진미 요리로 각광을 받고 있는 수백 종의 각종 야생동물을 팔고 있었다. 사스 출현의 원인을 밝히기 위하여 그 재래시장에 대해 집중적인 조사가 이루어졌다. 그 재래시장에서 야채를 파는 상인들 중에 사스에 걸린 사람은 없었지만 동물과 동물고기 취급 상인, 식육식당 종사자들 상당수가 아무런 증상도 없이 사스에 걸려있었다는 사실이 밝혀졌다. 심지어 사향고양이와 너구리에게서 사스 바이러스가 검출되었다. 최소한 그 재래시장에서 팔고 있는 사향고양이나 너구리 같은 소형 동물이 사람에게 사스를 옮기는 연결고리를 하고 있음이 분명해졌다. 아마도 이들 야생동물과 빈번하게 접촉하는 과정에서 시장 상인들이 사스 바이러스에 노출된 것이 틀림없어 보였다. 그러나 재래시장에 사향고양이를 공급하는 농장과 야생 사향고양이는 사스 바이러스에 감염된 사례가 발견되지 않았다. 이것은 사향고양이가 원래 사스 바이러스를 가지고 있던 것이 아니라 재래시장에서 사스에 걸려 사람에게 옮겼다는 것을 의미했다.

"사스 바이러스가 분명 야생동물에서 기원했을 텐데, 아무래도 박쥐가 의심스럽다."

2004년 사스 바이러스의 기원을 조사하고 있던 호주 동물보건연구소 린 왕Lin Wang은 박쥐에 베팅을 걸었다. 그는 호주 과학자 흄 필드Hume Field와 함께 1994년과 1998년 호주와 말레이시아에서 출현한 헨드라 바이러스Hendra virus와 니파 바이러스의 자연숙주 동물이 과일박쥐임을 밝혀낸 베테랑 과학자였다. 그뿐 아니라 화교 출신 린 왕은 중국 사람들이 한방 재료뿐만 아니라 식용으로 박쥐고기를 즐겨먹고 있다는 사실을 잘 알고 있었다.

린 왕의 예감은 적중했다. 중국 남부 지역에 서식하는 박쥐들을 조사하던 중 광시성 난닝에서 3종의 중국관박쥐로부터 사스 바이러스와 유사한 코로나 바이러스를 검출했다. 이 엄청난 결과는 미국과학진흥협회 주간 과학전문 저널 〈사이언스〉 2005년 10월 28일자에 발표되었다. 비슷한 시점에 홍콩대학 수산나 라우Susanna Lau도 유사한 조사결과를 미국 국립보건원보에 발표했다. 중국관박쥐에 대한 후속 조사들도 중국관박쥐가 사스 출현에 중요한 역할을 한다는 사실을 뒷받침했다. 이 결과는 사스의 재출현을 막기 위해서 무엇을 해야 하는지를 보여주었다. 그것은 박쥐와 가축, 사람 간 접촉할 수 있는 연결고리를 끊어주는 조치였다.

사스 바이러스가 박쥐 바이러스에서 유래했다고 단정 짓기에는 뭔가가 부족해 보였다. 그 박쥐 바이러스의 ORF8 유전자 부위가 사람과 사향고양이에게서 분리된 사스 바이러스와 완전히 달랐기 때문이었다. 심지어 박쥐 바이러스는 사람 세포에서 증식하지도 않았다. 박쥐에서 사향고양이를 거쳐 사람으로 바이러스가 직접 넘어왔다고 보기가 어려워졌고 그것은 결국 증명되지 않았다.

그로부터 10년이 지난 2015년, 홍콩대학 수산나 라우는 이 미스터리를 풀 수 있는 실험결과를 발표했다. 그녀는 중국 위난성에 서식하는 박쥐를 대상으로 조사하고 있었다. 그녀는 기적같이 또 다른 관박쥐종에게서 숨겨진 열쇠고리, 즉 사스 바이러스 ORF8 유전자를 가진 제2 박쥐 바이러스를 발견했다. 그 박쥐가 사는 동굴에는 여러 종의 박쥐들이 무리지어 살고 있었다. 여러 박쥐종이 가지고 있는 바이러스들이 서로 넘나들면서 각각의 다른 코로나 바이러스가 뒤섞여 잡종 바이러스를 만들어낼 수 있는 여건을 가지고 있음을 시사했다. 수산나 라우는 그 과정에서 박쥐의 몸속에서 두 박쥐 바이러스가 뒤섞여 새로운 잡종 바이러스들이 만들어졌는데, 그중 하나가 사스 바이러스로 사향고양이와 사람으로 넘어왔을 것이라고 추정했다.

미스터리의 퍼즐은 어느 정도 맞춰졌다. 중국 남부 지역에서 수많은 박쥐 코로나 바이러스가 지금도 지속적으로 분리되고 있다. 이 박쥐 바이러스들 중 사람에게 감염성을 획득한 바이러스가 존재할 수도 있으며, 그렇지 않다 하더라도 바이러스 뒤섞임 과정을 거쳐 사람에게 넘어올 가능성은 항상 존재한다. 제2의 사스 바이러스가 언제 출현할까? 우리는 무엇을 주시해야 할까? 왜 박쥐일까?

반복되는 신종 바이러스 출현, 박쥐가 주범?

2003년 사스 바이러스 출현 이후 박쥐는 전 세계 바이러스 학자들로부터 집중적인 관심을 받고 있다. 코로나 바이러스의 일종인 사스 바이러스가 중국관박쥐로부터 기원했다는 설이 다수의 견해로 자리를 잡은 이후의 일이다.

사실 오래 전부터 박쥐는 코로나 바이러스 이외에도 사람에게 치명적인 바이러스를 상당수 가지고 있는 것으로 알려져 있다. 대표적인 바이러스가 광견병 바이러스다. 전 세계 수많은 박쥐 종들이 광견병 바이러스를 가지고 있다. 박쥐에 물리거나 접촉을 통해, 또는 박쥐로부터 감염된 개, 너구리같은 2차 동물 등에 물려서 걸리는 공수병으로 전 세계에서 매년 5만 5,000여 명이 사망한다. 중국 사스 바이러스뿐만 아니라 호주 헨드라 바이러스, 말레이시아 니파 바이러스, 아프리카 에볼라 바이러스 등 사람에게 치명적인 신종 바이러스의 기원으로 박쥐를 지목하고 있다. 심지어 최근 중남미 지역 박쥐 종들이 인플루엔자 바이러스의 조상에 해당되는 바이러스도 가지고 있는 것으로 밝혀졌다. 최소한 신종 바이러스에 관한 한 박쥐를 빼놓고 논하기 어려울 정도이다.

박쥐는 어떻게 그렇게 많은 바이러스들을 보유할 수 있을까? 최근 들어 사람에게 치명적인 박쥐 바이러스가 왜 그렇게 자주 출현할까?

현재 지구상에는 약 5,000여 종의 포유동물이 서식하고 있다. 이 중 박쥐 종은 약 1,240여 종으로 전체 포유동물 종의 약 25%를 차지한다. 지구상에 존재하는 포유동물 중에서 설치류 동물(약 1,600여 종) 다음으로 생물학적 다양성이 풍부하다. 특정 숙주를 서식처로 하는 바이러스 특성을 고려하면, 이러한 엄청난 생물학적 다양성은 수많은 바이러스 종의 서식 환경을 만들 수 있게 해준다.

전 세계에서 다양한 종류의 박쥐 바이러스가 분리되고 있다. 박쥐 코로나 바이러스만 해도 현재 유전자은행에 등록된 자료만 2,800여 개에 이른다. 전 세계 과학자들이 각종 박쥐 종이 가지고 있는 바이러스에 대한 탐구를 왕성하게 벌이고 있음에도 불구하고, 여전히 박쥐 바이러스 저수지의 단지 일부만 파헤쳤을 뿐이다. 박쥐 집단이 우리가 미처 발견하지 못한 바이러스들을 얼마나 보유하고 있는지 밝히는 데 상당한 시일이 걸릴 것이다.

지구상에 존재하는 박쥐는 약 5,250만 년 전부터 지구상에 서식해 왔다. 박쥐가 진화하면서 다양한 바이러스들이 박쥐의 몸속에 침투했을 것이다. 그리고 일단 박쥐의 몸속에 정착하는 데 성공하면서 박쥐와 바이러스는 긴 공생관계의 틀을 유지하며 살아왔을 것이다. 아마도 오늘날 사람 신종 바이러스들이 그러한 과정을 거쳐 박쥐와 공생관계를 이루는 데에 성공했을 것이며, 그 결과로 박쥐는 거대한 바이러스 저수지인 자연숙주 역할을 하게 되었을 것이다.

박쥐의 집단 무리생활과 긴 수명은 바이러스가 그 집단에서 유행을 유지하는 데 이상적인 여건을 제공한다. 박쥐는 사회적 동물이라서 집단생활을 한다. 소형 박쥐들은 대개 한 동굴에 수백만 마리가 같이 살 수 있으며, 심지어 여러 종의 박쥐 종들이 서식할 수도 있다. 반면 대형 박쥐들은 소규모 무리 집단을 형성하며 집단 간 주기적인 교류도 행한다. 신체활동이 왕성한 번식기 동안 이러한 집단생활은 박쥐 개체 간 긴밀한 신체적 접촉을 통하여 바이러스의 전파가 쉽게 이루어질 수 있게 한다.

같은 공간에서 서로 다른 박쥐 종들이 서식하는 경우도 흔하며 그런 경우, 서로 다른 바이러스들의 뒤섞임 현상이 일어나는 '믹서기 동물' 역할도 가능해, 박쥐 집단 내에서 신·변종 바이러스의 출현이 일어날 여지도 제공한다. 최근 밝혀진 연구 결과에 따르면 사스 바이러스 출현 사례가 대표적이다. 서로 다른 종의 중국관박쥐 코로나 바이러스들이 박쥐 몸속에서 바이러스가 뒤섞이는 과정을 통해 사스 코로나 바이러스 같은 잡종 바이러스를 탄생시켰다는 것이다.

박쥐 대부분은 수십 년(5년 내지 50년)의 긴 수명을 가지고 있다. 긴 수명은 집단 내 존재하는 바이러스에 노출될 기회가 증가하고, 심지어 일생 동안 감염과 재감염을 반복할 수 있게 만든다. 또한 일부 박쥐는 동면과 일상 숙면을 취함으로써 저체온을 유지하면서 대사 에너지를 보존한다. 저체온과 대사 저하는 박쥐의 면역기능을 억제시키는 결과를 초래하여 몸속에 침투한 바이러스 청소를 늦추고 지속적으로 감염 상태를 가질 수 있다. 이러한 특징 때문에 바이러스 배출 지속기간이 길어지면서 박쥐집단 내 바이러스를 안정적으로 유지할 수 있다.

박쥐는 포유동물 중에서 유일하게 비행 능력을 가지고 있어 단기간에 병원체를 넓은 지역에 퍼트릴 수 있는 능력을 가지고 있다. 박쥐는 매일 먹이를 찾아다니고 계절적으로 이주를 한다. 일부 박쥐 종은 심지어 거의 2,000㎞를 이동할 수 있다. 특히 과일박쥐 종의 경우 메타개체군 서식생활을 하며 개체군 간 상호 접촉을 빈번하게 이룬다. 그러한 특성으로 인해 바이러스는 매우 폭넓은 지역에 분포할 수 있다. 최근 밝혀진 바에 따르면 니파 유사 바이러스는 아시아와 아프리카 열대지역 과일박쥐 종 사이에 광범위하게 퍼져 있다. 이들 지역에 서식하는 과일박쥐 종에게 신종 바이러스가 출현할 수 있는 우호적 환경인 푸시&풀 여건만 갖춰지면 언제든지 제2의 니파 바이러스 출현 사태가 초래될 수 있다. 1998년 말레이시아에서 심각한 문제를 일으켰던 바이러스가 2001년 이후 빈번하게 방글라데시와 인도 일부 지역에서 치명적인 인명 피해 사례로 나타난 것은 그 징후를 암시하는 것이다. 잠재적인 바이러스 시한폭탄은 여기저기 있다.

열대 지방에 서식하는 대형 과일박쥐는 번식기 동안 필요한 에너지 보충을 위해 엄청난 양의 과일을 먹어치운다. 박쥐는 연하작용 대신 씹어 삼킨다. 그 과정에서 소화되지 않은 과일 조각을 토해내는데 감염 과일박쥐가 토해낸 과일 조각에는 많은 바이러스들이 묻어있을 수 있다. 또 가뭄이나 벌목 등으로 과일 공급이 줄어들면 다른 야생동물과 먹이 다툼을 벌일 수 있는데 이때 바이러스 전염 위험이 증가한다. 대표적인 사례가 아프리카 에볼라다. 아프리카 원숭이들은 과일박쥐와의 먹이 싸움 과정에서 자주 에볼라 바이러스에 걸린다. 운이 없게도 그 원숭이를 잡아먹은 침팬지, 또는 접촉한 사람은 에볼라에 걸려 치명상을 입을 수 있다. 결론적으로 스필오버가 발생하기 위한 조건과 사건이 맞아떨어지면 박쥐는 새로운 숙주 동물로 바이러스를 옮길 수 있는 이상적인 여건을 가지게 된다.

이러한 특징들이 신종 바이러스가 박쥐로부터 자주 출현하는 이유가 된다. 그래서 지구상에 박쥐가 사라지지 않는 한, 푸시&풀 여건이 지속되는 한, 야생동물에 대한 음식문화가 변하지 않는 한 신종 전염병은 언제든지 출현할 수 있다. 다음 무대가 어느 지역이 될지는 모르지만 말이다.

사실 박쥐는 지구상 자연 생태계 균형 유지에 긍정적인 역할을 많이 하고 있어서 박쥐를 지구상에서 제거한다는 것 자체를 상상할 수도 없다. 지금껏 신종 바이러스의 출현을 예측한 적이 없듯, 앞으로도 어떤 바이러스가 출현하여 인류를 긴장시킬지 예측하는 것은 쉽지 않을 것이다. 어쩌면 하늘만이 알 것이다. 야생에서 잠자는 바이러스를 깨우지 마라. 인간이 야생 생태계를 최대한 건드리지 않는 것이 최선이다.

쉬어가는 페이지

인류를 공포로 몰아간 바이러스 전염병 유행의 역사

1918, 1919 **스페인 독감. 인플루엔자 바이러스(H1N1)**

제1차 세계대전 중 1918년 봄, 미국에서 출현 추정, 전 세계로 확산되었다. 기원 동물은 야생조류로 추정된다. 당시 세계 인구 중 3분의 1이 감염된 것으로 2,000만~5,000만 명이 사망한 것으로 추정된다.

1957 **아시아 독감. 인플루엔자 바이러스(H2N2)**

1957년 2월 중국 남부 지방에서 출현, 홍콩을 거쳐 전 세계로 확산되었다. 1957년 5월 홍콩에서 공식 보고되었다. 믹서기 동물(돼지)에서 조류 바이러스와 사람 바이러스 간 뒤섞임을 통해 출현한 것으로 추정된다. 처음으로 인플루엔자 백신이 일부 사용되었고 폐렴 치료에 항생제가 사용되기 시작했다. 전 세계에서 약 200만 명이 사망한 것으로 추정된다.

1968 **홍콩 독감. 인플루엔자 바이러스(H3N2)**

베트남 전쟁이 진행 중이던 1968년 7월 중국 남부 지역에서 출현, 전 세계로 확산되었다. 믹서기 동물(돼지)에서 조류 바이러스와 사람 바이러스 간 뒤섞임을 통해 출현한 것으로 추정된다. 베트남 전쟁 참전 미군의 부대 복귀로 미국에 확산되었다. 백신 접종이 본격적으로 시작됐다. 전 세계에서 약 100만 명이 아시아 독감으로 사망한 것으로 추정된다.

1976 **아프리카 에볼라. 에볼라 바이러스(필로 바이러스)**

1976년 자이레와 수단 남부 지역 면직공장에서 독자적으로 출현하였다. 고열, 두통, 심한 복통, 설사 등의 증상을 보인다. 총 602명이 에볼라에 감염되었고 이 중 431명이 사망했다. 당시 출현 원인은 밝혀지지 않았다.

1981 **에이즈(후천성면역결핍증). 사람면역결핍증 바이러스(레트로 바이러스)**

1981년 미국 캘리포니아 동성애자와 마약 중독자 사이에서 처음 보고되었다. 역추적 조사에서 1959년 아프리카 콩고 남성의 혈액에서도 바이러스가 검출되었다. 에이즈의 기원 동물은 침팬지로 알려져 있다. 감염 초기에 독감 증세를 보이다가 긴 잠복기(6~12년)를 거쳐 면역결핍 증상이 악화되며 각종 질병에 시달린다. 아프리카에서 가장 심각하다.

1997 **중국 H5N1 인플루엔자. 인플루엔자 바이러스(A/H5N1)**

1996년 중국 광둥성 기러기 폐사체에서 처음 보고되었다. 3종의 조류 인플루엔자 바이러스가 뒤섞이는 재조합 과정을 거쳐 출현했다. 1997년 5월 홍콩 재래시장을 통해 사람 18명이 감염되고 이 중 6명이 사망했다. 이후 아시아와 아프리카에서 간헐적 인체감염 사례를 유발했다. 2017년까지 860명이 감염되고 이 중 454명이 사망(치사율 52%)했다.

1999 **말레이시아 니파뇌염. 니파 바이러스(파라믹소 바이러스)**

1998년 9월 말레이시아의 양돈장 인부에게서 처음 발생했다. 기원 동물은 과일박쥐로 돼지를 거쳐 사람에게 감염되었다. 1999년 3월 말레이시아와 싱가포르 양돈 종사자들 중심으로 급속히 확산, 당시 265명이 감염되고 이 중 105명이 사망(치사율 39.6%)했다.

1999 **미국 웨스트나일뇌염. 웨스트나일 바이러스(플라비 바이러스)**

일본뇌염 사촌에 해당하는 모기 매개 질병으로 아프리카에 상재하며 중동 지역에서 자주 발생한다. 1999년 8월 중동 지역 바이러스가 뉴욕으로 유입되어 발생하였다. 2014년까지 4만 1,762명이 감염되고 이 중 1,765명이 뇌염으로 사망(치사율 4.2%)했다.

2001 **방글라데시 니파뇌염. 니파 바이러스(파라믹소 바이러스)**

2001년 1월 말, 인도에서 발생. 방글라데시와 인도에서 기원 동물은 과일박쥐로 직간접 접촉을 통해 사람에게 감염되었다. 2013년 2월까지 12회 발생하여, 188명이 감염되고 이 중 146명이 사망(치사율 77%)했다.

2003 **중국 사스. 사스 바이러스(코로나 바이러스)**

2002년 11월 중국 광둥 한 재래시장에서 처음 출현했다. 기원 동물은 중국관박쥐로 알려져 있다. 감염자는 심한 독감 증상과 폐렴 소견을 보인다. 전 세계 38개국에서 8,273명이 감염되어 이 중 775명이 사망(치사율 9.4%)했다.

2009 **멕시코 신종플루. 인플루엔자 바이러스(H1N1)**

2009년 3월, 멕시코 한 양돈장에서 출현했다. 조류, 돼지, 사람 인플루엔자 바이러스가 서로 뒤섞인 재조합 바이러스다. 2009년 6월, 세계보건기구가 판데믹을 선언한 21세기 최초의 전염병이다. 감염률은 높으나 사망률은 매우 낮다. 2010년 1월 18일까지 1만 4,286명이 사망했다.

2012 **중동 메르스. 메르스 바이러스(코로나 바이러스)**

2012년 6월 사우디아라비아의 중증 폐렴 환자에게서 첫 보고되었다. 기원 동물은 박쥐로 추정되며, 낙타가 중간 전파 매개체이다. 2015년 9월 1일 기준 1,475명 감염, 515명 사망했다. 2015년 6월 우리나라에서 발생하여 186명 감염자와 36명의 사망자가 발생했다.

2013 **중국 H7N9 인플루엔자. 조류 인플루엔자 바이러스(H7N9)**

2013년 4월 중국에서 처음 발생했다. 대부분 감염된 닭과의 접촉을 통해 감염되었다. 사람 간 전염은 잘 이루어지지 않는 것으로 보인다. 중국을 여행한 홍콩, 대만, 말레이시아, 캐나다 여행객을 빼고는 모두 중국 본토에서 발생했다. 2015년 5월 9일 기준 665명 감염, 229명이 사망(치사율 34%)했다.

2019 **서아프리카 에볼라. 에볼라 바이러스(필로 바이러스)**

2013년 11월 아프리카 기니에서 처음 발생, 기니뿐만 아니라 주변 라이베리아, 시에라리온까지 크게 확산되었다. 최초 발생 원인은 아직도 밝혀지지 않았다. 에볼라의 기원 동물은 과일박쥐로 알려져 있다. 2016년 2월 10일 기준 2만 8,603명 감염, 1만 1,301명이 사망(치사율 40%)했다.

2019 **중국 우한 폐렴. 코로나19**

2019년 12월, 중국 우한에서 고열과 기침을 동반한 최초의 폐렴 환자가 발생했다. 12월 중순 이후에는 우한의 한 재래시장을 방문한 사람들을 중심으로 매일 폐렴환자가 속출했고, 빠른 속도로 전 세계에 퍼져 수만 명이 감염되었다. 2020년 1월 30일에는 세계보건기구가 국제적 공중보건 비상사태를 선언함에 따라 범국가적 재난으로 격상되었다.

V I R U S

인류가 지구를 지배하는 데 가장 큰 위협은
바이러스이다.

– 조슈아 레더버그 –

S H O C K

제2장

바이러스, 두려움의 실체를 파헤쳐라

01

바이러스,
도대체 정체가 무엇인가?

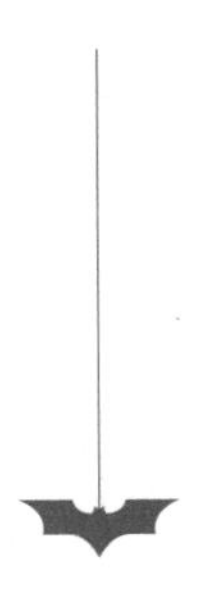

나쁘기도, 착하기도 한 바이러스

컴퓨터가 대중화되면서부터, 우리는 '바이러스'란 용어를 자주 들으며 살아간다. 생물학적 존재로서의 바이러스를 말하는 것은 아니다. 개인 컴퓨터를 이용하면서부터, 누구나 한번쯤은 어느 날 갑자기 컴퓨터가 '바이러스'에 걸려 난감한 적이 있었을 것이다. 바이러스 치료 프로그램으로 복구하기도 하지만, 대개 파일이 망가져 못 쓰게 돼버린다. 특히 업무와 관련되거나, 중요한 자료가 들어있는 경우 난감하기 이를 데 없다. 구입한 지 오래되어 이제 구형 모델이 되고, 엎친 데 덮친 격으로 컴퓨터 바이러스까지 걸려 집안의 컴퓨터를 갈아치운 적도 있다. 그래서 한번 컴퓨터 바이러스 습격을 당하고 나면, 각종 파일을 주고받을 때 습관적으로 바이러스 감염 여부를 체크하게 된다.

2008년 한 공중파 방송에서 방영된 〈베토벤 바이러스〉라는 드라마가 선풍적인 인기를 끈 적이 있었다. 그 당시, 드라마를 즐겨 보지 않는 필자도 그 내용에 심취해서 그 긍정의 바이러스를 몰입해서 보았다. 꿈을 만들어가는 사람들의 이야기다. 해피엔딩! 아마도 그 이후부터 사람들이 형이상학적인 단어에도 바이러스라는 단어를 붙이기 시작한 것 같다. 사람들 사이에 행복과 사랑, 긍정의 힘이 바이러스처럼 골고루 감염되기를 바라는 듯 '행복 바이러스', '웃음 바이러스' 등의 이름을 붙였다. 바이러스는 어느새 긍정적인 이미지로 많이 탈바꿈하고 있었다. 사실 세상에 절대적으로 선하거나 악한 것은 존재하지 않는다.

실제 지구상에 존재하는 바이러스의 99.9% 이상은 우리 인간과는 아무런 상관없이 서식한다. 대부분의 바이러스들은 사람이 아닌 다른 숙주에 서식하며 살아간다. 그래서 이 바이러스들이 사람에게 감염된다는 것 자체가 성립되지 않는다. 숙주라는 입장에서는 그저 좋은 것도 나쁜 것도 아니다. 바이러스 세계 전체로 보면 극히 일부에 지나지 않지만, 그럼에도 불구하고 사람에게 감염되는 바이러스는 여전히 많이 존재한다. 사람에게 치명적인 전염병을 유발하여 고통스럽게 만드는 나쁜 바이러스들도 많다. 이 나쁜 바이러스들이 우리 몸에 증식하는 방식은 바이러스종에 따라 다양하다. 그렇다고 사람 바이러스들이 모두 나쁜 바이러스만 존재하는 것은 아니다. 사람에게 감염되더라도 병을 일으키지 않는 바이러스들도 많다. 그뿐 아니라 적당히 몸속에 들어와서 면역체계를 자극시켜 우리 몸에 항체 같은 면역물질을 만들어내는 착한 바이러스도 많다. 그래서 같은 종류이지만, 착한 바이러스는 우리 몸에 치명적인 나쁜 바이러스가 침투할 때 이들을 통제할 수 있는 능력, 즉 면역을 우리 몸에 부여한다. 백신으로 사용하는 바이러스들이 착한 바이러스의 대표적인 사례이다. 적으로 적을 막는다! 우리는 백신을 사용함으로써 수많은 전염병의 유행을 통제할 수 있었다. 치명적인 전염병으로부터 우리 자신이나 반려 동물, 가축의 생명을 보호하고 질병으로 인한 고통을 예방하기 위하여 백신을 접종한다. 치명적인 전염병으로부터 가축을 보호하여 동물성 식량 자원의 안정적 생산과 경제적 이익을 증대하기 위해 가축에게 백신을 접종한다.

바이러스는 또한 지구 생태계의 한 축을 담당하는 존재이다. 바이러스는 전염병 유행을 통하여 숙주 집단의 급속하고 과도한 번식을 조절하기도 한다. 바이러스는 다른 동물의 습격(치명적 감염)으로부터 숙주 동물을 보호함으로써 숙주 집단을 안정적으로 유지하기도 한다. 세균에서 서식하는 박테리오파지는 지구상 수계(지표의 물이 점차로 모여서 같은 물줄기를 이루는 계통)에 존재하는 엄청난 세균을 매일 먹어치움으로써 수계 내 세균 개체 수를 조절한다. 수계 내 세균 개체 수가 증가하면 박테리오파지도 같이 증가한다. 식중독을 일으키는 살모넬라 세균에 서식하는 박테리오파지는 우리 인간이 활용하기에는 매우 매력적인 대상이다. 살모넬라 세균에서만 선택적으로 서식하는 박테리오파지를 가축 사료에 첨가물로 사용하려는 연구가 활발하다. 특히 내성 세균 출현문제로 항생제 사용이 제한되는 현 상황에서 이를 대체할 매력적인 치료제가 될 수 있는 잠재성을 가지고 있다. 박테리오파지를 이용하여 사람 피부 상처소독용 제품을 개발하는 연구들도 진행 중에 있다. 그러므로 바이러스라고 무조건 나쁘다고 할 것은 아니다.

바이러스, 상상할 수 없는 다양성

만약 우리들 중 누군가가 유전자 염기서열의 차이가 1% 정도 난다면 무슨 일이 벌어질까? 인간은 23쌍의 염색체 속에 30억 개 유전자 DNA 염기쌍을 가지고 있다. 우리가 익히 알고 있듯이, 지구상에 살아가는 70억 명은 모두가 완전히 동일하지도 않고 모두가 독특하고 고귀하다. 같은 부모로부터 태어났다고 해도 완벽하게 같은 복제 인간은 존재하지 않는다. 만약 같은 부모 슬하의 자녀들이 모두가 동일하다면 대대손손 이어져 오면서 수많은 동일한 인간을 양산했을 것이고, 그 사회적 혼란은 상상할 수조차 없다. 사람 개체 간 차이를 나타내는 데는 유전자 염기서열의 차이가 최대 0.1%, 즉 유전자 염기서열상 300만 개의 차이만으로도 충분하다. 인간 게놈 전체로 볼 때 매우 사소한, 그리고 매우 미묘한 차이로 사람의 개성과 특성을 구분 짓는 것이다. 우리와 가까운 침팬지와 인간의 게놈 유전적 차이가 얼마가 되는지에 대해서는, 게놈 유전자 염기서열 해석의 차이에 따라 5%에서 1% 내외까지 다양하게 존재한다. 어쨌든 단 1%의 차이, 즉 약 3,000만 개 DNA 염기쌍의 차이는 보통의 사람과 완전히 다른 형상을 만들어낼 수도 있을 것이며, 심지어 인간으로 분류하기가 어려울지도 모른다. 인간에게 있어서 1%는 결코 사소한 차이가 아니라 어마어마한 종의 영역을 넘나드는 엄청난 결과를 초래할 수도 있기 때문이다.

그렇다면 바이러스 세계에서는 어떨까? 같은 바이러스종이라도 바이러스 개체들 사이에 얼마나 많은 게놈 유전자가 염기서열에서 차이를 보일까? 바이러스는 가장 원시적인 존재이고, 게놈 유전자 덩치가 워낙 작아서 핵산 수가 그리 많지 않다. 일반적으로 바이러스는 종에 따라서 수천 개에서 수십만 개의 유전자 핵산을 가지고 있다. 평균적으로는 약 1만 개 정도의 유전자 핵산을 가지고 있는 것이다. 생물학적 존재로서는 믿기 힘들 정도로 적은 수이다. 현재까지 지구상에서 확인된 가장 큰 바이러스로 알려진, 아메바를 서식으로 삼는 판도라 바이러스Pandora virus도 DNA 핵산 수가 250만 개를 넘지 않는다. 그래서 바이러스 유전자에서 돌연변이나 유전적 변화가 생기면 그 차이는 크게 나타날 수밖에 없다. 유전자 복제기술이 고등동물만큼 정교하지 않기 때문이다. 그래서 가장 극단적인 사례는 바이러스 증식과 복제, 단백질 형성에 중요한 역할을 하는 바이러스 유전자 부위 일부에 돌연변이와 같은 유전적 변화가 생기면 바이러스의 기능이나 숙주 영역에 의미 있는 변화가 나타나는 것이다.

고등동물에서 수백만 년에 걸쳐 서서히 분화가 진행되어 종의 진화가 나타나지만, 바이러스의 경우 고등동물과는 확연히 다른 차원이 존재한다. 고등동물종에서는 상상조차 할 수 없는 엄청난 유전적 다양성을 바이러스 세계에서 볼 수 있다. 같은 바이러스종이라 하더라도 바이러스 개체에 따라서 유전자 염기서열의 차이가 1% 이상 존재하는 것은 부지기수이다. 예를 들면, 같은 바이러스종 중 동남아시아 지역에서 유행하는 바이러스와 한국에서 유행하는 바이러스 간에는 바이러스 게놈 유전자 염기서열의 차이가 1% 이상 나는 것이 흔하다. 심지어 같은 지역 내 유행하는 바이러스들 사이에서도 유전적인 차이가 제각각인 경우가 허다하다. 심지어 바이러스종에 따라서는 바이러스 개체들 사이에 유전적 차이가 하도 심해서 유전자 염기서열의 차이가 수십 % 심지어 50% 이상 나는 경우도 많다. 그래서 코로나 바이러스와 같은 유전적 변이가 심한 바이러스종의 경우, 바이러스 개체 간 유전자 염기서열 1% 정도의 차이는 바이러스 간 변이가 거의 없는 동일한 바이러스라고 치부할 정도이다. 바이러스의 세계에서 시시각각으로 일어나는 유전적 변이는 어디에서 시작되는 것일까? 무엇이 문제일까? 그럼에도 불구하고 끈질긴 생존의 법칙을 가지는 이유는 무엇일까?

단 하루. 바이러스가 한 세대를 거치는 데 필요한 기간이다. 바이러스종에 따라 수시간에서 수일이 걸릴 수 있지만, 일반적으로 바이러스는 세포에 감염되고, 세포 속에서 후손 바이러스를 만들어내는 데 하루면 충분하다. 한 세대를 거치는 데 평균적으로 30년이 걸리는 우리 인간에 비교할 바가 아니다. 인간이 천천히 기어가는 거북이라면, 바이러스는 고속도로를 과속으로 달리는 차와 같다. 우리가 한 세대를 교체하는 동안 바이러스는 수만 세대를 거칠 수 있다. 빠른 유전적 변이와 맞물려 광속의 세대 교체는 바이러스의 진화 속도에 가속도를 붙여 오늘날 지구촌 모든 생명체에서 바이러스가 서식할 수 있도록 엄청난 유전적 다양성을 부여하는 토대가 되었다.

아군끼리 경쟁하기

2010년, 우리 연구팀은 닭에게 치명적인 뉴캐슬병을 예방할 수 있는 국산 백신을 개발하는 프로젝트를 국내 백신업체들과 공동으로 진행했다. 조류에 서식하는 10여 개의 파라믹소 바이러스들 중 첫 번째 종으로 분류되는 이 바이러스는 일주일 내 양계장 닭들을 100% 죽일 수 있는, 매우 치명적인 바이러스로 양계산업에서 공포의 대상이다. 주변 아시아, 중동 지역, 아프리카 등지에서 이 바이러스 유행으로 양계 피해가 속출하고 있지만, 우리나라에서 이 질병을 근절하는 데 성공한 것이 국내 양계산업에서는 그나마 다행이다.

뉴캐슬병 바이러스 중에는 닭에 매우 치명적인 바이러스가 있는가 하면, 닭을 죽이지 않는 착한 바이러스들도 자연계에 존재한다. 우리 연구팀은 그런 착한 바이러스를 자연계에서 찾아내어 백신용 종자 바이러스를 개발하는 전략을 가지고 백신 개발 연구를 진행했다. 몇 년간의 노력 끝에 연구팀은 닭을 죽이지 않는 착한 바이러스를 오리에서 분리하는 데 성공했다. 그다음 단계는 오리에서 분리한 바이러스를 순수 정제하는 것

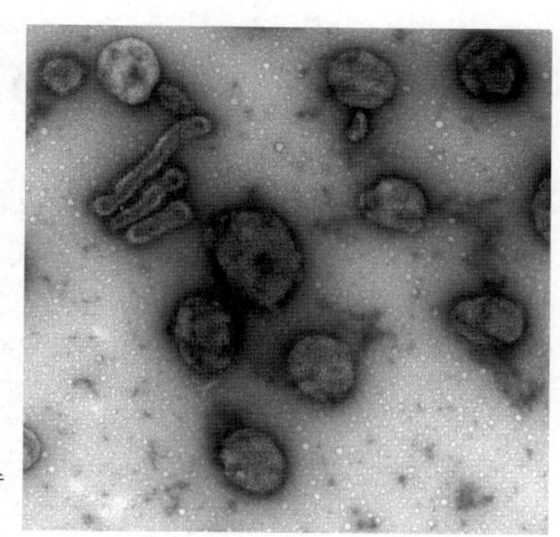

파라믹소 바이러스 아집단 내 다양한 바이러스 입자 모양 (출처: 농림축산검역본부 박중원)

이었다. 자연숙주 동물 개체에서 바이러스를 분리하면 같은 바이러스 내에서도 여러 아집단들이 존재하고 있기 때문에, 이들 아집단군 중에서 백신 종자 바이러스로 가장 효과가 좋은 아집단을 순수 분리하여 선발해야 했기 때문이다. 그렇게 하지 않으면 백신을 제조할 때마다, 생산된 바이러스의 백신 효능이 들쭉날쭉 불안정할 수도 있다. 예상대로 오리로부터 분리한 바이러스 내에는 여러 아집단 바이러스들이 혼재하고 있었다. 뉴캐슬병 바이러스는 닭의 혈구들을 엉겨 붙게 하여 마치 모래알처럼 응집되는 독특한 성질을 가지고 있었다. 그래서 실험실에서 각각 순수 정제한 아집단 바이러스들에 닭 혈구를 떨어뜨려 보았을 때, 아집단별로 닭 혈구들을 응집시키는 성질이 제각각 다양하였다. 어떤 바이러스 아집단은 닭 혈구를 떨어뜨리자마자 바로 엉겨 붙어서 큰 덩어리로 보이는가 하면, 어떤 아집단 바이러스들은 엉겨 붙는 성질이 약해서 자세히 보아

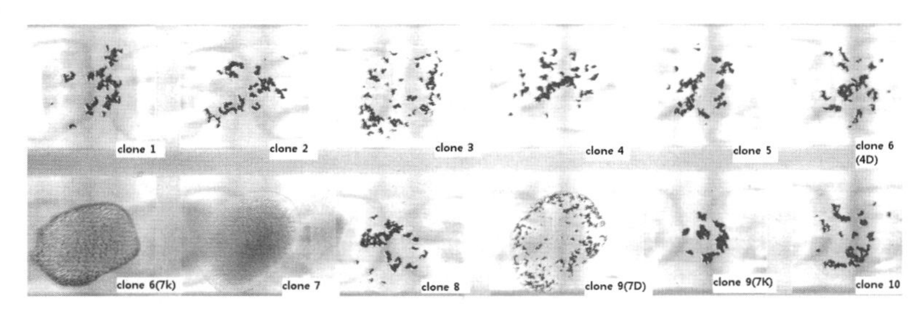

야생오리 한 개체에서 분리한 파라믹소 바이러스 아집단별 적혈구 응집 양상. 한 숙주 동물 개체에서 바이러스를 분리하더라도 다양한 성질의 바이러스 아집단이 혼재되어 있다. 이러한 아집단 바이러스의 다양성은 진화의 토대가 된다.

야 겨우 혈구가 엉겨 붙는지를 알 수 있을 정도였다. 바이러스 증식 능력이나 닭의 면역체계를 자극하는 능력이 아집단군별로 다양하게 나타났다. 이들을 아집단별로 분석하고 백신 효능을 가장 잘 나타내는 아집단을 선발하여 백신을 개발하는 데 성공했다. 이 백신은 제품화를 거쳐 양계장에서 질병 예방을 위해 사용되고 있다.

여기서 말하고자 하는 것은 백신 개발의 업적을 자랑하려고 하는 것이 아니다. 백신을 개발하는 과정에서 보인 바이러스 내 존재하는 아집단군의 다양성을 말하고자 하는 것이다. 한 마리의 오리에서 분리된 바이러스임에도 불구하고, 그 안에 들어있는 아집단 바이러스들은 다양한 증식 능력과 복제 능력을 보였다. 이와 같은 현상은 비단 이 바이러스에만 국한되는 것이 아니라, 많은 다른 바이러스종에서도 흔하게 관찰되는 현상이다.

바이러스가 숙주 몸속에서 일단 증식을 시작하게 되면, 숙주 면역체계의 공격과 같은 험악한 환경에 직면하게 된다. 이러한 환경 속에서 다

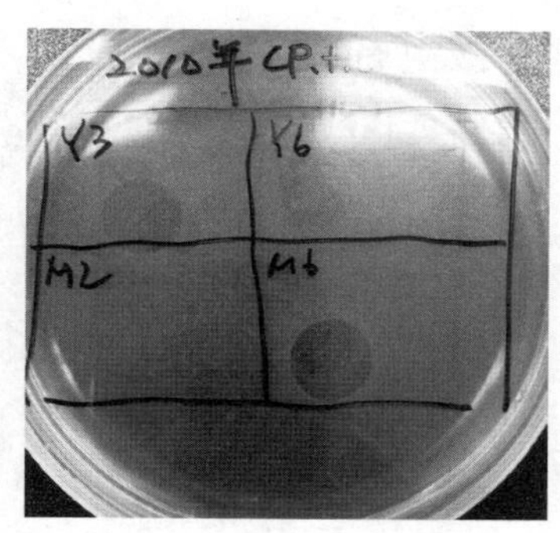

세균 배양 용기 표면에 박테리오파지가 증식하여 분화구처럼 세균이 제거된 사진 (출처: 농림축산검역본부 장일)

양한 아집단들은 매우 극단적인 차이는 아니지만 사소하면서도 미묘하게 서로 다른 생존 능력을 보이게 된다. 만약 숙주 면역체계의 공격으로부터 조금이라도 생존 능력이 뛰어나게 되면 숙주 환경에서 생존할 수 있는 티켓을 부여잡을 수 있는 가능성이 높아진다. 그렇게 지속적으로 진행되다 보면 그 아집단 바이러스들은 바이러스 내에서 우점종이 되는 것이다. 반대로 생존 능력이 상대적으로 떨어지는 아집단 바이러스들은 숙주 환경에서 점차 소멸의 길로 접어들 것이다. 생존한 아집단 바이러스는 다시 다른 숙주 동물로 감염하여 동일한 과정을 반복하게 될 것이다. 이러한 아집단 형성과 반복적인 선택은 결국 바이러스가 환경에서 살아남을 수 있는 선택의 범위를 확장시키고, 지속적으로 생존할 수 있는 방향으로 진화하게 된다. 바이러스가 진화하는 게 아니라 바이러스 유전자가 진화하는 것이다.

교묘한 전술

10년이면 강산도 변한다고 한다. 강산만 변하는 게 아니라, 바이러스 세상도 변한다. 10년이 경과하는 동안에 바이러스의 세상은 수많은 변화의 모습을 보여왔다. 바이러스 습격의 위험으로부터 인간과 동물을 보호하기 위하여 수많은 백신들이 사용되었다. 바이러스는 숙주 자체의 면역장벽뿐만 아니라, 자신들과 동종인 백신이 만들어놓은 숙주 면역과도 싸워왔다. 그래서 바이러스에 따라 전염병 유행의 부침을 거듭하기도 하고, 그 와중에 숙주의 면역체계를 회피하는 방향으로 지속적으로 변신을 거듭해왔다. 온순한 바이러스는 숙주와 타협하는 방향으로 공생하는 선택을 했다. 어느 날 새로운 바이러스가 문득 인간 세상에 출현하는가 하면, 우리가 인지하지 못하는 사이에 숙주의 멸종으로 어떤 바이러스는 서식처를 잃고 졸지에 사라졌을 수도 있다.

몇 년 전, 바이러스가 숙주의 면역장벽을 극복하기 위하여 어떻게 변신하는지 알아보려고, 닭에게 치명적인 바이러스인 뉴캐슬병 바이러스를 사용하여 흥미로운 실험을 한 적이 있다. 먼저 실험 닭을 두 그룹으로 나누어서, 한 그룹은 닭에게 백신을 접종하고 나서 면역이 생긴 이후에 치명적인 바이러스를 주입했다. 나머지 한 그룹은 백신 접종을 하지 않고 그대로 두었다가 같은 시점에 똑같이 치명적인 바이러스를 주입했다. 그리고 이들 두 그룹의 닭의 몸속에서 무슨 일이 벌어지는지를 관찰하였다. 백신 예방접종을 받지 않은 그룹의 닭들은 치명적인 바이러스를 접종한 지 채 일주일도 지나지 않아 모두 병에 걸려 죽었다. 반대로 치명적인 바

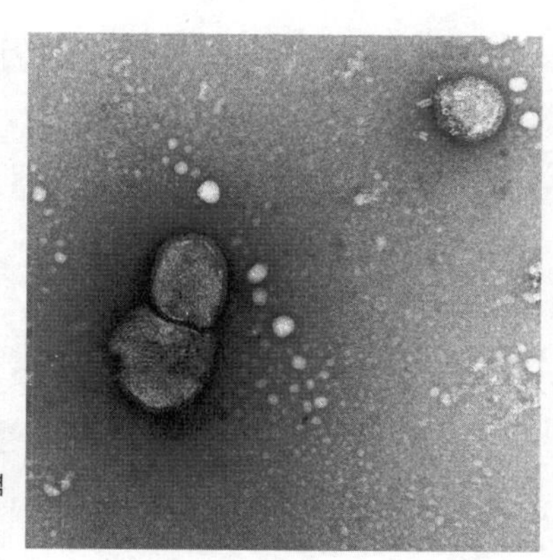

뉴캐슬병 바이러스 전자현미경 사진 (출처: 농림축산검역본부 박중원)

이러스 주입에도 불구하고 백신을 접종한 그룹의 닭들은 한결같이 건강하게 살아있었다. 치명적인 바이러스도 막아내는 백신의 힘은 무섭다.

여기에서 내가 말하고자 하는 의도는 백신이 질병을 막아내는 역할에 대한 것이 아니다. 우리 연구팀이 주목한 것은 치명적인 바이러스가 숙주의 백신 면역에 대항하여 어떻게 변신하는지 단서를 찾는 데 있었다. 우리 연구팀은 백신 접종 그룹과 백신을 접종하지 않은 그룹의 닭들이 분변으로 배출하는 치명적인 바이러스를 다시 회수하여 순수 분리하였다. 그리고 닭에 접종했던 원래 바이러스와 분변에서 배출된 바이러스 간에 어떤 변화가 있는지를 조사하기 시작했다.

백신 예방접종을 받지 않았던 그룹의 경우, 이 치명적인 바이러스는 닭이 면역체계가 가동하기도 전에 닭의 생명까지 빼앗아버릴 정도로 난폭하게 증식했다. 닭이 죽기 직전, 이미 수백만 개의 바이러스가 닭의 몸속에서 증식해 있었다. 닭이 죽기 직전 배출한 그 치명적인 바이러스는 닭에 주입하기 전 바이러스와 동일한 얼굴을 하고 있었다. 바이러스 구조에 어떠한 변화도 감지되지 않았다. 아마도 닭이 면역체계를 가동할 겨를도 없었으니, 바이러스 입장에서는 닭의 면역체계에 대항하여 스스로 생존하기 위해 변신을 할 이유도, 그럴 필요도 없었을 것이다.

백신 예방접종을 받은 그룹에서는 상황이 완전히 바뀌었다. 백신 접종으로 닭들은 이미 면역 상태가 완전히 무장된 상태였다. 그래서 치명적인 바이러스를 주입했음에도 불구하고 닭의 몸속에서 증식한 바이러스의 양은 수천 개 정도로 극히 미미했고, 며칠이 지나서는 이마저도 완전히 통제되어 바이러스는 더 이상 증식하지 못했다. 치명적인 바이러스를 주입하자마자 닭의 면역체계는 그 바이러스를 공격했고, 이것은 닭의 면역체계가 그 바이러스를 통제하는 데 성공했다는 것을 의미했다. 백신 접종 그룹의 닭에게서 다시 분리된 치명적인 바이러스는 닭의 몸속에서 일시적으로 약간의 바이러스 증식만 일어나고 바로 통제되기는 했다. 그러나 이들 바이러스를 분석했을 때 원래 닭에 주입했던 바이러스와 유전정보가 완전히 동일하지는 않은, 즉 일부 유전자에서 돌연변이가 일어난 흔적이 발견되었다. 또 순수 분리한 바이러스 아집단들은 돌연변이가 모두 동일한 부위에서 나타난 것만은 아니었다. 그래서 닭의 분변에서 배출된 치명적인 바이러스는 숙주의 면역학적 공격(면역압력)을 받으면서 서로 다른 유전적 차이를 보이는 아집단들을 형성하고 있었다. 그러한 변이는 바이러스를 무력화시키기 위하여 항체가 달라붙는 바이러스 껍데

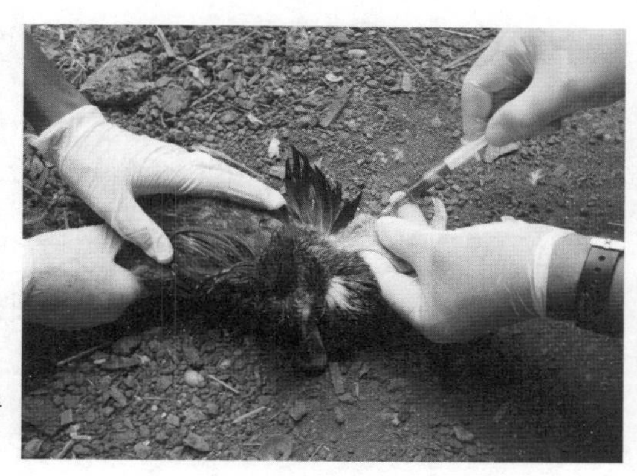

베트남에서 사육 중인 오리에게 조류 인플루엔자를 조사하는 장면

기 단백질HN 부위에 집중되어 있었다.

필자는 이 연구결과가 무언가 중요한 점을 시사하고 있다는 것을 알아차렸다. 비록 닭 몸속에서 소멸되면서 면역체계의 공격에 대항해 생존하는 데는 실패했지만, 닭 면역체계의 공격을 피하기 위하여 그 짧은 순간에도 나름대로 다양한 변신의 과정이 진행되고 있었음을 시사한다. 만약 돌연변이가 보다 쉽게 일어나는 바이러스가 이러한 공격을 받았다면, 숙주에서 증식한 바이러스의 유전적 돌연변이는 더 수월하게 일어났을 것이다. 심지어 많은 돌연변이 단계를 거치면 어느 순간에는 상당한 수준의 변종 바이러스로 돌변할 수 있다.

이러한 조짐은 이미 동남아시아 지역에서 유행하는 고병원성 조류 인플루엔자, H5N1 바이러스들에서도 나타나고 있다. 동남아시아 지역은 신·변종 조류 인플루엔자 출현의 중심 역할을 하는 곳이다. 몇 년 전 베트남 방문 당시, 하노이 농업대학 판Phan 박사와 베트남에서 일어나는 조류 인플루엔자 유행에 대해 얘기할 기회가 있었다. 그는 2000년대 중반 이후 동남아시아 지역 가금류에서 순환하는 H5N1 바이러스들이 유전적으로 상당히 진화·변이되어 변종 바이러스들이 출현했다고 했다. 따라서 기존에 사용하는 상용 백신으로는 더 이상 유행을 차단할 수 없어, 자국에서 효과 있는 새로운 백신제품의 개발이 필요하다고 고민을 토로했다. 이런 상황은 또 다른 변신의 귀재 에이즈 바이러스에서도 잘 나타난다. 에이즈 바이러스는 유전자 돌연변이가 매우 빠르게 일어나 수시로 바이러스 껍데기 모양을 바꾼다. 그래서 숙주(사람)의 면역체계가 바이러스를 인식하고 제거하는 데 골머리를 앓는다. 다양한 항바이러스 치료제를 사용하지만 금방 내성이 생겨버릴 정도이다. 통상적인 방법으로 백신을 개발해서는 바이러스의 변신 속도를 따라갈 수 없다. 아직까지 제대로 된 에이즈 예방 백신이 개발되어 상용화되지 못한 이유 중 하나가 여기에 있다. 일부 바이러스는 게릴라 전술을 사용한다. 에이즈 바이러스는 초기에는 감염자의 면역세포인 T세포 속에 한동안 숨어 지내기 때문에 숙주의 면역체계에 발각되지 않는다. 수두-대상포진을 일으키는 헤르페스 바이러스의 경우, 바이러스가 숙주에서 증식하다가 숙주 면역체계의 힘에 눌려 불리할 때 신경세포 속에 바이러스 유전자 형태로만 존재하면서, 숙주의 감시망을 교묘히 피해 숨어 지내기도 한다. 그러다가 숙주 면역체계가 부실할 때 자신의 모습을 드러내고 번식을 시작한다. 끊임없는 변화와 다양한 전술, 바이러스가 생존하기 위해 보여주는 전략이다.

온순하지만 때로 난폭한

평균 직경 100㎚(나노미터, 길이 단위의 일종이며 10억 분의 1m)! 바이러스는 자신의 유전자에 단백질 껍데기를 뒤집어쓴 이 단순하고 작은 나노물질에 불과하다. 이러한 바이러스는 세포를 임대하여 살아가는, 매우 전략적인 선택을 구사한다. 바이러스가 구사하는 임대방식은 아파트 전월세보다는 빌트인 콘도나 오피스텔 임대라고 보는 것이 좀 더 정확할 것 같다. 그래서 바이러스가 죽느냐 사느냐 그것은 숙주세포에 달렸다. 거꾸로 말하면 숙주세포가 존재하는 한 바이러스는 서식처를 보장받는다.

바이러스는 '자연숙주'라는 정해진 서식처에서 살아간다. 거기에서 바이러스는 숙주에 큰 위해를 가하지 않는 선에서, 즉 숙주의 면역체계라는 무기가 무리하게 가동되지 않는 선에서 적당히 번식을 하고, 숙주 역시 바이러스를 무리하게 제거하려고 하지 않는다. 이른바 공생의 논리가 작동한다. 바이러스가 지속적으로 변이를 일으키고 엄청난 다양성을 가지면서도 생명체에서 지속적으로 존재할 수 있는 이유이다. 그러나 가끔은 난폭하고 이기적이다. 바이러스의 난폭성은 자연숙주의 보장된 서식처를 벗어나 새로운 숙주 서식처를 찾아 나설 때 주로 발생한다. 숙주는 자신이 인지하지 못하는 새로운 침입자에 대하여 면역체계를 가동하며 강력히 저항하여 제거하려고 하고, 바이러스는 새로운 숙주의 면역 감시망이 가동되기 전에, 또는 숙주 면역체계가 작동하더라도 감당하지 못할 정도로 격렬하게 증식하려고 한다. 죽느냐 사느냐는 일단 만들어진 바이러스가 숙주세포 외부로 배출되면 숙주 면역세포의 표적이 된다. 이 경우, 숙주가 이기는 경우가 대부분이어서 종간 장벽을 넘어와 새로운 숙주에 정착하는 바이러스는 매우 드물다. 만약 그 숙주가 바이러스를 통제하는 데 실패하게 되면, 바이러스 수는 기하급수적으로 늘어나 숙주 면역체계가 더 이상 감당하지 못하는 수준으로 변한다. 그러면 숙주는 엄청난 양의 바이러스에 버티지 못하고 병증을 나타낼 것이다. 바이러스가 어느 장기에서 과도하게 증식하느냐에 따라 병증의 양상은 다르게 나타난다. 호흡기 계통에서 증식하는 바이러스들은 호흡기 질환을 일으킨다. 소화 장기 계통에서 증식하는 바이러스들은 설사와 같은 증상을 일으킨다. 심지어 생명에 중대한 기능을 하는 콩팥 등의 장기에서 과도하게 증식하는 바이러스는 장기 기능을 손상시켜 숙주 생명이 위태로울 수도 있다. 물론 이러한 병증 차이는 바이러스종마다 다르게 나타난다. 바이러스종마다 증식하기 좋아하는 장기 부위는 이미 결정되어 있기 때문이다. 그 숙주는 매우 치명적으로 감염되는 경우가 많다. 이런 현상은 원래의 숙주가 아닌 새로운 숙주 동물로 바이러스가 종간 장벽을 넘어갔을 때 주로 발생한다. 20세기 이후에 출현한 신종 전염병 바이러스들이 대부분 그러한 특성을 가진다.

고병원성 조류 인플루엔자 바이러스 H5N1을 예로 들어보자. 이 바이러스는 야생 철새인 청둥오리가 가장 유력한 자연숙주로 거론되고 있다. 이 바이러스는 야생 청둥오리에서 증식은 하지만 많이 증식하지는 않는다. 그래서 청둥오리는 이 바이러스에 걸리더라도 거의 병증을 나타내지 않으며, 나타나더라도 죽는 수준까지 진행되지 않는다. 그러나 다른 조류종인 닭의 경우 이 바이러스에 감염되어 진행되는 양상은 야생 청둥오리와는 전혀 다른 양상을 보인다. 일단 감염된 닭은 수일 내 100% 폐사한다. 치사율 100%! H5N1 바이러스는 닭에 대하여 난폭하기 짝이 없다. 닭에게는 공포의 바이러스인 것이다. 오리보다 닭에게서 최소한 수천 배 이상 바이러스가 증식한다. 일단 이 바이러스가 닭에게 감염되면, 바이러스에 대항하는 항체가 생성되기도 전에 닭의 내부 장기에서 폭발적으로 증식한다. 그래서 단 며칠을 버티지 못하고 급사한다. 실제 그런 폐사 닭의 내부 장기에는 1g당 수백만 개의 바이러스가 증식해 있어 장기 조직이 파괴되고, 장기가 제 기능을 하지 못한다.

최근 출현한 신종 바이러스가 사람에게 위협적이고 치명적인 이유도 원래의 자연숙주가 아닌 새로운 숙주에 정착하려는 것과 유사한 상황일 것이라는 추정이 가능하다. 이처럼 새로운 숙주에서 바이러스가 과도하게 증식하게 되면 숙주 자체의 안전은 보장받지 못한다. 숙주 집단의 지속 가능성을 보장받지 못한다면 바이러스도 결국 지속적으로 유행하는 데 제한을 받게 된다. 치명적인 바이러스의 경우 방역과 검역조치를 통해 바이러스 확산은 더욱더 제한받게 된다. 그래서 숙주 집단 내에서 숙주 간 전염이 일어날 수 있는 기회가 줄어들수록, 숙주 집단에서 바이러스가 지속적으로 순환하고 유지될 수 있는 가능성도 줄어들 수밖에 없다. 즉 바이러스가 숙주에 치명적일수록 개체 간 전염성이 떨어진다. 사람이나 가축에게 위험한 에볼라, 사스, 조류독감 같은 바이러스들이 자주 검역 격리와 이동제한과 같은 인간의 통제에 가로막혀 근절 또는 소멸되는 이유가 거기에 있다. 바이러스가 지속적으로 유지되려면 바이러스 자신의 난폭성을 줄이는 방향으로 진행되어야 한다. 그래서 감염 숙주가 바이러스를 배출할 수 있는 기간이 길어져, 오래 생존할수록 다른 숙주로 전염될 가능성이 증가할 수 있기 때문이다. 그래서 새로운 숙주 집단에서 서식하는 데 성공한 바이러스는 숙주에 대한 병원성(치명성)을 줄이고 숙주 개체 사이에서 이루어지는 전염성을 높이는, 즉 치명성과 전염성 간 불균형을 해소해가는 방향으로 진화하게 된다. 과거에 판데믹 인플루엔자 바이러스가 계절 독감으로 순화되어간 것처럼 말이다.

02

바이러스를 알기 위해 반드시 알아야 할 미생물의 역사

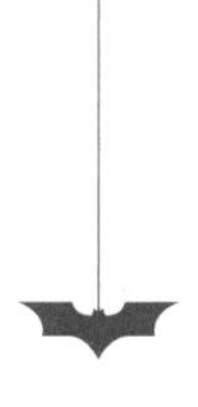

닭과 계란 딜레마

2010년 6월, 영국 워릭Warwick대학의 마르크 로저Mark Rodger 연구팀과 영국 세필드Sheffield대학의 콜린 프리만Colin Freeman 연구팀은 독일 화학협회에서 발간하는 저명학술지 〈앙게반테 케미Angewandte Chemie〉에 〈난각 단백질에 의해 결정핵의 구조적 통제〉라는 한 논문을 게재했다. 이 논문이 게재되자 영국 워릭대학은 언론 보도를 통해 '닭이 먼저냐? 계란이 먼저냐?'에 대한 수천 년간 이어진 난제에서 '닭이 먼저'라는 것에 부분적으로 어떤 힌트를 제공할지도 모른다고 발표했다. 이를 영국 〈메트로Metro〉 잡지에서 닭에 존재하는 특정 효소가 없으면 계란이 생길 수 없다는 한 공저자의 인터뷰 내용을 실으면서 마치 '닭이 먼저'라는 결론을 제시했다는 제목의 과장된 기사를 내보냈고, 전 세계 언론들도 여기에 가세하여 그것을 기사화했다. 국내 일부 언론에서도 이를 기사로 내보내기도 했다. 사실 이 연구팀이 밝혀낸 것은 영국 슈퍼컴퓨터와 메타다이내믹스Metadynamics를 사용하여, 닭의 난소에 존재하는 오보클레이딘Ovocleidin-17이라는 효소가 몸속 탄산칼슘을 결정화하여 난각을 형성하는 데 촉매작용을 한다는 사실을 밝혔을 뿐이다. 논문의 저자들은 생명의 탄생 기원이나 닭의 진화에 대한 시사점에 대하여 이 논문의 어디에서도 언급하지 않았다.

이러한 해프닝은 정확한 정보와 판단이 부족한 상황에서 자주 발생하며, 비단 여기에 국한되지 않는다. 필자가 여기서 말하고자 하는 것은 닭과 계란 딜레마의 해답에 대한 지적 호기심을 소개하고자 하는 것이 아니다. 닭과 계란 딜레마는 우주와 생명의 기원에 대한 논쟁으로, 고대 이후부터 지금까지 수천 년 동안 풀리지 않은 난제로 남아있는 딜레마 주제 중 하나이다. 지금도 이 딜레마는 전제 조건을 충족시키지 못하기 때문에 어떤 결론에 도달하지 못하는 상황에 자주 비유되고는 한다.

도대체 바이러스란 녀석은 어떻게 생겨나는 걸까? '사스', '신종플루', '메르스' 등 우리가 잊을 만하면 나타나는 신종 바이러스! 신종 바이러스들이 수시로 한국 사회를 떠들썩하게 하면서 이 같은 근본적인 질문을 받곤 한다. 지구가 생성한 이후 언제쯤 바이러스가 출현했는지 그 역사를 과학자들도 알지 못한다. 너무 오래된 과거의 역사를 밝혀내는 것은 거의 불가능에 가깝다. 심지어 한때 지구를 지배했던 공룡들이 과연 바이러스를 갖고 있었고, 바이러스에 걸려 죽기도 했는지에 대해서 어떠한 확신 있는 과학적 근거를 제시할 수 없다. 바이러스가 어떻게 해서 지구상에 출현하게 되었는지 입증된 과학적 근거는 최소한 현재까지는 존재하지 않는다. 다만, 우리가 살고 있는 세상의 생명 현상과 환경 여건 속에서 바이러스의 기원에 대한 실마리를 찾으려고 노력하고 있을 뿐이다.

깨어지는 정설

몇 년 전, 국립과천과학관에서 열린 '바이러스 특별기획전(바이러스의 고백, 인간과 공존하고 싶다)'을 준비하던 담당자에게 그 기획전 준비에 필요한 기술 자문을 한 적이 있었다. 어린 학생들을 대상으로 미생물 세계와 감염병 예방에 대한 올바른 지식을 제공하기 위한 기획전이었기 때문에 그 담당자는 '세균과 바이러스'를 이해할 수 있는 간단한 실습 체험에 대해 고민하고 있었다. 그때 세균 여과장치를 사용하여, 세균 배양액과 바이러스 배양액을 여과한 용액으로 세균이나 바이러스가 여과하는지를 간단하게 눈으로 확인할 수 있는 실험 방법을 알려주었다. 세균은 여과기를 통과하지 못하기 때문에 여과 후에는 세균의 존재를 확인할 수 없을 것이다. 그러나 바이러스는 여과한 후에도 여전히 그 속에 존재할 것이기 때문에 세균과 바이러스의 크기 차이를 설명해주는 것만으로도 좋은 경험이 될 것이라고 여겼기 때문이다.

세균과 바이러스의 차이점 (고전적 관점)

	바이러스	세균
구조	세포 형태 아님	단세포(원핵세포)
크기	20~400㎚	1000㎚
게놈 형태	DNA 또는 RNA	DNA 및 RNA
세포벽	없음	있음
리보솜	없음	있음
복제방식	숙주세포 내에서만 (대량 복제)	독자적 복제 (이분열)
감염치료	일부 바이러스만 부분적 가능 (바이러스 치료제)	치료 가능 (항생제)
외부환경	증식 불가능 (숙주 내 절대기생)	대부분 증식 가능

필자가 바이러스에 대해 처음 배웠던 30여 년 전, 바이러스는 '살아있는 세포 속에서 살아가는 완전한 기생체이고, 세균 여과기로는 여과할 수 없는 나노 입자'라고 배웠다. 일반적으로 우리가 알고 있는 대부분의 바이러스는 분명 세균보다 작은 크기를 가졌다. 최소한 우리가 생활하고 있는 공간에서 생활에 영향을 미치는 바이러스들은 그러하다. 평균적으로 세균보다 10배 정도 크기가 작다. 그래서 지금도 연구실에서 바이러스 재료에서 세균을 제거하는 데 필수적으로 사용하는 기구가 세균 여과기이다. 바이러스 입자는 나노 입자이기 때문에 전자현미경을 동원하지 않고는 눈으로 관찰할 수 없다. 그것이 일반 세균과 다른 특성 중 하나이다. 필자가 배울 당시, 이것은 바이러스에 대한 하나의 정설이었다.

2003년 바이러스에 대한 기존의 정설이 깨지기 시작했다. 프랑스 과학자 장미셸 클라베리Jean-Michel Claverie 연구팀은 단세포 생명체인 가시아메바에 기생하는 거대 바이러스인 미미 바이러스Mimi virus를 발견했다. 미미 바이러스 입자 크기는 가장 작은 세균인 마이코플라즈마Mycoplasma보다 2배 큰 크기를 가졌다. 우리가 실험실에서 사용하는 세균 여과기를 사용하면 이 바이러스는 일반 세균처럼 그 여과기를 통과하지 못한다. 지금까지 우리가 알고 있는 상식은 바이러스는 세균 여과기를 통과하는 것이다. 그런데 사실, 이 바이러스는 그로부터 11년 전 영국 브래드포드Bradford에 있는 한 냉각탑에 서식하는 아메바에서 발견된 것이었다. 그 당시 미미 바이러스를 발견한 연구원들은 입자 크기가 워낙 커서 일반 현미경으로도 관찰이 가능했기 때문에 그 존재가 바이러스일 가능성을 배제했다. 그들은 그것을 그람양성세균의 일종이라 여겨 브래드포드구균Bradfordcoccus으로 명명했을 정도였다.

장미셸 클라베리 연구팀은 계속해서 선사시대 아메바에 기생하던 거대한 크기의 자이언트 바이러스Giant virus를 발견했다. 2010년 4월, 칠레 라스 크루스 해안에서 메가 바이러스Mega virus, 2013년 칠레 해안 퇴적층과 호주 호수에서 판도라 바이러스Pandora virus를 발견했다. 또 시베리아 영구 동토층(3만 년 전 신생대에 추정)에서 2014년 피토 바이러스Pito virus, 2015년 몰리 바이러스Molli virus가 잇따라 발견되었다. 이 거대 바이러스들은 모두 바이러스 입자 직경이 0.6㎛ 이상이어서 전자현미경이 아닌 광학현미경으로도 입자관찰이 가능했다. 특히 2014년에 발견한 피토 바이러스는 바이러스 장측 직경이 1.5㎛나 되어 현재까지 알려진 바이러스 중 가장 큰 입자의 바이러스로 기록되고 있다. 참고로 신종플루 바이러스 입자는 평균 직경 0.1nm이다.

주연배우의 출현

지구상에서 원시 바이러스가 탄생한 초기, 바이러스는 어떻게 자신들을 유지하면서 생존해왔을까? 원시 바이러스도 오늘날 바이러스와 마찬가지로, 숙주가 단세포 생명체에 기생하는 순간부터 그들이 서식하는 기간은 그 숙주가 살아있는 동안으로 제한되었을 것이다. 숙주가 죽어버린다면, 바이러스도 그 숙주에서 더 이상 증식할 수 없기 때문에 다른 숙주 개체로 옮겨가야 한다. 바이러스가 숙주 개체 간 전염을 통해서 바이러스 생태계를 유지하려면 그들이 서식하는 숙주가 어느 정도 이상 규모의 집단을 형성하고 있어야 하고, 밀접하게 교류하고 있어야 가능하다.

오늘날, 우리의 바다 속에는 1ℓ당 수십억 개의 바이러스가 존재한다. 이와 같은 엄청난 바이러스의 밀집성은 바이러스가 서식하는 숙주, 특히 세균 또한 그만큼 풍부하다는 의미를 동시에 가지고 있다. 지구 생명체가 처음 탄생한 곳도 바다의 세계라고 알려져 있다. 바다에서 원시세포 생명체가 다시 다세포 생명체로 진화했다. 초창기 바다의 세계에서 생명체가 얼마나 밀집성을 가지고 있었는지는 알 수 없다. 그러나 만약 그 원시 생명체에 서식하는 바이러스가 존재했다면, 생명체 집단의 성장에 영향을 주지 않는 선에서 바이러스가 유지되기에 충분한 밀집성을 가지고 있었을지도 모른다.

바이러스는 언제부터 인간의 몸을 숙주로 서식하기 시작했을까? 600만 년 전, 아프리카 밀림 지역에서 인간이 침팬지와 분화하기 이전 공통 조상이었던 시절부터 바이러스는 인간을 서식처로 정착했을 것이다. 그 당시 밀림 지역에는 포유류 동물뿐만 아니라 유인원 동물까지 생물학적으로 다양하게 존재했을 것이다. 그래서 동물종 간에 바이러스 교환이 간헐적으로 나타났을 것으로 보인다. 다른 동물종에서 인간으로 바이러스가 넘어오는 경우도 발생했을 것이다. 다만, 그 당시 인간 조상의 집단 크기가 작았기 때문에, 바이러스 유행은 극히 제한되었을 것으로 생각된다. 인간이 소수의 유목 집단생활을 하던 기간에도 마찬가지로 사람들 사이의 바이러스 유행은 거의 일어나지 못했을 것으로 보인다. 치명적인 바이러스의 경우 감염자를 사망하게 하거나, 생존하더라도 평생 면역을 획득하기 때문에, 소수의 인간 집단이 무리지어 살아가는 유목생활 환경에서는 바이러스 유행이 일어날 여건이 조성되지 않았을 것이다. 그래서 인류 초창기 시절 인간에게 존재할 수 있었던 바이러스는 인간의 생존에 큰 위협을 주지 않으면서도 장기간 감염을 유지할 수 있는 공생관계를 유지하는 바이러스들이다. 예를 들면 헤르페스 바이러스(단순포진, 대상포진 등), 레트로 바이러스(에이즈 등), 파필로마 바이러스(사마귀 바이러스 등) 등이 초창기 인간 집단에 존재했을 것으로 보인다.

많은 전염병 학자들이 주장하듯이, 바이러스가 인간 집단에서 주연배우(유행)로 등장하기 시작한 것은 지금으로부터 1만 내지 2만 년 전이었을 것으로 추정된다. 이 시기는 인간이 유목생활을 버리고 세계 각지에 정착하여 농경생활을 시작하던 시기이다. 이때 인간 집단이 정착하면서 곡식을 재배하고 야생동물을 포획하여 가축화하기 시작했다. 먹을거리가 풍부해지고 정착 지역의 인구가 증가하면서, 인간은 대규모 집단을 형성하기 시작했다. 경작과 가축사육은 주변에 있는 각종 곤충, 해충과 설치류들을 몰려들게 만든다. 인구 증가로 사람들 간 밀접한 접촉이 진행되었을 뿐만 아니라 가축과의 접촉도 빈번해졌다. 이러한 환경적 대변화는 바이러스가 유행할 수 있는 푸시&풀 여건을 충족시켰다. 가축화하는 단계에서 동물로부터의 바이러스 유입이 증가하기 시작했고, 사람들 사이에 바이러스가 유행하기 시작했다. 이 시기에 사람 생명에 위협이 될 수 있는 급성 감염 같은 바이러스가 유행할 수 있는 여건이 가능하게 되었다.

이 무렵 출현한 것으로 알려진 바이러스로는 천연두 바이러스, 홍역 바이러스, 소아마비를 일으키는 폴리오 바이러스 등이 대표적이다. 천연두는 우리 조상들이 '마마'로 불렀을 만큼 가까이하기 두려운 공포의 대상이었다. 1980년 천연두 근절이 선언되기까지, 전 세계에서 최대 5억 명이 천연두로 사망한 것으로 추정하고 있다. 이 천연두 바이러스가 약 1만 2,000년 전, 북아프리카 지역에서 출현했다는 주장도 있으나, 몇 년 전 바이러스 유전자를 분석하여 진화 시기를 추정한 결과가 발표되었다. 최소한 3,000년 내지 4,000년 전, 아프리카 동북부 지역에서 낙타를 가축화하는 단계 중 낙타 두창 바이러스와의 공통조상에서 분화되어 생긴 바이러스로 추정되었다. 특히 약 3,300여 년 전, 천연두로 사망한 흔적이 있는 이집트 파라오 람세스 5세 미라에서 보듯이, 천연두가 상당히 오래전부터 인간 집단에서 유행한 것을 엿볼 수 있다. 우리나라의 경우에도 천연두는 인도에서 중국을 거쳐 기원후 6세기경 마한시대에 유입된 것으로 알려져 있을 만큼 가장 오래된 전염병 역사를 가지고 있다. 소아마비를 일으키는 폴리오 바이러스의 경우에도 기원전 3,700년경 이집트의 수도 멤피스에 있는 점토판에 소아마비를 앓은 것으로 묘사된 사제 루마에서 알 수 있듯이, 농경 정착시대에 인간 집단에 유입된 것으로 추정해볼 수 있다.

그로부터 수천 년의 세월이 흘렀다. 그동안 오늘날 유행하는 많은 바이러스들은 인류 문명이 발달하고 인구가 증가하면서, 대규모 전쟁과 집단 이주 및 신세계 개척 등을 통해 사람 집단에 유입되어 정착되었을 것이다. 특히 이 과정에서 일부 바이러스들은 악역으로 등장하여 인류의 생존을 주기적으로 들었다 놨다 했다. 독감을 일으키는 인플루엔자 바이러스가 그 대표적인 바이러스이다. 인플루엔자 독감의 역사에서 최악의 사태는 스페인 독감으로 알려져 있다. 스페인 독감은 1918년에 출현해서 단 1년 동안 최대 5,000만 명의 목숨을 앗아갔다. 인플루엔자 독감으로 과학적으로 확인된 것은 스페인 독감이 최초이지만, 그 이전에도 유럽에서 인플루엔자 독감으로 심각한 문제가 발생했다는 기록들이 다수 존재한다. 이들 치명적인 인플루엔자 독감 바이러스는 야생조류가 가진 바이러스로, 돼지 등 중간 매개체 동물을 거쳐 신종 바이러스로 출현하여 인류 집단에서 대규모 판데믹 유행을 일으켰다. 판데믹 독감 바이러스가 일으키는 대규모 유행이 아니더라도, 지금 이 순간에도 사람 집단에서 순환하는 인플루엔자 바이러스는 계절 독감의 형태로 매년 바이러스의 모습을 바꾸며 전 세계에 유행하면서 수십만 명의 목숨을 앗아간다. 아마도 계절 독감 백신을 접종하지 않는다면 전 세계적으로 계절 독감으로 인한 피해가 훨씬 크게 나타났을 것이다.

20세기 후반 이후 최악의 바이러스는 에이즈 바이러스가 될 것이 유력해 보인다. 이 바이러스는 아프리카 밀림 지역 침팬지로부터 사람에게 넘어온 것으로 알려져 있고 면역세포 속에 숨어 지낼 뿐만 아니라, 수시로 바이러스 껍데기를 바꾸는 매우 영악한 바이러스이다. 그래서 천연두와 달리 백신을 개발하기가 여간 어려운 게 아니다. 1980년대 이후 지금까지 7,000만 명 이상이 에이즈 바이러스에 감염됐고, 거의 4,000만 명 가까이 사망했다. 지금도 약 3,500여만 명이 감염된 채로 살아가고 있다. 이 바이러스가 출현한 근거지인 아프리카 사하라사막 이남 지역의 상황은 매우 심각하다. 전 세계 에이즈 환자의 대부분이 이 지역에 몰려 있다. 아직도 아프리카에서 에이즈 문제는 진정될 기미를 보이지 않는다.

인류가 문명생활을 시작하면서 끊임없이 수많은 바이러스들로 인해 시달려왔음에도 불구하고, 눈에 보이지 않는 그 정체가 무엇인지는 알 수가 없었다. 알고 있는 것이라고는 그것이 전염성을 가진다는 것이 전부였다. 아무것도 할 수 없었던 인간은 그냥 그 악마를 피하는 게 상책이었다. 바이러스 존재를 인식하며 그 정체를 제대로 파악하고 대처하기 시작한 것은 불과 120여 년 정도에 불과하다.

모자이크 바이러스

고등학교 생물 시간에 '바이러스' 존재를 처음 배웠다. 당시 세균에서 서식하는 바이러스 '박테리오파지'의 사례를 갖고 바이러스의 생활사를 배웠다. 마치 우주선이 달에 착륙하듯 세균체에 달라붙은 다음 바이러스 유전자만 세균의 몸속으로 집어넣어 자신의 유전체를 세균 대사 도구를 이용해 복제한 후 다시 세균체를 탈출하는 과정은 참으로 인상적이었다. 영화에 나오는 달에 착륙하던 우주선은 박테리오파지가 세균체 표면에 달라붙는 그 상황에 착안하여 만들어진 것은 아니었을까? 그런 상상까지 했었다.

바이러스의 발견, 그것은 우연일까? 아니면 필연일까? 인류 역사에서 바이러스가 사회 집단의 안전까지 위협하던 일이 비일비재했지만, 그것이 바이러스란 존재에 의한 것이라는 생각을 하지 못했다. 나노 입자 같은 물질이 인간의 생존을 위협할 것이라는 생각 자체를 하지 못했다. 지금으로부터 약 120여 년 전, 그때서야 과학자들은 세균이 아닌 제3의 미

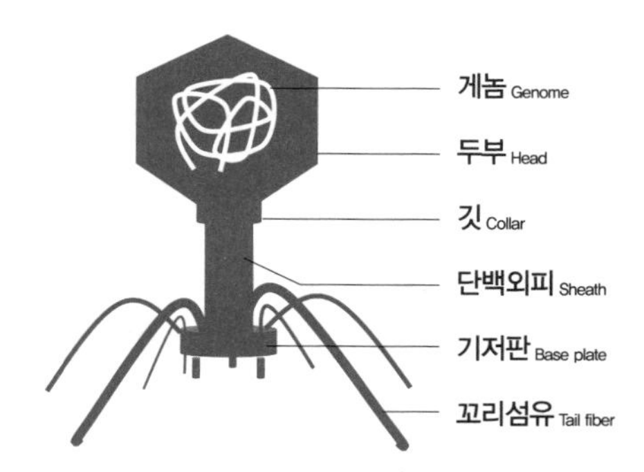

박테리오파지 구조. 박테리오파지 모형이 마치 달 탐사선의 구조를 닮았다. 박테리오파지를 이용하여 사람 피부 상처소독용 제품 개발 연구들도 진행되고 있다.

지의 물질, 즉 무언가 전염성을 가지는 물질이 존재하여 전염병이 유행할 수 있다는 인식을 하게 되었다. 담뱃잎에 반점이 생겼다가 결국에는 말라비틀어지게 하여 쓸모없게 만드는 담배 모자이크 바이러스Tobacco mosaic virus가 그러한 인식의 시초를 제공했다.

"처음 발견한 바이러스가 사람 바이러스가 아니고, 왜 하필 담배 바이러스였을까?"

고등학생이었던 그 당시, 필자에게는 그리 중요해 보이지 않았던 담배에 대한 바이러스가 최초의 연구 대상이라는 게 도무지 납득이 되지 않았다. 담배가 몸에 해로운 것도 있지만, 학생들이 피워서는 안 되는 금지 대상이라는 부정적인 이미지도 한몫했던 것 같다. 그 당시 필자의 사고체계로는 사람 목숨이 왔다갔다하는 중요한 바이러스가 최초의 연구 대상이어야 한다고 생각했다. 아마도 사람에게 치명적인 전염병들이 설마 그러한 제3 물질인 바이러스에 의해 발병되었을 것이라는 생각을 하지 못했는지도 모른다. 그 작은 입자는 상상하지도, 상상한다 해도 장비가 없어서 입증할 수 없는 존재였으니까.

사람 바이러스 중 처음으로 발견된 것은 흥미롭게도 천연두가 아닌, 모기가 매개하는 황열 바이러스였다. 어쩌면 학자들이 단지 지적 호기심만 가지고, 그 위험한 천연두 검체를 감히 만질 엄두도 못 냈는지 모른다. 황열은 지금도 매년 20만 명이 걸리고 3만 명이 사망하는 아프리카 열대 풍토병으로, 우리나라에서는 발생하지 않아 낯선 바이러스이다. 그러나 이 전염병은 유럽 국가들이 아메리카 대륙을 개척할 당시, 아프리카에서 출발한 노예선을 타고 아메리카로 유입되었다. 그리고 18세기 이후 아메리카 열대 지역에 창궐하여, 당시 아메리카 개척 유럽인들에게 치사율이 28%에 달하는 공포의 전염병이었다. 특히 1880년대 파나마 운하 건설을 추진하던 당시 2만여 명의 인부가 황열로 사망하여 건설회사가 파산하는 사태가 벌어지기도 했다. 북미 지역 영토 확장의 최대 장애물로 부각된 황열문제를 해결하지 않고는, 미합중국의 안정적 건설에 방해가 될 수 있다고 판단한 미국 정부가 황열 연구와 예방기술 개발을 국가적 과제로 추진한 결과, 1901년 월터 리드Walter Reed 박사팀에 의해 황열 바이러스의 존재가 밝혀지게 되었다. 이어, 1937년 남아프리카 태생 미국인 막스 타일러Max Theiler는 황열 백신을 개발하여 공급함으로써, 북중미 대륙에서의 황열 피해를 획기적으로 예방한 공로를 인정받아 1951년 노벨생리의학상을 받기도 하였다.

다시 처음으로 돌아가서, 어떻게 담배 모자이크 바이러스가 인간이 발견한 바이러스의 첫 주인공이 되었을까? 15세기 말 콜럼버스가 아메리카 대륙을 발견할 당시, 아메리카 인디언 원주민들은 담뱃잎을 말아 피우면 그 연기가 하늘로 올라가 신의 은총을 받는다고 여겨 종교의식용으로 사용하였다. 또 담뱃잎에서 나온 즙이나 잎을 말린 가루를 각종 치료제로 사용하기도 하였다. 콜럼버스는 귀국하는 길에 인디언으로부터 선물 받은 담배를 처음으로 유럽에 소개했다고 알려져 있다. 그 이후 담배는 스페인과 포르투갈 선원들에 의해 아메리카 대륙으로부터 유럽으로 처음 수입된 것으로 알려져 있다. 특히 스페인 의학자들에 의해 담배가 의학적 효능이 있는 것으로 발표되면서, 유럽 사회에 급속히 퍼져 통증 치료용으로 각광을 받았다. 담배 수요가 늘어나면서 유럽에서 담배를 재배하기 시작했다. 담배가 두통 치료제뿐만 아니라 희귀한 기호품으로서 유럽 왕실, 귀족, 신흥재벌 등 사회지도층 사이에서 유행하기 시작했다. 특히 16세기 들어서면서 영국 왕실이 세수 확보 차원에서 담배를 전매하기 시작했고, 나머지 유럽국가의 왕실에서도 담배를 전매하기 시작했다. 19세기 말, 담배를 대량 생산할 수 있는 기술이 개발되고 담배회사들이 생겨나면서 담배 가격이 낮아지자, 유럽과 미국에서 흡연율이 급속히 증가하기 시작했다. 담배 수요가 늘면서 담배 전매산업은 미국과 유럽 국가들의 주요 세수를 확보하는 데 중요한 역할을 했다.

19세기 들어서면서, 담배를 재배하는 농가들이 늘어났지만 농장에서 담뱃잎에 얼룩반점이 생기다가 말라비틀어지는, 그래서 담뱃잎의 상품가치를 없애버리는 괴질이 출현해 파산하는 농가가 속출했다. 이 괴질은 19세기 초 콜롬비아 담배농장에서 수입한 담배를 통해 유럽 중 독일로 유입된 것으로 알려져 있다. 대부분의 신종 감염병에서 볼 수 있듯이, 콜롬비아 등 남미 지역 야생종 담배 니코티나 글루티노사Nicotina glutinosa에서는 피해가 나타나지 않았지만, 유럽에서 대량 재배하는 재배종 담배 니코티나 타파쿰Nicotina tabacum에서 피해가 크게 나타났다. 아메리카에서 공생관계를 유지하던 바이러스가 유럽으로 건너와 담배산업을 쑥대밭으로 만드는 바이러스 습격사건이었다. 날로 커져만 갔던 괴질로 인한 담배산업의 피해 때문에 유럽 각국은 세수 확보에 비상이 걸렸을 것이라고 쉽게 추측할 수 있다. 그래서 그 괴질의 정체를 밝히고, 피해를 예방할 수 있는 조치를 취하는 것은 그 당시 현안으로 떠올랐을 것이다. 담배 괴질을 밝히는 과정에서 담배 모자이크 바이러스의 존재를 발견한 것은 당시의 필요에 의해 이루어졌다.

세 명의 주인공, 최초의 발견자들

19세기 말, 인류에서의 바이러스를 최초로 발견하는 역사의 무대에 세 명의 과학자가 주인공으로 등장한다. 독일 아돌프 마이어Adolf Mayer, 러시아 드미트리 이바노프스키Dmitri Ivanovski, 그리고 네덜란드 마르티누스 베이에린크Martinus Beijerinck가 그 주인공들이다. 그 당시 이 과학자들은 사회적 요구에 의해 담배 괴질의 정체를 밝혀야 하는 과제를 떠안고 있었다.

첫 번째 주인공 아돌프 마이어는 네덜란드 농업시험소 소장으로 재직하고 있었다. 그가 재직하고 있던 당시, 네덜란드 담배산업은 담배 괴질로 인해 홍역을 앓고 있었다. 그래서 그에게 그 괴질의 원인을 구명하는 것은 그가 농업연구기관의 장으로 있는 한 어쩌면 당연한 과업이었을지도 모른다. 우선 그는 발생 농가를 방문해서 괴질에 걸린 담배들을 관찰했다. 괴질에 걸린 담배 잎사귀들의 초기 증상이 공통적으로 모자이크 모양의 반점이 생기는 것임을 관찰하고, 그 괴질에 '담배 모자이크병'이라고 이름을 지었다. 그는 괴질에 걸린 담배 잎사귀를 수집하고 채취해서 괴질의 원인 구명에 나섰다. 우선 담배 모자이크병에 걸린 담배 잎사

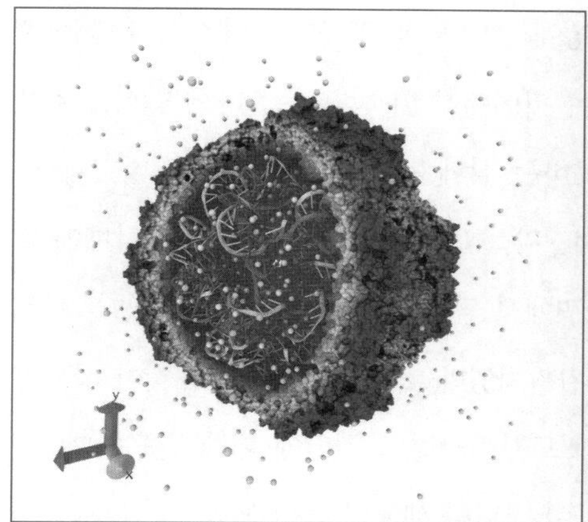

담배 모자이크 바이러스의 구조도(좌측)와 담배 모자이크 바이러스에 감염된 식물(우측)

귀로 액상즙을 추출했다. 그리고 그 즙을 여과지로 걸러서 신선한 담배 잎사귀에 발랐다. 그러자 담뱃잎에 반점이 생기며 말라비틀어졌다. 괴질의 임상증상이 그대로 재현되었다. 담배 모자이크병을 일으키는 원인물질이 전염성이 있다는 것이 확인되는 순간이었다. 그러나 여과지에 즙을 여러 번 걸러서 접종했을 때는 담뱃잎에 병증이 나타나지 않았다. 그래서 그는 담배 모자이크병을 일으키는 원인이 세균의 일종이라고 결론을 내리고, 1886년 연구 결과를 발표했다. 그는 그 이후에도 계속 세균이 원인체라는 생각을 굽히지 않았다.

두 번째 주인공은 러시아 생물학자 드미트리 이바노프스키였다. 러시아 상트페테르부르크 대학생이었던 그는 1890년 러시아 크리미아 지역에서의 담배 모자이크병 피해 실태 및 그 원인을 조사하는 임무를 부여

받았다. 우선 담배 모자이크병에 걸린 담배 잎사귀를 채집하여 즙을 추출하였다. 그리고 즙액 여과는 마이어가 한 방식과는 다른 방식을 취했다. 그는 세균이 여과하지 못하는 삼베랑 도자 여과기Chamberland filter를 사용해서 담뱃잎 즙을 여과시켰다. 그다음 그 즙액을 신선한 담배에 발랐다. 그러자 대부분의 잎사귀에서 담배 모자이크병이 나타났다. 여러 번 시도를 했지만 결과는 마찬가지였다. 그래서 1892년 러시아 상트페테르부르크 과학원에서 담배 모자이크병의 원인에 대해 발표하며, 그 병을 일으키는 원인체는 세균이 아니라 세균이 분비한 독소라고 결론지었다. 당시 바이러스 존재 자체가 인식되지 않았던 상황에서, 삼베랑 도자 여과기를 통과할 수 있는 것은 오로지 독소뿐이라고 믿고 싶었을 것이다.

마지막 주인공은 네덜란드 델프트 기술학교에서 일하고 있던 미생물학자 마르티누스 베이에린크였다. 그의 부친은 담배 모자이크병 유행으로 파산한 담배 상인이었다. 분명 아버지의 사업을 망쳐버린 담배 모자이크병의 정체를 파헤치고 싶었을 것은 자명했다. 베이에린크는 아돌프 마이어가 담배 모자이크병 원인을 조사할 당시 그와 같이 일한 경험을 가지고 있었다. 담배 모자이크병이 세균이라는 결론을 내린 이후 그는 마이어의 실험결과에 의구심을 갖고 있었다. 베이에린크에게 다시 조사할 기회가 찾아왔을 때 그는 마이어와 다른 접근방식으로 원인 구명에 나섰다. 그도 이바노프스키가 실험한 방법과 동일하게 도자 여과기로 감염된 담뱃잎 추출액을 여과하여 신선한 담배에 인공으로 감염시켰다.

예상했던 대로 담뱃잎에서 모자이크병 소견이 나타났다. 그러나 그는 이바노프스키의 결론과 달리, 담배 모자이크병을 일으키는 물질이 세균이 분비한 독소가 아니라고 믿었다. 이를 증명하기 위해 감염된 담배 잎사귀로부터 액을 추출하여 다양하게 희석하고 다시 신선한 담배에 접종하는 실험을 반복했다. 담배 추출액을 희석하여 접종하여도 병증은 동일하게 재현되었으며, 그 원인물질은 담배 식물에서 증식한다는 사실을 밝혀냈다. 그 추출액을 3개월 동안 방치하여도 담뱃잎에서 병증은 줄어들지 않았다. 그 원인물질이 세균 독소가 아니며 어떤 전염성 액상물질, 즉 '바이러스'라고 결론을 내렸다.

세 명의 과학자는 6년 간격으로 순차적인 결과를 도출하며 담배 모자이크병의 원인을 밝히는 데 큰 기여를 하였다. 1886년 아돌프 마이어는 원인물질의 전염성을, 1892년 드미트리 이바노프스키는 원인물질이 여과성 물질임을, 1898년 베이에린크는 원인물질이 비세균성 전염성 물질임을 밝혔다. 바이러스학의 역사는 이들 세 명의 과학자에 의해서 그렇게 시작되었다. 이들이 시도한 바이러스의 존재 입증 방식을 이어받아 동물(구제역 바이러스)에서, 그리고 그 후 사람(황열 바이러스)에게도 바이러스가 전염병을 일으키는 원인체라는 사실이 밝혀짐으로써, 식물뿐만 아니라 동물과 사람에게도 바이러스가 전염병을 일으킨다는 사실을 밝히는 데 발판을 마련해 주었다. 그러나 베이에린크가 바이러스의 존재를 인식하지 못하고 '액상물질'이라고 주장했다. 그것은 그 실체가 액상물질인지 입자성 물질인지에 대한 논란으로 이어졌다. 1935년에 이르러서 웬들 스탠리Wendell Stanley가 담배 모자이크 바이러스의 입자를 결정화하는 데 성공했다. 담배 모자이크병을 일으키는 물질이 입자성 물질이라는 사실을 증명하면서 그 논란에 종지부를 찍었다. 그 공로를 인정받아 웬들 스탠리는 1946년 노벨상을 받았다. 그 이후 전자현미경이 개발되면서 1939년 구스타프 카우시Gustaf Kaushe, 에드가 판구흐Edgar pfankuch, 헬무트 루스카Helmut Ruska 등에 의해서 담배 모자이크 바이러스 입자의 실체를 처음 눈으로 확인하게 되었다.

03

생활 도처에 함께 숨 쉬고 있는 바이러스

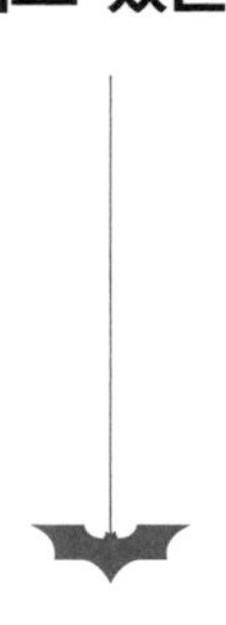

물에도 바이러스가?

2013년 4월, 전북 전주 소재 한 고등학교에서 학생과 학교 식당 종업원 등 130여 명이 노로 바이러스에 감염되는 식중독 장염이 집단 발생했다. 당시 보건당국의 역학조사 결과, 발병 환자뿐만 아니라 학교 식당 김치에서도 노로 바이러스가 검출되었다. 아마도 배추김치를 제조하는 과정에서 사용된 오염된 지하수가 원인으로 추정되었다. 그 기사를 접하는 순간, 10여 년 전인 2003년 프랑스 연구원의 채소로부터 검출한 바이러스 프로젝트를 떠올렸다.

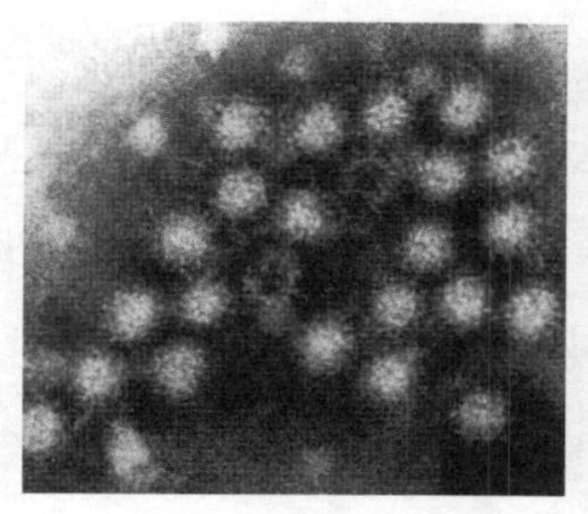

노로 바이러스의 현미경 사진
(출처: GNU Free Documentation License)

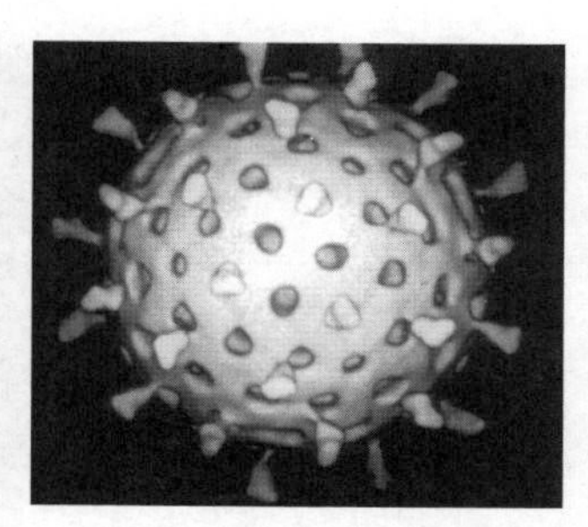

로타 바이러스의 현미경 사진
(출처: GNU Free Documentation License)

이와 같은 학교 급식 식중독 사건의 원인은 다양하겠지만 우리나라에서도 심심치 않게 일어난다. 2009년부터 2013년까지 4년간 국내 식중독 발생 원인을 조사한 식품의약품안전처의 한 보고서에 따르면, 조사 기간 동안 노로 바이러스에 의한 장염 사례는 연간 평균 32건으로, 우리나라에서 식중독을 일으키는 가장 중요한 원인으로 밝혀졌다.

오염된 식수를 통해 감염될 수 있는 식중독 바이러스는 노로 바이러스 외에도 로타 바이러스, 콕사키 바이러스, A형 및 E형 간염 바이러스, 아데노 바이러스, 레오 바이러스 등 120가지 이상의 바이러스가 존재하는 것으로 알려져 있다. A형 간염 바이러스의 경우, 과거에 오염된 우물물을 통해 감염되는 사례들이 자주 발생했지만, 현재에는 발생하지 않고 있다. 과거와 달리 우리나라는 특히 1988년 올림픽을 거치면서 위생관리 상황이 급속도로 발전되어왔다. 그 덕분에 수인성 전염병의 발생이 크게 줄어들어 다행이다.

몇 년 전 동남아 국가 대상 기술지원 사업을 위하여 베트남을 방문했을 때 잊을 수 없는 경험을 했다. 그 당시 무슨 객기가 발동했는지 식사 한 끼 정도는 현지인이 먹는 수준으로 경험하고 싶다는 마음에, 베트남 현지인과 함께 한 골목의 허름한 현지 식당을 찾았다. 낡은 나무 식탁에 앉아 보니 식당 안에는 파리들이 우글거렸다. 식탁 주변에는 시커먼 행주가 돌아다니고, 밥그릇은 제대로 씻지 않아 대충 눈으로 보기에도 새까만 때가 잔뜩 끼어있었다. 주인은 그런 그릇에 베트남 국수음식 분짜Bun cha를 담아서 주었다. 아니나 다를까 그 덕분에 며칠 동안 설사로 고생을 했다. 설사가 심각한 수준으로 진행되지 않고 그친 것만으로도 다행이었다.

사실, 위생시설이 부족한 아시아, 중동, 아프리카 등지에서는 오염된 물로 인한 문제가 많다. 오염된 물로 만든 음식이나 음료로 인한 식중독 문제는 선진국에서 온 관광객이 매우 유의해야 할 사항이다. 여행 중 설사는 낯선 이방인에게는 여러 가지로 불편함을 초래한다. 경험해본 사람이면 누구나 권장하는 것이지만 이 나라들을 여행할 때는 가능하면 길거리 음식을 권장하고 싶지 않다. 이런 지역에서 주로 대장균이나 살모넬라 같은 세균이 설사나 식중독 같은 수인성 질병의 주된 원인으로 작용하지만, 노로 바이러스 같은 바이러스도 결코 무시할 수 없는 중요한 요인이다.

스트레스와 과로가 깨운 바이러스 질병

한국인은 언제나 피곤하다? 언론에서 잊을 만하면 기사거리로 등장하는 단골 메뉴다. 일할 수 있을 때 뼈 빠지게 일하는 것이 우리 사회의 미덕이라는 관념이 여전하다. 직장 또는 개인 사업장에서 하루에 10여 시간씩 심지어 휴일 없이 일하는 것이 다반사이다. 사회적 인적관계가 우리 사회에서 중요한 성공의 지표로 남아있어 각종 저녁 모임, 직장 회식 등으로 밤까지 너무 바쁘다. 오로지 일하고 돈 버느라 휴가도, 쉴 겨를도 없다. 언제나 피곤하고 힘들다.

과도한 스트레스가 만들어낸 사회적 질병, 대상포진! 필자가 알고 있는 50대 후반의 지인들 중 업무와 사회생활로 인한 과로로 인하여, 대상포진에 걸려 고생한 분들을 많이 보아왔다. 어떤 분은 안면마비가 와서 한참을 고생하셨고, 어떤 분은 등짝에 바늘로 찌르는 극심한 통증으로 인해 잠도 제대로 못 잘 정도로 고통을 받았다. 이 질환은 면역력이 약화되고, 신체적 스트레스가 많은 50대 이상 중장년층에서 주로 발병한다. 최근에는 과도한 업무 스트레스를 받는 젊은 직장인들 사이에서도 자주 발생한다. 일반인 3명 중 1명꼴로 걸릴 만큼 매우 흔한 질병이다. 건강보험심사평가원에 따르면 2018년 대상포진으로 병원을 찾은 환자만 무려 73만 명에 달한다.

이 질환은 헤르페스 바이러스의 일종인 수두-대상포진 바이러스Varicella Zoster virus가 일으킨다. 어릴 적 수두를 앓고 난 후 바이러스가 사라지지 않고 몸속 신경 조직에 바이러스 입자 형태가 아닌 유전자 게놈 형태로 숨어있는 것이다. 유전자 형태로 숨어있으니 면역세포에 발각되는 일 없이 존재한다. 매우 영악한 녀석이다. 극심한 스트레스나 노화가 진행되면 면역력이 저하되어 면역세포의 감시망이 약해지는 틈을 타, 신경세포에 숨어 지내던 바이러스는 기지개를 켜고 다시 활동을 개시한다. 되살아난 바이러스는 말초 신경 조직을 따라 증식하기 시작하고 증식된 신경 부위에서 염증이 생긴다. 그로 인해 감염된 신경세포 부위를 따라 띠 모양으로 피부 물집이 나타나, 대개 살짝 스치기만 해도 바늘로 찌르는 듯한 극심한 통증을 느끼게 된다.

흔하지만 만만치 않은 수두 바이러스

학교 개학시즌과 겹치는 환절기가 다가오면 찾아오는 유쾌하지 않은 바이러스 불청객이 저학년 학생들 사이에 유행한다는 뉴스는 매년 반복적으로 방송을 타고 흘러나온다. 지난해 우리나라에서 법정 감염병(국가가 관리하는 대상 질병) 중 가장 많이 발생한 질병을 꼽으라면 단연 수두와 유행성 이하선염이다. 2019년 기준, 수두는 8만 2,864명이 감염되어 1위를, 이어서 유행성 이하선염은 1만 5,966명이 걸려 두 번째로 많이 발생한 전염병이었다. 이들 질병은 최근 들어 매년 발생 건수가 계속 증가하고 있다.

10여 년 전 봄, 어느 날이었다. 유치원에 다니던 우리 집 아이가 열이 조금 있는가 싶더니, 이내 몸통에 물집이 생기기 시작했다. 아이는 간지러운지, 칭얼거리며 본능적으로 그 부위를 긁었다. 특히 밤이면 더욱 심했다. 자고 나면 아이의 온몸은 하도 긁어서 벌겋게 변했다. 수두였다. 아마도 유치원에서 집단생활을 하다 보니, 누군가에 의해 옮아온 것으로 보였다. 아이를 키우는 학부모라면 상당수가 한번쯤은 경험해봄직한 일이다. 애지중지하는 아이가 힘들어하는 모습을 바라만 봐야 하는 부모 입장에서는 안타깝기 짝이 없다.

수두는 유치원생에게 많이 걸리지만, 초등학교 저학년 학생들에게도 빈번하게 발생한다. 수두를 일으키는 범인은 헤르페스 바이러스 중 하나인 수두-대상포진 바이러스이다. 감염된 아이의 기침, 구강 분비물, 몸에 생긴 물집 속에 다른 아이를 감염시킬 수 있는 바이러스들이 들어있다. 그래서 감염된 아이의 주변을 오염시키므로, 오염된 부위를 손으로 만지거나, 그 공간에 남아있던 물집에서 새어나온 바이러스액이 말라서 먼지처럼 날아다니다가 호흡기나 눈을 통해 다른 아이의 몸속으로 들어갈 수 있다. 아마 우리 아이도 그런 과정을 거쳐서 누군가로부터 수두를 옮았을 것이다. 그래서 다른 아이의 건강, 즉 공중보건을 위해서 아이가 수두에 걸리면 무조건 유치원이나 아이들이 모이는 장소는 가지 말아야 한다. 그때 우리 아이는 수두가 완전히 나을 때까지, 다른 아이의 건강을 위해서 일주일 동안 유치원을 쉬어야 했다.

우리 아이는 수두에 걸린 지 오래되지 않아 나았다. 그렇지만 아마도 이 바이러스는 자신의 형체인 단백질 껍데기는 버리고 바이러스 게놈 유전자만 가지고 아이 몸속 신경절 어딘가에 숨어있을지도 모른다. 우리 아이가 특이 체질이라서가 아니라, 이 바이러스의 특성이 그렇기 때문이다. 아이의 몸에서 유전자 형태로 잠복하고 있다면, 언젠가 오랜 시간이 지나서 나이가 들고 면역력이 떨어졌을 때, 스트레스를 받는 순간이 오면, 신경 속에 숨어 지내던 바이러스 게놈 유전자가 활성화될 것이다. 그러면서 바이러스를 재생시키고 대상포진이라는 형태로 그 모습을 드러낼지도 모른다. 그런 생각을 하는 자체가 가슴 아프다. 과학과 의학이 나날이 발전하고 있으므로, 우리 아이가 성장하여 필자의 나이가 될 때쯤이면 숨어 다니는 바이러스도 제거할 수 있는 치료제가 등장할지도 모른다. 그러기를 바라는 게 부모 마음이다.

환경성 전염병 A형 간염 바이러스

몇 년 전, 한 친구가 A형 간염에 걸렸다는 소식을 듣게 되었다. 그 친구는 처음엔 감기 증세가 있어 며칠을 참다가 너무 피곤하고, 메스꺼움과 구토 증세가 있어서 결국 병원을 찾았다가 A형 간염 진단판정을 받았다고 했다. 결국 그 친구는 의사의 권유에 따라 2주간 집에서 안정과 휴식을 취한 뒤에나 모습을 볼 수 있었다. A형 간염 바이러스는 오염된 음식이나 식수 등을 통해 전염이 되는 수인성 바이러스이다. 그래서 공동생활을 하는 가족이나 학생, 군인들 사이에서 집단 발생하기도 한다. A형 간염은 평균 한 달간의 잠복기를 거쳐 증상이 나타난다. 그래서 그 친구는 아마도 한 달 전 감염자와 접촉을 했거나 무언가를 잘못 먹어서 걸렸을 것이다. 어쨌든 그 친구는 간염으로 고생을 하긴 했지만, 그 고생의 대가로 몸에 A형 간염 항체를 가지게 됐으니, 다시는 A형 간염에 걸

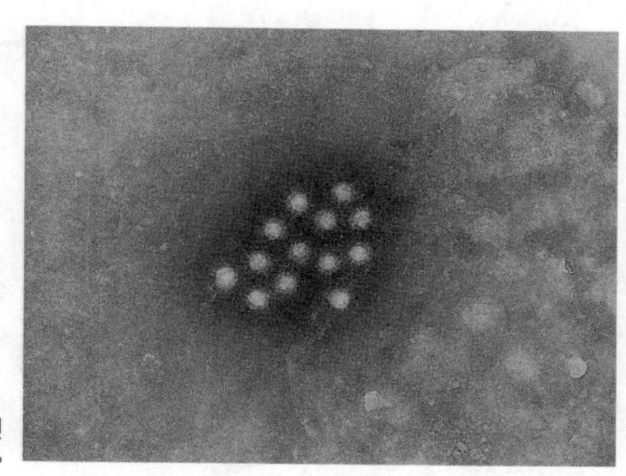

A형 간염 바이러스의 현미경 사진

릴 일은 없게 되었다. 어린이의 경우 가볍게 한번 앓고 지나가지만, 나이가 들수록 병증은 비례적으로 심하게 나타난다. A형 간염은 급성으로 진행되지 않고 완치되는 것이 일반적이지만, 간혹 급성 간부전으로 간이식이 필요한 경우가 발생하기도 한다.

A형 간염은 대표적인 환경성 전염병이다. 열악한 위생환경이 주범이다. 지금도 개발도상국가의 경우 A형 간염 바이러스는 매우 흔하다. 과거 위생환경이 열악했던 1980년대 이전까지만 해도 우리나라에서 A형 간염은 매우 흔한 일이었다. 그 당시에는 자신도 모르는 사이에 바이러스에 걸려 자연적으로 A형 간염에 대한 면역 항체가 형성된 경우가 많았다. 그래서 지금의 40대 이상 장년층 대부분은 A형 간염 항체를 가지고 있다. 우리나라 경제가 발전하고 소득 수준이 높아짐에 따라 위생환경이 급속히 개선되면서 A형 간염은 빠르게 줄어들었다. 그럼에도 불구하고 2000년대 이후 오히려 30대 이하 젊은 층에서 A형 간염 발생 사례

가 급격히 늘었다. 특히 2008년과 2009년에는 사회적인 이슈로 등장하기까지 했다. 이들 젊은 층은 어릴 적 깨끗한 위생환경에서 자라면서 A형 간염 바이러스에 걸릴 기회가 적기 때문에 자연면역력을 가지고 있지 않아 A형 간염에 매우 취약한 게 그 원인으로 분석되고 있다. 2010년 이후 개인위생과 예방접종 홍보 강화로 A형 간염 환자는 계속 줄어들고 있기는 하지만, 어린이뿐만 아니라 항체가 없는 사람들은 A형 간염 예방접종을 맞아주면 좋다.

알고 보면 바이러스가 범인인 감기

"당신은 살아가는 동안 바이러스에 한 번도 걸리지 않고 살아갈 수 있는가?"

오늘날 우리는 과거 어느 시대보다도 도시화, 인구밀집 등으로 알게 모르게 누군가와 수시로 접촉하며 살아간다. 대중교통의 발달로 우리는 어디에나 갈 수 있는 편리한 세상에 살고 있다. 대중교통을 이용하고, 쇼핑이나 문화생활을 하며, 누가 어떤 건강상에 문제가 있는지 모르면서, 원하든 원하지 않든 간에 많은 사람들과 부대끼며 살아간다. 우리가 그러한 사회에서 살아가는 한, 모든 외부 병원체를 걸러낼 수 있는 특수 멸균기 안에서 생활하지 않는 이상, 우리가 사회생활을 하면서 어느 것도 만지지 않고 살아가지 않는 한, 어느 누구도 바이러스에 걸리는 일 없이 평생을 살아가는 것은 거의 불가능에 가깝다.

필자는 건강한 편이라고 나름대로 자부하면서 살아가지만 매년 환절

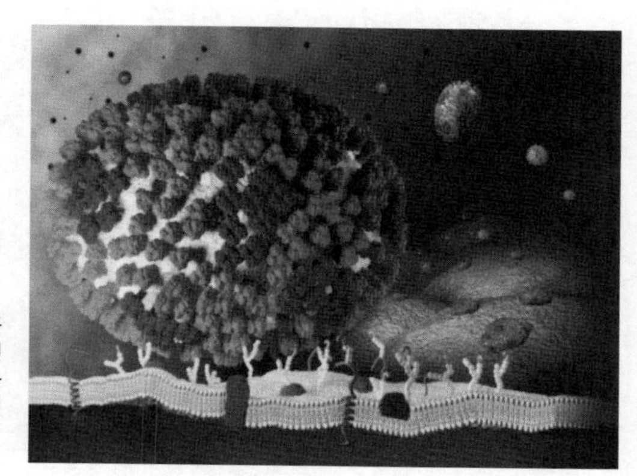

둥그런 모양의 바이러스가 사람 호흡기를 감염시키고 있는 이미지. 알파벳 Y자 모양을 한 수용체에 바이러스가 달라붙으면 감염된다. (출처: 미국질병관리본부)

기만 되면 감기로부터 자유롭지 못했다. 비단 필자만의 문제는 아니다. 우리는 감기 증상을 자각하든 그렇지 않든 살아가면서 수백 번은 감기에 걸리면서 평생을 살아간다. 대부분의 경우 콧물이 심하게 흘러내린다. 처음에는 가느다란 수돗물처럼 흘러내리다가 점점 점도가 높아지고 누렇게 변한다. 콧구멍이 막혀서 답답하다. 남이 보지 않으면 본인도 모르게 손가락으로 코를 후벼 판다. 손수건이나 휴지를 지참하는 것은 필수다. 가끔 기침이라도 하게 되면 주변 사람들의 따가운 눈길도 의식해야 한다. 이들 바이러스 감염이 사람들 사이에서 흔하게 나타나는 이유는 코나 구강과 연결된 상부호흡기에서 바이러스들이 증식해서 콧물, 재채기나 기침 등을 통해 쉽게 외부로 배출되기 때문이다. 또한 바이러스가 손에 묻거나 숨 쉴 때 바이러스가 좋아하는 부위인 코와 상부호흡기에 쉽게 달라붙을 수 있기 때문이다. 최소한 우리가 많은 사람들과 접촉하면서 살아가는 환경에서는 쉽게 전염될 수밖에 없는 구조이다.

감기는 주로 바이러스의 감염에 의해 나타난다. 사람에게 감기를 일으키는 바이러스는 리노 바이러스Rhino virus, 코로나 바이러스, 파라 인플루엔자 바이러스Para influenza virus 등 200종 이상이 이 세상에 존재한다. 우리가 환절기나 동절기에 감기에 걸렸다고 할 때, 둘 중에 하나는 아마도 리노 바이러스에 감염되었을 것이다. 그만큼 가장 흔한 감기 바이러스가 리노 바이러스이다. 그리고 10명에 한두 명은 코로나 바이러스에 감염되어 감기에 걸린다. 이들 바이러스는 하도 변종이 많아서, 그리고 성가시더라도 한 일주일만 고생하면 그만이기 때문에 제약회사들은 감기 백신을 개발할 엄두도 내지 않는다.

감기는 비단 사람에게만 존재하는 것이 아니다. 지구상에 살아있는 대부분의 동물들은 감기 바이러스에 노출되며 살아간다. 특히 밀폐된 공간에서 대량으로 사육하는 양계 농장에서의 감기문제는 세계 어느 나라든지 자유롭지 못하다. 축사 내 환기가 상대적으로 어려운 환절기와 동절기에 감기관리는 농가 소득과 직결되는 중요한 문제이다. 아무리 농장 환경관리와 위생관리를 엄격하게 한다 해도 감기를 완벽히 예방하리라는 보장을 하지 못한다. 양계장에 감기가 돌면 닭의 사료 효율이 떨어지고, 제대로 자라거나 계란을 낳지 못한다. 그래서 이 기간 동안 감기문제를 얼마나 잘 관리하느냐에 따라 농장 이익의 성패가 좌우된다.

특히 열대야가 기승을 부리는 한여름 때 아예 밤새 에어컨을 켜고 사는 집들이 많다. 실내와 실외 간 기온차가 엄청나다. 너무 낮은 온도로 실내 생활을 하다보면 심지어 봄가을 환절기보다 기온차가 더 심할 수도 있다. 집 밖으로 나가는 순간 더운 공기로 숨이 탁 막힐 정도다. 에어컨이 보편화되면서 우리의 기관지는 여름에도 스트레스를 받는다. 그래서 환절기와는 비교가 되지 않지만 여름에도 콜록콜록 냉방병 감기로 고전하는 사람들이 의외로 많다. "여름에는 개도 감기에 걸리지 않는다"는 속담이 무색할 정도이다.

지독한 독감 바이러스

누구나 한번쯤은 경험했을 일인데, 어릴 적 독감에 걸려 며칠 동안 심한 몸살을 앓았던 기억이 있다. 그 당시 몸에 열이 나고, 오한으로 이불을 뒤집어쓰고 있어도 덜덜 떨었다. 온몸이 쑤신 듯 아프고 사지 근육에 통증은 여간 곤욕스러운 게 아니었다. 식사를 해도 밥맛이 쓰고, 영 기운을 차리지 못했다. 그래도 몸이 건강해야 병을 이길 수 있다는 생각에 억지로 꾸역꾸역 밥을 먹었던 기억이 새록새록 떠오른다. 그럴 때면 할머니는 약국에서 사온 한약을 먹이고는 지글지글 끓은 방구들에 두꺼운 이불을 덮고 땀을 실컷 빼게 했다. 그렇게 한번 땀을 빼면 어쨌든 뭔가 독하고 나쁜 기운이 빠져나간 듯한 개운함을 느끼곤 했다. 독감은 참으로 지독한 경험이다.

세계보건기구에 의하면 매년 전 세계 인구의 5~15% 정도가 독감에 걸리고, 이 중에서 약 25만~50만 명이 독감으로 또는 독감 합병증으로 사망한다. 노약자나 만성 기저질환자 같은 고위험군은 인플루엔자에 감염될 경우 기저질환의 악화와 심각한 폐렴 합병증으로 매우 위험해질 수 있다. 그래서 독감이라는 지독한 놈에게 걸리지 않으려면, 우선접종 권장 대상자(고위험군)들은 10~12월 독감이 유행하기 전에 예방접종을 맞아야 한다. 오늘날 전 세계적으로 매년 3억 명이 독감 예방주사를 맞는 것으로 추정된다. 우리나라만 하더라도 매년 1,000만 명이 넘는 사람들이 겨울철 독감 유행시기가 오기 전에 독감 예방주사를 맞는다. 독감주사를 맞는 순간 약간 따끔한 몇 초만 참으면 고통스러운 독감의 위험으로부터 해방될 수 있다. 필자 또한 매년 가을이면 인근 보건소에 가서 계절 독감 백신 예방접종을 받는다. 독감 백신이 부여한 면역 선물로 최근에는 독감에 걸린 기억이 별로 없다.

감기와 달리, 독감을 일으키는 것은 인플루엔자 바이러스다. 인플루엔자 바이러스는 크게 A, B, C 세 가지 타입이 있고 수많은 바이러스 종류가 존재하며 수시로 신·변종 바이러스로 생겨나 유행한다. 그래서 독감 백신에는 그해 유행할 것 같은 인플루엔자 바이러스 3종, 즉 A형 바이러스 2종과 B형 바이러스 1종이 들어있다. 세계보건기구가 인플루엔자 국제 감시망을 통하여 바이러스 유행 감시정보를 분석하고 매년 백신에 들어갈 바이러스 3종을 선정 발표한다.

가끔은 인플루엔자 유행 예측이 잘못되어 유행 바이러스와 백신 바이러스가 불일치하는 경우가 발생한다. 다양한 환경적 여건 변화로 인플루엔자 바이러스의 생물학적 역동성을 완벽하게 예측할 수 없기 때문이다. 그런 경우 백신이 유행 바이러스와 불일치하게 되어 독감백신을 주사 맞더라도 낭패를 보기 십상이다. 2013년 말부터 시작된 독감 유행으로 2014년 8월 4일까지 634명이 사망하는 등 홍콩에서 독감 유행 피해가 유독 심했던 적이 있다. 알고 봤더니 백신에 들어있는 바이러스 종류가 유행하는 바이러스 항원과 일치하지 않았던 게 주요 원인으로 밝혀졌다. 그래서 뒤늦게 백신 바이러스를 교체하느라 부산을 떨어야 했다. 가장 쉬운 사례로, 2009년 신종플루가 멕시코에서 출현해 전 세계에 유행할 것이라고 누가 예측이나 했을까?

쉬어가는 페이지

영화 〈감기〉에 등장한 치사율 100% 호흡기 감염 바이러스의 공포

2015년 봄, 국내 메르스 사태를 계기로 2013년 개봉된 김성수 감독의 영화 〈감기〉가 새삼 주목을 받았다. 이 영화에 따르면, 동남아시아에서 밀입국한 감염 환자로 인해 경기도 분당에서 초당 3.4명 감염, 치사율 100%에 달하는 사상 유례없는 치명적인 바이러스, 변종 인플루엔자 H5N1이 확산되어 대한민국을 공포의 도가니로 몰아넣는다. 분당 지역사회 여기저기에서 환자가 속출하고 급기야는 국가 재난사태를 발령, 도시 폐쇄, 감염 환자와 위험 집단을 격리 수용하는 초유의 사태가 일어난다.

영화는 대중에게 공포감과 긴장감을 극대화시키기 위해 전염병이 가질 수 있는 최대한의 요소와 상상력을 가미하여 포장한 창작물이다. 그래서 전염병에 대한 지식과 경험이 거의 없는 일반 대중은 영화 속의 주입된 상황과 현실을 제대로 구분하지 못해, 전염병 확산에 대한 과도한 우려와 공포감이 증폭된다. 독감은 인플루엔자 바이러스가, 감기는 리노 바이러스, 코로나 바이러스 등이 일으킨다. 사실 영화에서 말하는 전염병은 변종 인플루엔자 바이러스가 원인이므로 한글 제목 〈죽음의 바이러스, 감기〉가 아니라 영어 제목 〈독감The flu〉이 정확한 표현이다. 그리고 현실 속에서 죽음에 이르게 하는 치명적인 감기 바이러스는 존재하지 않는다.

영화 속에서 변종 인플루엔자 바이러스는 전염력과 치사율이 모두 매우 높은 치명적인 바이러스로 묘사된다. 현실에서 독감을 일으키는 인플루엔자 바이러스는 빠른 전염력과 매우 치명적인 치사율 모두를 가지는 것은 아니다.

영화 속에 그리는 변종 인플루엔자는 고병원성 조류 인플루엔자 H5N1 인체감염증을 모델로 한 것으로 보인다. 이 영화에서 변종 인플루엔자 바이러스가 처음 출현한 곳

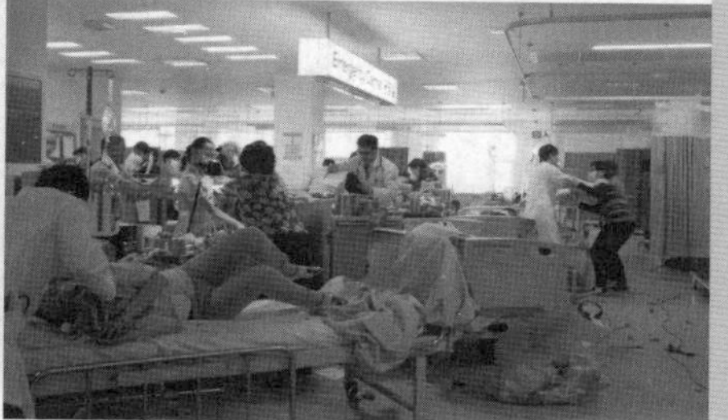

영화 〈감기〉 스틸컷

으로 동남아시아 지역을 지목한다. 실제로 동남아시아 지역은 아시아 독감, 홍콩 독감, 인플루엔자 바이러스 H5N1 인체감염 등 신종 인플루엔자가 처음 출현하는 주요 유행 거점이라는 점에서는 합리적인 설정으로 보인다. 이 바이러스는 동남아시아와 북아프리카를 중심으로 유행하며 사람에게 치사율 59%인 치명적인 바이러스이다. 그러나 현실 속의 H5N1 바이러스는 치명적이긴 하지만, 사람 간의 전염력은 거의 없다. 지난 10여 년 동안 이들 지역에서 수많은 가금조류들이 폐사했지만, 동남아시아와 북아프리카를 중심으로 사람 감염 건수는 2017년까지 불과 860명에 불과하다. 심지어 우리나라의 경우 가금조류에서 수차례 발생하여 엄청난 가금류 동물들이 희생되었지만, 인체감염 사례가 없었다.

전염력이 강하면서 치사율이 가장 높은 것으로 알려진 스페인 독감의 경우 치사율을 최대로 잡아도 약 2.5%로 추정한다. 그것도 1918년 당시 생활위생 상태가 매우 불량하고, 항생제, 타미플루 같은 치료제, 백신 등 치료 예방기술이 전혀 존재하지 않았던 시대에 나타난 치사율이다. 현대 의학 기술로는 치유가 가능했을 세균 감염 합병증으로 인한 사망률까지 포함한 수치이다. 참고로 2009년 발생한 신종플루는 치사율이 0.04% 정도밖에 되지 않는다. 일반적으로 인플루엔자는 사람 간 유행이 진행되면서 전염력은 강해지고 그 대신에 치사율은 낮아지는 방향으로 진행된다. 전염력과 치사율을 모두 겸비하는 바이러스는 그냥 영화 속에서나 가능한 것이다.

VIRUS

신은 디테일에 있다.

– 미스 반 데어 로에 –

SHOCK

제3장

바이러스, 어떻게 인류를 위협하는가?

01

판데믹, 에피데믹, 그리고 엔데믹

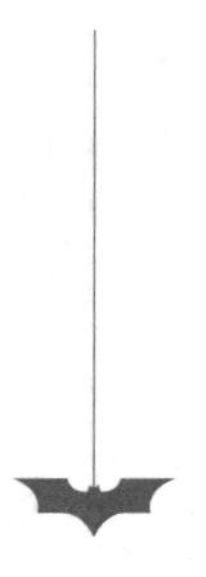

역사 속으로 잊힌 천연두와 우역

지금은 이해하기 힘들겠지만, 해방 전에 태어난 부모님 세대에서는 실제 태어난 날과 호적상 생일이 다른 경우가 많았다. 그 당시는 가난으로 인한 굶주림과 위생환경 불량 등으로 인해 각종 전염병 창궐로 신생아 사망률이 높았던 시절이었다. 그래서 태어난 아이가 어느 정도 기일이 지나서도 살아있으면 호적에 올리던 풍습이 존재했다.

운이 좋게도 오늘날을 사는 우리는, 과거 어느 세대보다도 상대적으로 치명적인 전염병의 위협으로부터 안전한 세상에 살고 있다. 과학과

의학의 눈부신 발전으로 치명적인 전염병을 예방하기 위한 각종 예방 백신과 치료제들이 즐비하다. 과거에 비해 풍족한 생활, 개선된 위생환경 그리고 발달한 의료 기술로 오늘날 우리나라에서의 유아 사망률은 매우 낮아 유아 1,000명당 약 3명에 불과하다. 기아와 빈곤 그리고 전염병 창궐로 몸살을 앓고 있는 아프리카 국가의 대부분은 우리나라보다 유아 사망률이 최소 10배 이상 높다. 지금도 아프리카에는 유아 사망률이 1,000명당 50명이 넘는다. 우리보다 생활환경이 열악한 이웃 중국의 경우에도 유아 사망률이 2014년 기준 1,000명당 9명으로 우리나라보다 약 3배나 높다.

오늘날, 대부분의 부모님들은 전염병 감염으로 인해 태어난 아이에게 혹시 큰 문제가 생길까 걱정하지 않는다. 왜냐하면 태어난 아이는 생후 다양한 전염병 감염위험에 대비하기 위해 각종 예방 백신주사를 맞기 때문이다. 과거에는 100일 잔치란 생후 100일이 경과할 때까지 무사히 살아남은 아이를 축복하기 하기 위하여 부모가 아이를 위해 베푸는, 건강하게 자란 아이를 위한 생애 최초의 잔치였다. 그 의미를 부여한다면, 오늘날 우리가 아이들을 위해 베푸는 100일 잔치는 약간 멋쩍은 감이 없지 않다.

과거 우리 조상들에게 가장 공포스러운 대상은 전쟁과 호환 그리고 '마마'라 불리는 전염병 창궐이었다. 마마 귀신은 우리 조상들이 가장 두려워했던 전염병, 천연두였다. 천연두는 기원후 6세기경, 마한시대에 한반도에 유입된 것으로 추정되고 있을 만큼, 우리나라 역사에서도 가장 오래된 전염병이 아닐까 싶다. 당시 치사율이 30%에 달하는 공포의 전염병, 천연두는 특히 어린 아이에게는 둘 중 한 명은 살아남지 못하는 매우 치명적인 전염병이었다. 천연두에 걸렸다가 살아남더라도 얼굴에 심한 흉터가 남는 등 그 후유증은 실로 끔찍했다. 신라 '처용가'에서 처용이 제발 물러나라고 노래를 불렀다는 역신이 '천연두'라는 설이 유력하다. 우리가 역사 드라마에서 접하는, 마을에 전염병이 창궐하여 시신을 매장하고 집을 불태우는 장면도 아마도 천연두로 인한 참상을 그린 것일 것이다. 먼 과거의 이야기가 아니라 불과 60여 년 전, 한국전쟁 기간 중에도 4만 명 정도가 천연두에 걸렸던 것으로 기록되고 있다. 다행히도 천연두 박멸사업으로 1960년에 발생한 3명의 천연두 환자를 마지막으로 우리나라에서 천연두는 자취를 감추었다. 1980년 5월 8일, 세계보건기구는 전 세계적으로 천연두가 완전히 퇴치되었다는 역사적인 박멸선언을 했다. 천연두는 인류의 의지와 노력에 의해 지구상에서 완전히 퇴치된 최초의 바이러스 전염병이다. 천연두, 이제는 과거의 일이다.

흥미롭게도 인류의 의지에 의해 지구상에서 완전히 박멸된 전염병 중 가축 바이러스도 있다. 수의학을 전공하지 않은 일반 독자들은 들어본 적도 없는 소의 전염병, 우역이다. 우역은 전염이 쉽게 이루어질 뿐만 아니라 일단 감염된 소는 살아남지 못할 정도로 매우 치명적인 가축전염병이다. 가축의 전염병 중에서는 가장 공포스러운 전염병이다. 사실 우역의 창궐로 인해 20세기 중반까지 아프리카에서만 수천만 마리의 소가 우역에 걸려 떼죽음을 당했다. 우역의 창궐은 단순히 소의 전염병 차원이 아니라, 식량 자원 공급에 심각한 문제가 되는 국제적 식량안보 이슈로서 부각되었다. 심지어 20세기에 유럽에서도 우역이 확산되면서 국제 공조와 협력으로 전염병 확산을 통제하기 위하여, 1924년 프랑스 파리에서 창설한 조직이 바로 세계동물보건기구였다. 사실 조선시대 한반도도 우역으로부터 자유롭지 못했다. 1870년대 만주 지역을 경유해서 한반도에 유입된 것으로 추정되며, 특히 지금의 한반도 북한 지역인 북부에서는, 마을의 소들을 떼죽음으로 몰아가는 일이 비일비재했다. 그래서 몇 년 간격으로 우역이 유행하기 시작하면 집안 경제의 기둥이던 소를 잃는 농민들이 속출하면서 그 지역 민심이 흉흉해질 정도였다. 우리나라에서 우역은 1931년 근절되었다. 그렇게 농민들에게 공포의 대상이었던 우역도 천연두 뒤를 이어 2011년 5월 공식적으로 전 세계적인 박멸이 선언되었다.

인간의 의지에 의해 사라진 천연두와 우역 바이러스가 마지막으로 사람과 가축에게 발병한 곳은 모두 아이러니하게도 아프리카 지역이었다. 천연두와 우역을 지구상에서 몰아낼 수 있었던 것은 '예방 백신 집단접종'이라는 인간의 무기가 있었기에 가능했다. 우리나라에서 작은 마마라 불렸던 '홍역'도 대대적인 예방백신 접종의 노력으로 2006년 11월 홍역 퇴치 선언(인구 100만 명당 1명 이하)을 하기에 이르렀다. 가축과 소에서 가장 무서웠던 우역에 이어, 양계장에서 가장 무서운 공포의 대상이었던 '뉴캐슬병'도 정부가 지원한 예방백신의 접종으로 2010년 6월 이후로는 더 이상 국내에서 발생하지 않는다.

의학과 과학의 발달로 백신과 항생제, 치료제가 개발되기 시작하면서, 수천 년 동안 이어져 내려온 천연두 등 치명적인 바이러스의 공포로부터 해방되었다. 그리고 인류 스스로의 노력으로 치명적인 나머지 나쁜 바이러스들을 지구상에서 제거할 수 있으리라는 희망을 가지게 되었다. 그러나 천연두가 사라지기 오래전부터, 이미 새로운 주인공은 천연두를 대체하는 불씨를 서서히 키우고 있었다. 인류가 전혀 낌새를 차리지 못하는 사이에 은밀하게 그리고 광범위하게, 그것도 천연두가 지구상에서 마지막 모습을 보였던 아프리카 지역으로부터!

새로운 주인공의 등장, HIV

1981년 6월 5일, 미국 질병통제센터Centers for Disease Control and Prevention, CDC가 발행하는 보건주간지에 한 이례적인 면역결핍 환자를 소개하는 사례 논문이 게재되었다. 이 환자들은 1980년 10월부터 1981년 5월까지 캘리포니아주 로스앤젤레스 지역 3개 병원에서 입원한 29~36세의 여러 건장한 남자들로서, 건강한 사람에게는 거의 발병하지 않는 폐포자충 폐렴Pneumocystits carinii pneumonia 환자들이었다. 이 폐렴은 일반 폐렴과 달리, 면역 기능이 심하게 손상된 환자에게 발생할 수 있는 흔하지 않은 폐렴이라 여러 건장한 남자들 사이에서 연이어 발생한 것 자체가 매우 이례적인 것이었다. 이 환자들의 공통점은 남성 동성애자라는 것이었고, 건장한 사람에게는 잘 걸리지 않는 사이토메갈로 바이러스 폐렴과 캔디다 진균증과 같은 합병증도 심하게 앓았다는 것이었다. 바로 이 논문이 전 세계에 후천성면역결핍증 환자의 발생을 세상에 알린 역사적인 논문이 되었다. 당시 사례를 보고한 의사들은 환자들의 면역기능 장애가 발생한 사례라고 지적했다. 비슷한 시기에 미국 뉴욕과 캘리포니아 남성 동성애자들 사이에서 또 다른 면역결핍 사례가 보고되었다. 1981년 말까지 미국에서 면역결핍 환자 사례들이 급증하여 270건이 발생하였고 그중 121명이 사망했다. 면역세포인 T세포를 심하게 파괴시키는 새로운 괴질이 출현하여 확산되고 있음이 분명했다. 1982년 미국 질병통제센터는 이 괴질을 후천성면역결핍증, '에이즈'라고 명명했다. 에이즈는 감염자의 혈액이나 체액에 들어있는 바이러스가 상처를 유발하는 성관계, 수혈이나 오염된 주사기 사용 등을 통해 몸 안으로 침투하면서 감염된다. 일단 에이즈에 감염되면 체중이 감소하고 마른기침, 만성 설사, 만성 기침, 피로감 호소 등을 일시적으로 보인다. 그 후 독감 비슷한 증상은 사라지고, 잠복 상태에서 사람 혈액에 존재하는 면역세포인 T세포를 서서히 파괴시킨다. 감염 후 6개월에서 최대 15년에 걸쳐 잠복 감염이 있은 후, 면역 능력이 고갈된 상태에서 감염자에게 병증이 나타난다. 이로 인해 건강한 사람에게는 문제되지 않는 각종 기회감염균에 의한 질병이 쉽게 일어난다. 헤르페스 바이러스 8형에 의한 카포시육종, 파필로마 바이러스에 의한 자궁경부암 등 발암 바이러스로 인해 희귀 암 발생도 쉽게 나타난다.

1983년에 드디어 에이즈를 일으키는 범인이 밝혀졌다. 범인을 밝힌 주인공은 프랑스 파스퇴르연구소에 근무하는 뤼크 몽타니에Luc Montagnier

박사였다. 그는 그 공로로 2008년 노벨상을 받았다. 범인은 그동안 알려지지 않았던 새로운 바이러스였다. 에이즈를 일으키는 이 바이러스는 레트로 바이러스인 인간면역결핍 바이러스Human Imunodeficiency virus, HIV 1형였다. 이 바이러스가 언제, 어떻게 인류에게 확산되었을까? 바이러스 기원 및 확산에 대한 미스터리가 1999년 이후 서서히 하나씩 풀리기 시작했다. HIV는 원래 아프리카 열대우림 영장류들 특히 침팬지가 가지고 있던 바이러스였다. 그랬던 바이러스가 이들 동물과의 알 수 없는 어떤 접촉 과정을 거쳐 사람에게로 넘어온 신종 바이러스로 밝혀졌다. 과학자들은 이 바이러스가 언제 사람에게 넘어왔는지를 밝히기 위하여, 병원에 보관된 혈액을 조사하기 시작했다. 심지어 1959년 아프리카 콩고 지역의 한 남성으로부터 채혈한 보관 혈액에서 에이즈 바이러스가 검출되었다. 최소한 1959년 이전에 이미 인간으로 이 바이러스가 넘어온 것이 틀림없어 보였다.

HIV가 인류에게 처음 출현한 것은 아마도 1920년대 콩고민주공화국 킨샤사 지역이라는 것이 유력하게 거론되고 있다. 에볼라가 처음 출현한 곳도 콩고민주공화국 킨샤사 지역 근처이다. 19세기 말, 아프리카는 유럽의 식민지 개척이 활발하게 이뤄졌다. 1890년대부터 밀림 개척, 광산 개발, 벌목 등을 위하여 킨샤사에서 중앙아프리카 열대밀림 깊숙한 곳까지 증기선 운항이 시작되었다. 열대우림 밀림 지역에 철도와 각종 도로가 건설되면서 원주민들과 외부인들의 교류가 시작되고, 마을과 마을 간 교류가 활발히 이루어지기 시작했다. 이 과정에서 인부들이 대거 동

가나에서 유행하는 부시미트인 말린 과일박쥐의 모습

원되면서, 인부들을 위한 고기 수요가 증가하여 야생동물을 사냥해서 파는 부시미트Bush meat가 성행하였다. 사냥이나 도축 등의 과정을 통해 침팬지에게서 사람으로 우연히 전염이 되었을 것으로 보는 설이 유력하다. 이와 같이, HIV의 출현은 에볼라와 유사한 과정을 거쳐 인간에게 모습을 드러낸 것으로 추정된다. HIV 보균자로부터 감염될 확률은 생각보다 높지는 않지만, 무서운 점은 병증이 없는 잠복기 동안에도 HIV는 혈액에서 지속적으로 증식되고 있어서 다른 사람에게 옮길 수 있다는 점이다. 10년 이내 장기간의 에이즈 잠복기, 잠복기 동안 전염 가능, 1980년대 초 최초의 환자가 발생했다는 점 등을 감안할 때, 아마도 1970년대에 바이러스를 실은 트로이 목마는 아프리카에서 세계 각국으로 부지불식간에 조용히 은밀하게 퍼져 나갔을 것이라는 추정이 가능하다.

20세기 흑사병, 에이즈는 천연두가 사라진 빈자리를 차지하며 21세기 최악의 전염병으로 기록될 것이 분명해 보인다. 1980년대 초창기 남성 동성애자들 사이에서 주로 에이즈가 발생하다 그 후 남성 동성애 마약 중독자들이 사용한 오염된 주사기를 통해 매춘부들 사이에서, 매춘부와 성접촉한 일반 남성 사이에서, 그 남성들과 배우자 사이에서, 그리고 부모로부터 감염된 자식으로, 단계적 유행단계를 거치며 전 세계로 거침없이 확산되면서 급기야 1985년에 이르러서는 전 세계적인 판데믹 보건문제로 부각되었다. 세계보건기구에 따르면, 2013년 기준 전 세계적으로 약 3,500만 명이 HIV 보균자로 살아가고 있고, 2014년에만 약 200만 명의 HIV 신규 감염자가 발생했다. 우리나라의 경우 에이즈 환자 수는 아직까지는 심각한 문제는 아니다. 그러나 질병관리본부 자료에 의하면, 1985년 에이즈 첫 발생 이후 매년 환자 수가 꾸준히 늘어 2013년 누적 환자 수가 1만 명을 넘어서는 등 안심할 단계는 아니다.

에이즈는 동성애자, 마약 중독자, 문란한 성생활 등 선진국에서 많이 이슈화가 되었기 때문에 선진국병이라고 여기기 십상이다. 사실 에이즈가 가장 심각한 지역은 20세기 HIV가 처음 출현했던 거점 지역인 사하라사막 이남 아프리카 지역이다. 전 세계 HIV 보균자의 약 70%인 2,580만 명이 이 지역에서 살아가고 있다. 이 지역의 에이즈 사망자는 전 세계 에이즈 사망자의 약 40%를 차지한 바 있다. 열악한 경제 상황과 사회 불안정으로 이 지역 국가들이 자체적으로 에이즈를 치료·관리할 엄두를 내지 못한다.

유엔연합 등 국제기구와 비정부 단체가 전염병 퇴치를 위한 각종 치료 지원을 매년 확대하고 있지만, 그럼에도 불구하고 2014년 기준 에이즈 치료 혜택을 받고 있는 보균자는 이 지역 전체 HIV 보균자 중 약 40%에 불과하다. 에이즈는 빈곤한 국가재정을 더욱 악화시키고, 가난한 자들을 더욱더 빈곤의 둥지로 몰아넣는 악순환의 한 축을 형성한다.

유엔기구United Nations AIDS, UNAIDS는 2030년까지 새천년발전목표Millennium Development Goals, MDGs의 하나로 세계적 보건을 위협하는 에이즈를 근절하려는 목표를 삼고 퇴치 노력을 강화하고 있다. 특히 1990년대 중반 이후 다양한 항레트로 바이러스 치료 요법Antiretroviral Therapy, ART이 개발되어 지속적으로 치료제 성능이 개선되고, 보균자에 대한 항바이러스 치료 지원이 매년 급증하고 있다. 그 덕분에 선진국에서 에이즈로 인한 사망자는 급격히 줄어들고 있다. 유엔기구에 따르면, 2005년 220만 명, 2010년 750만 명, 2015년의 상반기 동안에만 1,500여만 명 등 전 세계적으로 항바이러스 치료 혜택을 받는 HIV 보균자는 매년 급증하고 있다. 그 결과, 2014년 HIV 신규 감염자 수는 전 세계적으로 약 200여만 명으로, 2000년에 비해 약 3분의 1가량 줄어들었다. 에이즈 사망자 수는 2004년 200만 명에서 2014년 120만 명으로 42%나 줄어들었다. 특히 가장 심각한 아프리카 지역의 경우에도 2014년 신규 감염자는 2000년에 비해 42% 감소했고, 같은 기간 동안 사망자 수도 48%나 줄어들었다. 항바이러스 치료를 매년 늘리고 있기 때문에, HIV 감염자 수는 지속적으로 감소하는 추세를 보일 것으로 전망된다. 그럼에도 불구하고,

동유럽과 중앙아시아 지역에서의 2014년 HIV 신규 감염자 수는 2000년에 비해 오히려 30%나 증가하고 있어 에이즈 퇴치의 전망은 반드시 낙관적인 것만은 아니다. 인류가 에이즈로부터 완전히 해방되기에는 여전히 요원하다.

21세기 최초의 판데믹

2009년 6월 11일, 스위스 제네바에서 소집된 세계보건기구 전문가 비상회의에서, 사무총장 마거릿 찬Maragret Chan은 세계 신종플루 사태를 전염병 최고 경보단계6(판데믹, 전 세계적 대유행)으로 격상시켰다. 세계보건기구는 멕시코로부터 처음 신종플루 발생 보고를 받자마자 경보단계3을 선언했다. 신종플루 감염 확진자가 급속히 증가하자 그해 4월 27일 전염병 경보단계4로 격상시킨 후, 4월 29일 '대유행이 임박했음'을 뜻하는 단계5로 다시 격상시켰다가, 6월 11일 판데믹 단계를 선언했다. 세계보건기구가 2009년 4월 23일 멕시코와 미국 정부로부터 신종플루 발생 현황을 처음 보고 받은 지 50일 만에 내린, 이례적으로 신속한 결정이었다. 인플루엔자 판데믹 선언은 1968년 홍콩 독감 대유행 이후 41년 만이었다.

세계보건기구에 따르면, 판데믹 선언 직전인 2009년 6월 11일까지 북미 지역에서 신종플루가 출현한 지 불과 2개월 만에 전 세계 74개국으로 확산되어 2만 8,774명의 감염 환자가 발생하고 114명이 사망한 상태였다. 그 당시 이미 대부분의 나라에서 지역사회 독감 유행이 시작되었

신종플루 H1N1 바이러스 탄생 과정

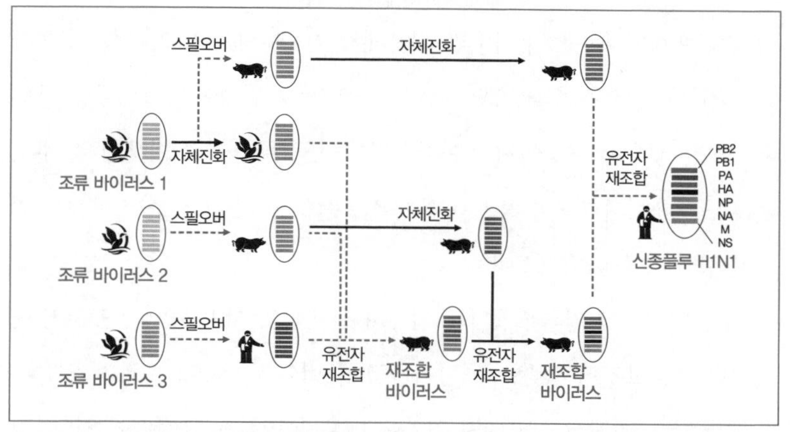

이 바이러스는 수십 년 동안 여러 종류의 인플루엔자 바이러스 간 재조합 과정을 거쳐 탄생했다.

고, 우리나라에서도 신종플루 환자 수가 50명을 넘어섰다. 이미 북미 지역사회에서 신종플루가 폭발적으로 유행하여 바이러스의 엄청난 전염력이 입증된 상태였다. 그리고 각 대륙에서 지역사회 내 신종플루 확산은 명약관화하였기 때문에, 그 당시 판데믹 선언은 신속히 이루어질 수밖에 없는 상황이었을 것이다.

2009년 신종플루를 포함하여, 인류 역사에서 판데믹을 일으킨 인플루엔자들은 몇 가지 공통적인 특징을 가지고 있다. 계절 독감과 달리, 판데믹을 일으킨 인플루엔자 바이러스는 그 당시 지역사회에서 과거에 노출된 적이 없는, 그래서 사람 면역체계에는 생소한 신종 바이러스였다. 이 신종 바이러스의 출현 과정의 공통점은 조류, 특히 야생조류가 가진 바이러스가 농장 인부와의 접촉이 일상화되어 있는 농장 돼지로부터 발생했다는 점이다. 즉 이 바이러스는 돼지 인플루엔자 바이러스 또는 계절 독감 등의 사람 인플루엔자 바이러스와 서로 뒤섞여 재조합을 일으킨 후, 사람 간에 전염이 쉽게 일어나는 신종 인플루엔자로 탄생한 것이다. 2009년 봄, 멕시코에서 처음 출현한 신종플루도 이 같은 출현 과정을 거쳐 탄생한 신종 바이러스이다.

인류 역사에서 인플루엔자는 언제나 판데믹의 대명사였다. 앞서 말한 것처럼 동물로부터 사람으로 넘어온 신종 바이러스이다. 그래서 인플루엔자 독감에 대해서는 판데믹 기준이 매우 분명하게 규정되어 있다. 그 기준에 따라서 전 세계적으로 인플루엔자 유행과 판데믹 가능성을 감시하는 국제 네트워크 체계는 사람 집단에서뿐만 아니라 동물단계에서부터 활발하게 가동되고 있으며, 어떤 전염병보다도 체계적으로 운영되고 있다. 특히 2005년 5월 이후부터 세계보건기구는 동물 유래 인플루엔자가 판데믹으로 발전하는 전염병 경보단계를 6단계로 규정하여 인플루엔자 발생위험을 관리하고 있다. 단계1은 동물에게만 바이러스 전염이 이루어지는 단계, 단계2는 에피데믹이라고 하는 야생 또는 가축에서 유행하면서 사람 감염이 가능해 잠재적 판데믹 위험이 존재하는 상태이다. 단계3은 사람들 사이에서 간헐적 감염이 있지만, 매우 밀접한 접촉이 있는 상황에서만 제한적으로 사람 간 감염이 이루어져 지역사회 유행은 일으키지 않는 상태, 단계4는 사람 간 전염이 이루어져 지역적으로 유행하는 초기 단계이다. 단계5는 전염이 널리 퍼져 최소 2개국에서 병이 유행하여 판데믹에 임박한 상태, 최고 단계6은 판데믹이라고 하며 다른 대륙이나 지역에서 최소한 1개국 이상 유행하는 상태를 의미한다. 신종플루는 최고 단계의 조건을 충분히 갖추고 있었고, 2009년 6월 판데믹을 선언한 직후 보란 듯이 지역사회 유행은 폭발적으로 이루어졌다. 세계보건기구는 전 세계 신종플루 감염자 수 집계를 포기했다. 많은 나라에서 이미 지역사회 유행이 광범위하게 이루어져 환자 집계가 불가능한 수준으로 확산되었기 때문이었다.

세계 각국은 신종플루 판데믹 선언 이전부터, 이미 감염자 격리통제와 타미플루 치료제에만 의존하기보다는 백신을 개발해서 예방하는 방향으로 로드맵을 서두르고 있었다. 우리나라도 겨울철 신종플루가 극성을 부리기 전에 예방접종을 실시하기 위해 백신 생산을 서둘렀다. 백신 개발을 시작한 지 4개월 만인 그해 10월 말, 일반인을 대상으로 한 신종플루 백신접종을 시작했다. 지금 신종플루는 상재하는 전염병(엔데믹)으로 간주하고 일반 독감으로 분류(세계보건기구는 2009년 9월 30일 계절 독감으로 하향 선언)하여, 매년 동절기 직전에 접종하는 계절 독감 백신에도 포함되어 있다.

특정 전염병이 여러 대륙에서 대유행하는 상태를 판데믹이라고 말한다. 그러나 여러 대륙에서 동시에 발생한다고 모두 판데믹이라고 말할 수 있을까? 그 기준은 무엇일까? 아마도 지역사회에서의 전염병 유행이 통제 가능한 수준인지의 여부가 아닐까?

호시탐탐 인류를 위협하는 바이러스

1997년 5월, 홍콩에서 독감이 발생하여 18명이 감염되고 이 중 6명이 사망했다. 이 감염자들은 재래시장이나 양계장에서 닭과 직간접적 접촉이 있었던 것으로 밝혀졌다. 전 세계는 이 독감이 조류 인플루엔자 바이러스 'H5N1'에 의해서 발생했다는 사실로 충격에 휩싸였다. 거기에는 여러 가지 이유가 있었다. 중국 광둥 지역에 둘러싸인 홍콩은 1957년 아시아 독감, 1968년 홍콩 독감 등 역사적으로 판데믹을 일으킨 인플루엔자를 전 세계로 퍼트린 중요한 진원지Epicenter 역할을 해왔다. 그러한 과거의 어두운 전력으로 인해, 홍콩 독감이 과거의 독감 판데믹 데자뷔를 반복할지도 모른다는 두려움을 만들었다. 또 다른 중요한 이유는 홍콩에서 독감 사망의 원인이 조류 인플루엔자 H5N1이었고, 감염된 가금류로부터 사람으로 직접 전염되어 독감으로 사람이 사망한 전례가 없었기 때문이었다. 그 이전에 출현한 판데믹 인플루엔자는 조류 바이러스에서 유래하기는 했지만, 주로 돼지 등 중간 매개체 동물을 경유하면서 사람들 사이에 전염이 잘되는 변종 바이러스가 출현하여 판데믹을 일으키는 방식이었다.

앞에서도 말한 바와 같이, 조류 바이러스가 돼지의 몸속에서 돼지나 사람 바이러스와 뒤섞여 사람들 사이에 전염이 가능한 신종 바이러스가 만들어진 다음, 사람에게 유행을 일으키는 판데믹으로 발전하는 게 정설이었다. 그 이전에도 조류 인플루엔자 바이러스, 특히 H7형이 돼지와 같은 중간 믹서기 포유동물을 경유하지 않고, 닭과의 직접 접촉을 통해 사람이 감염되는 사례는 있었다. 하지만 결막염 등 약하게 앓다가 자연 치유되는, 그리고 발병 지역을 넘어서는 확산되지 않는 '찻잔 속의 태풍' 정도였다. 홍콩 H5N1 인체감염 사례는 조류 인플루엔자 바이러스에 직접 감염되어 사망한 최초의 사건이었다. 더욱이 그 이전까지는 사람이 감염되는 인플루엔자는 H1, H2, H3형 타입의 바이러스였지만, 이 바이러스는 H5형 바이러스였다. 그래서 그 당시 홍콩에서의 H5N1 바이러스 인체감염 사례는 과거의 경험을 뛰어넘는 예외적인 사례, 즉 블랙스완에 가까운 사건이었다. 다행스럽게도 홍콩 보건당국이 감염 및 위험 조류를 대량 폐기하는 등 강력한 통제조치를 실시하면서, 이 역시 찻잔 속의 태풍처럼 잠잠해졌다. 그렇게 H5N1 바이러스가 일으킨 충격은 기억에서 사라지는 듯했다.

그로부터 몇 년이 지나자 다시 상황이 바뀌었다. 2003년 말부터 가금조류에서 동남아시아를 중심으로 8개국 이상에서 고병원성 조류 인플루엔자가 크게 유행했다. 이 바이러스는 1997년 홍콩 H5N1 바이러스가 변신에 변신을 거듭하여 진화하며, 바이러스 항원 구조가 크게 다른 변종 바이러스로 탈바꿈해 있었다. H5N1 바이러스가 닭, 오리 등의 가금조류 내에서 유행하는 데 그치는 것이 아니라, 중국 북부 청해Qinghai 호수에서 집단 월동하던 철새 집단에 퍼져서 유럽과 아프리카 지역으로 확산됐다. 이때부터 일부 동남아시아 국가에서는 H5N1 바이러스의 인체감염 사례들도 보고되기 시작했다. 2004년 2월 12일까지 세계보건기구에 공식 집계된 H5N1 인체감염 건수는 34건이 발생하여 23명이 사망했다. 이 중 베트남과 태국에서 25건이 보고되었으며, 19명이 사망했다. 엄청난 치사율이었다. 이들 인체감염 사례는 사람 간 전염보다는 모두 감염 닭과 밀접하게 접촉하는 과정에서 발생했다. 일부 인플루엔자 전문가들은 이 바이러스가 향후 사람에게 적응하여 판데믹으로 발전할 수도 있다는 경고음을 내보내기 시작했다. 이와 더불어 중국과 동남아 상재 지역 가금류 사이에서 H5N1 바이러스를 통제하는 것이 한계에 도달했다. 가금류 사이에서의 전염병 확산을 낮출 방법이 필요했는데 인체감염의 위험을 높이는 변종 바이러스 출현을 저지하고자 2005년부터 가금류에 대한 H5N1 백신을 접종하기 시작했다.

2006년 5월, 인도네시아에서 발생한 하나의 사건은 판데믹 가능성 우려에 불을 지폈다. 인도네시아 수마트라 북부 지역 쿠부 셈빌랑Kubu Sembilang 마을에 사는 37살의 여성 A는 시장에서 생닭을 팔아서 생계를 유지하고 있었다. 4월 하순 여성 A는 몸에 열이 나면서 심한 기침을 하기 시작했다. 날이 갈수록 기침은 멈출 줄 몰랐다. 그녀는 심한 독감을 앓으면서도 15살, 17살 두 아들을 데리고 4월 29일 20명의 친척들이 모이는 가족 잔치에도 참석했다. 그러나 가족 모임 동안 몸살이 너무 심했던 여성 A는 도저히 집안 음식을 장만하는 것을 도와줄 수 없어서 누워 있어야 했다. 그날 밤 두 아들과, 옆 동네 카반지헤Kabanjahe 마을에 살던 남동생을 포함해서 9명이 작은 방에서 하룻밤을 보내고 다시 집으로 돌아왔다. 그녀는 병세가 계속 악화되어 결국 5월 5일 사망했다. 그 일이 있은 지 3주가 지나자, 그녀와 같은 방에서 잤던 두 아들과 남동생도 심한 독감을 앓기 시작했다. 남동생은 다행히도 독감에서 회복했지만, 여성 A의 사랑하는 두 아들은 결국 사망했다.

쿠부 셈빌랑 마을에는 11명의 가족 친지들이 모여 살고 있었다. 바로 옆집에 살고 있던 29살의 여동생 B는 사망하기 전까지 아픈 언니 A를 돌보았다. 여동생 B뿐만 아니라 여동생의 2살배기 딸도 시름시름 앓기 시작하다가 결국 사망했다. 그 마을에 살던 여성 A의 조카는 여성 A의 또 다른 옆집에 살고 있었다. 그 조카도 4월 29일 가족 모임에 참석했고, 그 이후로도 수시로 옆집인 숙모집을 들락거렸다. 그 조카도 역시 독감에 걸렸고 그 조카의 아버지는 아들을 간호하다가 본인도 독감에 걸렸다. 이들도 독감을 견뎌내지 못하고 결국 사망했다. 그러나 독감에 걸린 남편을 간호하던 부인은 감염 노출위험이 있었는데도 불구하고 다행히 독감에 걸리지 않았다. 최초 사망자 A는 원인도 모른 채 사망했지만, 인도네시아 보건당국은 나머지 사망자에게서 조류 인플루엔자 바이러스 H5N1에 걸린 사실을 확인했다. 이 사례는 대가족 사이에 사람과 사람 간 H5N1 바이러스가 전염되는 사실을 말해주는 중요한 사건이었다. 이와 같은 가족 구성원 사이에 환자를 돌보다 감염되는 사례는 인도네시아뿐만 아니라 베트남, 태국, 캄보디아에서도 발생했다. 고양이, 호랑이, 표범, 개 등 여러 포유동물계에서도 치명적 사례들이 나타나기 시작했다. 마치 폭풍이 일기 직전과 같은 공포가 세계에 엄습했다. 심지어 사람 간 전염이 용이해지는 바이러스 출현은 시간문제인 것만 같았다. 언제 닥칠지 모르는 H5N1 인플루엔자 판데믹을 대비해서 백신을 개발해야 한다는 목소리가 설득력을 보였고, H5N1 인플루엔자 인체백신 개발이 시작되었다. 심지어 판데믹이라는 최악의 상황을 대비하여, 일부 국가에서는 예방 백신으로 사용할 수 있는 H5N1 바이러스 항원을 비축하기도 했다.

그러나 다행스럽게도 전염병 학자들이 우려하는 최악의 시나리오는 10여 년이 지난 지금도 아직 발생하지 않았다. 세계보건기구는 H5N1 바이러스 인체감염을 여전히 전염병 경보단계3으로 유지하고 있다. 수억 명이 한번쯤은 걸렸을 것으로 보이는 신종플루와 달리, 긴밀하고 지속적인 접촉을 통해서만 제한적으로 전염이 일어났다. 이러한 제한된 사람 간 전염은 중국에서 감염 닭과의 접촉을 통해 주로 발생한 조류 인플루엔자 H7N9 인체감염도 마찬가지이다. 지금까지 H5N1 바이러스는 지난 10여 년 동안 동남아시아를 중심으로 가금류 사이에서 지속적으로 발생하여 인체 노출 위험이 상존하고 있었지만, 그럼에도 불구하고 2017년까지 860명 감염되고 이 중 454명이 사망하여 치사율 52%를 기록했다. 이런 것으로 보아, 돼지를 통해 인체감염이 용이하도록 사람에게 적응된 판데믹 인플루엔자 바이러스들과 달리, 인체감염이 간헐적으로 발생하는 조류 인플루엔자 바이러스는 아마도 사람들 사이에 적응되지 않은, 즉 사람 간 전염성을 가지는 항원 구조를 아직까지 획득하지 못한 것으로 보인다. 그럼에도 불구하고, 동남아시아 지역 등에서 이 바이러스에 대한 유행 감시를 무시할 수 없는 이유는 이들 조류 바이러스가 돼지 등 믹서기 동물을 통해 돼지나 사람 바이러스와 뒤섞여 신종 인플루엔자 바이러스로 돌변할 가능성을 여전히 가지고 있기 때문이다. 교활한 바이러스, 아직까지는 믿을 수 없다.

어두운 그림자

"D여대가 아프리카 아이들을 초대한다."

서아프리카에서 공포의 에볼라가 한참 창궐하고 있던 2014년 8월 초, D여대 한 여학생이 인터넷 포털 사이트 카페에 유언비어성 글을 올렸다. 그 대학이 추진하는 유엔 여성 글로벌파트너십 세계대회 행사에 에볼라가 창궐하고 있는 아프리카 참가자들이 참여한다고 해서 이를 저지해야 한다는 논지였다. 이 내용은 인터넷을 통해 일파만파로 급속히 퍼졌고 인터넷 각 포털 사이트마다 '서울 D여대'가 실시간 검색어 1위에 오르는 해프닝까지 벌어졌다. 마치 아프리카 참가자들이 그 대회 참가를 위해 한국에 입국하면 에볼라가 확산되어 끔찍한 참사라도 벌어질 듯, 인터넷에서는 '당장 아프리카인들의 입국을 취소해야 한다', '살고 싶다' 등 난리가 났다. D여대에 대한 비난이 쏟아졌고, 수만 명이 개최 취소 서명운동까지 벌였다. 심지어 국내 거주하는 아프리카인들에게까지 비난의 화살을 돌렸다.

2014년, 서아프리카 기니에서 발생한 에볼라가 시에라리온, 라이베리아 등 인국 국가로 거침없이 퍼져 나가 유행 확산이 판데믹의 어두운 그림자를 드리우기 시작했을 때, 국제기구와 세계 각국은 에볼라가 판데믹으로 발전할지 우려의 시선으로 서아프리카 지역을 주시했다. 그 기간 동안, 많은 나라들은 비행기 운행을 중단하거나 자국민의 서아프리카 지역 여행 자제령을 내렸다. 매우 다행스럽게도 에볼라는 여전히 서아프리카 지역을 벗어나지 못하고 있다. 에볼라 바이러스가 높은 치명성을 가지고 있어 공포가 증폭됐지만, 감염자의 신체에서 흘러나온 체액 등과의 접촉에 의해서 전염이 주로 이루어진다. 따라서 감염자나 감염자 체액이 묻은 물건과 접촉하지 않는 한, 치명적인 에볼라에 걸릴 위험성이 매우 낮기 때문이다. 그래서 이 바이러스는 제대로 된 환자 통제와 국경 검역만으로도 지역사회를 벗어나지 못한다. 이러한 바이러스의 성질이 바뀌지 않는 한, 즉 치명성은 낮추되 전염성은 높아지는 방향으로 급변하지 않는 한, 판데믹으로 발전할 가능성은 그리 높아 보이지 않는다. 일부 학자들은 케냐 나이로비 공항 같은 국제 허브공항까지 확산되는 것을 저지한 것도 에볼라의 국제적 확산을 막는 데 기여를 했다는 평가를 내리기도 한다.

21세기 들어서, 신종 바이러스가 출현하여 유행함으로써 판데믹으로 발전할지 모른다고 우려했던 적이 여러 번 있었다. 2002년 중국 광둥성에 출현한 사스가 그러한 대표적인 사례였다. 2003년 봄, 사스는 홍콩발 비행기를 통해 순식간에 세계 38개국에 확산되어 지역사회 유행 상황으로 몰고 갔지만, 세계보건기구는 끝까지 판데믹을 선언하지 않았다. 사스는 치사율이 거의 10%에 육박할 만큼 치명적인 바이러스였고 단 몇 개월 소용돌이치듯 전 세계를 휘몰아쳤지만, 각국 보건당국의 강력한 통제조치로 찻잔 속의 태풍처럼 잦아들었다. 만약 발생 국가에서 지역사회 내 바이러스의 유행을 효과적으로 통제하지 못했더라면, 아마도 세계 보건기구는 '판데믹' 카드를 꺼내들었을지도 모른다.

유사한 사례는 메르스에서도 재현되었다. 2012년 중동 지역에서 처음 출현한 이후 지역사회 내 메르스 유행은 중동 지역을 벗어나지 못했다. 중동 이외 지역에서의 대규모 메르스 유행은 2015년 한국이 유일했다. 그 당시 한국발 제2 사스 유행을 우려하는 시각으로 세계는 한국을 주시했다. 그러나 다행히도 메르스는 우리나라 보건당국에 의해 두 달이 지나지 않아 통제되었고, 세계 여러 나라로 급속히 확산되는 사태는 일어나지 않았다. 사스와는 비교되지 않을 정도로 낮은 사람 간 전염력을 가지고 있기 때문이다. 그러나 사스 바이러스와 달리, 중동 지역에서 메르스는 여전히 유행하고 있으며 제대로 통제되지 못하고 있는 듯하다. 그럴 가능성은 별로 없어 보이기는 하지만, 어느 순간 이 바이러스에 '돌연변이'라는 돌발변수가 발생해서 사람에게 확실하게 적응된, 그래서 신종플루와 같은 전염력을 획득한다면 '판데믹'이라는 최악의 시나리오로까지 진행될 수 있다. 만약 그렇게 된다면 아마도 사람 간 전염력은 증가하되, 치사율은 지금보다도 훨씬 낮아지는 방향으로 바이러스가 변해 있을 것으로 예상된다. 일반적으로 신종 전염병의 경우, 전염병 유행을 유지하는 데 있어서 전염력과 숙주 치사율은 서로 양립하기 힘들다. 영화에서나 가능한 시나리오이다. 신종 바이러스가 '전염력'이라는 무기를 획득하여 판데믹으로 진행하려면 높은 숙주 치사율이라는 카드를 버려야 한다.

02

평범하게, 하지만 끔찍하게 일상에 다가온 바이러스

결코 사소하지 않은, 토종벌 괴질 바이러스

세계적인 물리학자 아인슈타인은 '꿀벌이 사라지면 4년 이내 인류는 사라질 것'이라고 예언한 바 있다. 어찌 보면 우스갯소리로 들릴지 모르지만, 사실 이 예언은 결코 무시할 수 없는 끔찍한 것이다. 꿀벌은 단순히 우리 인간에게 달콤한 꿀만 제공하는 존재가 아니다. 전 세계 농작물의 71%가 벌이 수분을 함으로써 열매를 맺는다. 지구 생태계의 한 축을 담당하는 꿀벌은 수분을 통하여 식물이 번식하고 나무가 열매를 맺게 하는 데 절대적인 역할을 한다. 그럴 가능성은 거의 없지만 만약 벌이 존재하지 않는다면, 인간이 생산하는 농작물 생산에 엄청난 타격을 입을 것이다. 벌이 사라지면 지구상에서 더 이상 꽃피는 봄을 기대하기가 어려울지 모른다. 이 문제는 비단 인간만의 문제가 아니다. 지구상에 있는 초식동물들에게도 먹을거리가 사라지게 될 것이다. 초식동물이 급감하면 그것을 먹이로 삼는 육식동물도 생존을 위협받을 것이다. 지구상의 많은 동물들이 사라질 것이고, 결국 인간도 먹을거리가 없어 굶어죽게 될 것이다.

광범위한 서식지 파괴, 공기 오염, 살충제 살포 등 환경오염이 갈수록 심해짐에 따라, 2000년대 중반 이후 세계 각지에서 꿀벌 개체군이 눈에 띄게 급감하고 있다. 꿀벌 개체군 급감 현상은 미국과 유럽뿐만 아니라 아시아와 아프리카, 중동으로까지 전 세계로 광범위하게 확산되고 있다. 가속화되고 있는 꿀벌 개체군 급감 현상이 지속될 경우 생물 다양성 파괴는 물론 인류의 식량 안보에도 심각한 문제를 일으킬 수 있다. 2011년 3월 유엔 산하기구인 유엔환경계획United Nations Environment Programme, UNEP은 긴급 보고서를 통해 이대로 가다간 가까운 미래에 수만 종의 식물이 사라질 것이라고 경고했다.

2011년 명절날, 토종벌 농사를 지으시는 친척 어른으로부터 하소연 같은 부탁을 받았다. 제발 토종벌을 살릴 수 있는 약 좀 알아봐 달라는 부탁이었다. 가슴 아프게도 꿀벌 질병 전문가가 아닌 것도 있지만, 치료약도, 예방약도 없는 현실에서 도와드릴 수 있는 일이 없었다. 그전에는 듣지도 보지도 못했던 신종 괴질, 토종벌 유충이 번데기로 되기 전에 죽

생태계에서 매우 중요한 역할을 하는 꿀벌

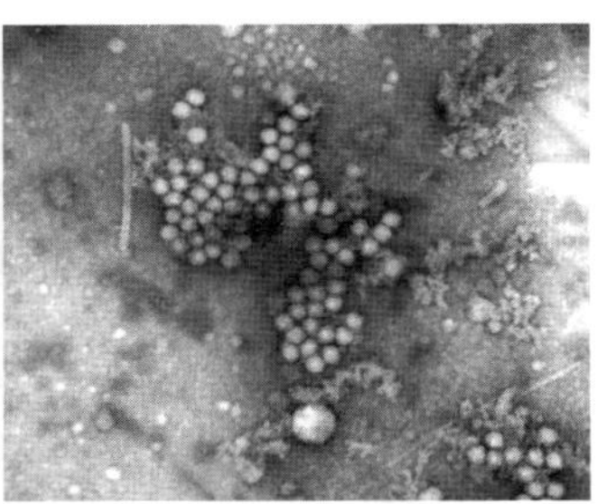

토종벌 낭충봉아부패병 바이러스 전자현미경 사진
(출처: 농림축산검역본부 박중원)

어 버리는 낭충봉아부패병이 우리나라 토종벌 농가들 사이에서 창궐하고 있었다. 토종벌에서 낭충봉아부패병을 일으키는 범인 역시 바이러스다. 범인은 피코르나 바이러스Picorna virus에 속하는 색부르드 바이러스Sacbrood virus다. 색부르드 바이러스는 국내에서 처음 생긴 신종 바이러스는 아니다. 1904년 인도에서 처음 발견된 바이러스이다. 지구온난화로 미얀마, 태국, 중국과 일본을 거쳐 2008년경 이 바이러스가 우리나라로 유입된 것으로 추정하고 있다.

2009년 11월, 우리나라 강원도 홍천의 한 토종벌 농가에서 처음으로 낭충봉아부패병 피해가 확인되었다. 이후 이 괴질 바이러스는 전남과 경남을 중심으로 전국 토종벌 농가에 걷잡을 수 없이 확산되었다. 예방 백신은 물론 치료법도 없는 전염병이 창궐하면서 전국 토종벌의 95%가 사라졌다. 급기야 양봉농가들이 과천청사 앞에서 정부를 향하여 생존권 보장을 요구하는 사태까지 번졌다.

토종벌 떼죽음이 몰고 온 후유증은 여러 곳에서 나타났다. 토종벌이 계속 집단 폐사하면서 인근 지역의 과일과 채소농가가 가장 먼저 타격을 입었다. 과수원 배꽃 자연수정을 도맡았던 토종벌들이 바이러스로 떼죽음 당하는 바람에, 토종벌을 대체하는 수정벌을 구입하는 것은 물론 심각한 경우에는 사람이 일일이 꽃 수정 작업을 하는 일까지 벌어졌다. 2010년 10월 8일자 한 일간지 기사에 따르면, 꿀벌이 수정을 해야 열매가 열리는 호박과 가지의 산지 가격도 급등했다. 전남 순천 지역 재래시장에서 거래되는 가지 가격은 그 전해에 비해 150%, 조선 애호박의 경우 80% 이상 올랐다. 낭충봉아부패병 확산으로 전남 지역 꿀벌이 떼죽음을 당하는 바람에, 수분이 제대로 이루어지지 않은 데다 이상기온으로 인한 생육 부진으로 생산량이 급감한 게 원인이었다. 꿀벌을 떼죽음으로 몰아간 낭충봉아부패병은 단순히 꿀벌의 전염병에 국한되는 것이 아니라 꿀벌이 부여하는 농가 생산성 가치, 식량 안보의 가치, 그리고 생태계의 한 축을 담당하는 공익적 가치까지 그 가치는 결코 무시할 수 없는 것이다. 이는 결국 우리 인간에게로 피해가 돌아온다. 그 피해를 줄이려면 무엇을 해야 할까? 답은 결국 인간이 저질러놓은 무질서를 원래의 질서 상태로 복원하는 것이 아닐까?

결코 걸리고 싶지 않은, 자궁경부암

2013년 3월 3일, 중국의 촉망받는 젊은 여배우 쑹원페이가 자궁경부암에 걸려 27세 나이로 요절했다. 20대에도 암으로 사망할 수 있다는 사실은 중국인들뿐만 아니라 많은 세계인들에게 충격을 주었다. 중국의 촉망받는 여배우를 죽음으로 몰아간 범인은 바이러스다. 자궁경부암을 일으키는 인유두종 바이러스Human papilloma virus다. 잘못된 식습관, 발암 물질, 유전적 요인 등이 주된 발암 원인으로 많은 사람들이 인식하고 있지만 바이러스도 암을 발병하는 주요한 요인 중 하나라는 사실을 알고 있는 사람은 그리 많지 않다.

인유두종 바이러스는 전 세계 여성에게서 두 번째로 흔하게 나타나는 암, 자궁경부암을 일으키는 바이러스로 잘 알려져 있다. 전 세계에서 매년 50만 명의 여성이 자궁경부암에 걸리고, 이 중 절반이 사망한다고 한다. 국내에서도 매년 4,000여 명의 여성에게서 자궁경부암이 발생하고 있다. 일반적으로 성생활을 시작하는 20~30대에 인유두종 바이러스에 걸렸다가 수년에서 수십 년의 잠복기를 거쳐 40대 중후반 이후에 자궁경부암으로 발전하는 게 일반적이다. 오늘날 여성들의 성경험 평균 연령이 낮아지면서 20대 후반에서 30대 초반의 젊은 여성에게서도 자궁경부암 발생이 늘고 있다.

이 바이러스는 자궁경부 점막 상피세포에서 증식하며, 성관계를 통하여 주로 전염된다. 이 전 세계 여성의 3분의 2 이상이 일생 동안 최소한 한 번 이상 이 바이러스에 감염될 정도로 흔한 바이러스이다. 대한부인종양학회에서 발표한 자료에 의하면 2006년부터 2011년까지 국내 여성 3명 중 1명꼴로 34.2%가 이 바이러스에 감염되어 있다고 한다. 특히 18~29세의 여성에게서는 2명 중 1명꼴로 49.9%가 이 바이러스에 감염

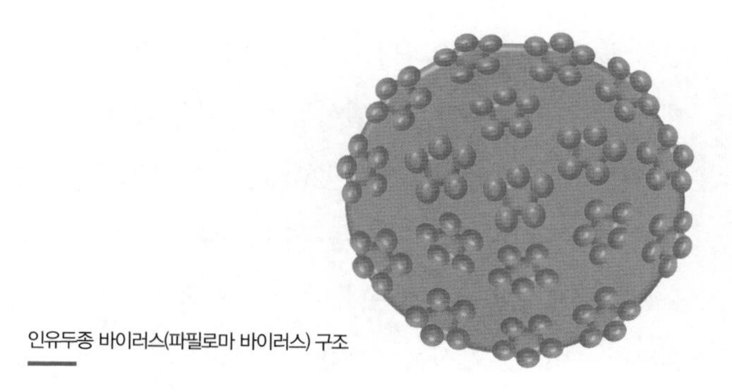
인유두종 바이러스(파필로마 바이러스) 구조

된 것으로 나타났다. 그러나 일반적으로 인유두종 바이러스에 걸렸다 하더라도 90% 이상의 감염자는 자신이 걸린지도 모를 정도로 가볍게 감염되고 일정 기간이 지나면 자연적으로 치유된다. 이 중 고위험군 바이러스에 감염된 여성 환자의 일부는 수년에서 수십 년에 걸쳐 자궁경부암으로 발전한다. 현재까지 자궁경부암을 일으키는 고위험군 바이러스로는 최소 16종(16, 18, 31, 33, 35, 39, 45, 51, 52, 56, 58, 59, 66, 68, 69, 73번)이 있고, 특히 16, 18번 바이러스가 전 세계 자궁경부암 환자의 70% 이상 암을 일으킨다.

매우 반가운 소식은 2006년 한 다국적 제약회사에 의해 개발된 최초의 암 예방 백신이 출시된 이후, 자궁경부암 백신 여러 제품이 전 세계에서 출시되었다. 기본적으로 일단 인유두종 바이러스에 감염되어 자궁경부 점막 상피세포에 침투하면 바이러스 치료는 불가능하다. 자궁경부암을 치료하는 약을 개발하는 연구가 활발히 진행되고 있지만 여전히 갈 길이 멀다. 그래서 성관계 등으로 바이러스에 노출되기 전에 우리 몸을 면역시키는 것이 중요하다. 그것은 백신 예방접종을 통해 가능하다. 이 제품들은 자궁경부암을 유발하는 바이러스 감염을 효과적으로 예방할 수 있는 것으로 알려져 있다. 2016년부터 우리나라에서도 자궁경부암 백신 예방접종이 국가예방접종사업NIP에 포함되어 만 12세 이하 어린이들에게 무료 접종이 진행된다. 우리의 미래 세대 아이들이 자궁경부암으로부터 해방되는 세상을 기대해 본다.

침묵의 살인자, 간암

세계보건기구에 따르면, 전 세계에서 매년 약 1,100만 명의 신규 암환자가 발생하고, 그중 약 800만 명이 암과 그 합병증으로 사망한다고 한다. 국민건강보험공단에 따르면 국내 신규 암환자는 매년 21만 명이며, 국내 총 암환자 수는 2017년 기준 186만여 명이다. 이제 우리나라는 암환자 100만 명 시대에 돌입했다.

통계청이 발표한 2018년 한국인 사망 원인 통계에 따르면 한국인 사망 원인 1위는 암이다. 국내 인구 10만 명당 154.3명이 암으로 사망했다. 2018년 암 사망자 중 폐암 사망자가 인구 10만 명당 35명으로 가장 많고, 그다음이 인구 10만 명당 21명으로 간암 사망자이다. 특히 사회적 활동이 가장 왕성한 40대와 50대에서는 암 사망자 중 간암 사망자가 압도적으로 1위를 차지한다. 지금은 암 진단 및 치료기술의 발달과 국가 암 관리사업 수준의 향상으로 암 완치율이 60% 이상으로 증가하고는 있지만, 암 발병이 주는 두려움과 공포는 여전하다.

일반인 상당수는 간암의 주된 원인이 지나친 흡연이나 과음 등일거라고 알고 있다. 그러나 실제 간암 환자의 70%는 B형 간염 바이러스를 몸속에 가지고 있다. 즉 B형 간염 바이러스가 간암의 주범인 셈이다. 현재 우리나라의 경우 전 인구의 3%인 약 150만 명이 B형 간염 보균자인 것으로 추정하고 있다. 그렇지만 B형 간염 바이러스를 가지고 있다고 간암에 걸리는 것은 아니다. 전 세계 인구의 3분의 1, 즉 25억여 명이 살아가는 동안 한 번은 B형 간염 바이러스에 걸린다고 한다. 그중 매년 75만 명이 사망하며 이들 중 거의 절반은 간암으로 진행되어 목숨을 잃는다. 즉 실제로 바이러스를 가지고 있다고 해서 간암으로 진행되는 것은 아니다. 전체 보균자의 약 0.01%인 극소수가 간암으로 진행된다.

B형 간염에 걸리는 경로는 다양하다. 일반인 상당수가 생각하는 것처럼, 단순히 식사모임에서 잔을 돌리거나 찌개 혹은 국 같은 음식을 같이 먹다가 걸리는 것은 아니다. B형 간염 환자와의 성적 접촉, 감염 혈액 수혈, 면도기, 주사기 등 기기 공동사용, 감염자 체액의 상처 부위 노출 등을 통해 감염자 혈액이나 체액에 노출될 경우에 감염될 수 있다. 그러나 B형 간염 바이러스에 감염되었다고 무조건 큰 일이 나는 것은 아니다. 성인이 B형 간염에 걸린다 하더라도, 95% 이상은 특별한 치료 없이도 저절로 낫는다. 중요한 것은 B형 간염 항체가 체내에 생성되면 다시는 감염되지 않는다는 것이다. 즉 B형 간염 바이러스에 걸려 자신도 모르게 나았다면 평생 동안 B형 간염에 걸릴 걱정을 하지 않아도 된다. 100명 중 일부 몇 명만이 운이 없게도 간염을 앓게 된다. 충분한 휴식을

취하고 단백질이 많은 음식을 섭취하면 회복 속도가 더 빨라질 수 있다. 그러나 드물게는 B형 간염이 진행되어 간이식이 필요한 상황이 되거나 사망에 이르는 경우도 있다. 성인 감염의 경우 B형 간염이 만성 감염으로 진행될 확률은 1% 미만으로 극히 낮다. 문제될 가능성이 거의 없다는 의미이다.

문제는 어릴 때 B형 간염 바이러스에 걸리는 경우와, 임신한 산모로부터 혈액을 통해 신생아로 바이러스가 전이되는 경우이다. 유년기 시절 B형 간염 바이러스에 걸리게 될 경우 만성 간염으로 진행될 확률은 무려 약 20%나 된다. 매우 조심해야 한다. 현재 B형 간염 예방접종은 신생아 예방접종을 의무적으로 받아야 하는 항목이다. B형 간염 주사는 태어나자마자 1차 접종, 생후 1개월 후 2차 접종, 생후 6개월 후 3차 접종까지 총 3회에 걸쳐 예방접종하도록 한다. 일단 B형 간염 항체가 생기면 B형 간염 바이러스가 몸에 들어와도 예방된다. 만약 B형 간염 항체가 생기지 않았다면 다시 추가 접종을 받아야 한다.

신생아 분만 시기 전후인 주산기 시기에 감염 임산부로부터 신생아로 B형 간염 바이러스가 전이되는 경우는 매우 위험하다. 그런 신생아의 90%는 만성 간염으로 진행된다. 면역체계가 발달하지 않아서 산모 혈액을 통해 들어온 바이러스를 제거할 능력이 약하기 때문이다. 실제 B형 간염에 의한 만성 감염 환자의 대부분은 이렇게 태어나고 자란 사람들이다. 다행스러운 것은 B형 간염이 심각했던 1980년대 이전과 달리, 1990년대 이후 주산기 산모 예방접종 사업으로 신생아 감염률이 1980년 초

7~8% 정도이던 것이 지금은 채 0.1%도 되지 않을 만큼 B형 간염문제는 크게 개선되었다.

하지만 어릴 적 B형 간염에 걸린 적이 있는 성인이 일단 만성 간염으로 진행되면 완치되는 게 쉽지 않다는 데 큰 문제가 도사린다. 우리의 간은 무디다. 간조직이 70% 이상 손상될 때까지 간에서 무슨 일이 일어나는지 사람의 몸은 거의 인지하지 못한다. 그래서 B형 간염 바이러스에 감염된 후 수십 년 동안 만성 간질환을 앓아도 감염자 스스로가 자각 증상을 느끼지 못한다. B형 간염 보균자임에도 증상을 느끼지 못하니까 설마하면서 치료와 건강관리를 게을리하다가 낭패를 보기 십상이다. B형 간염 보균자가 자주 피곤함을 느끼고 속이 거북한 자각 증상을 느꼈을 땐 대부분 이미 병이 상당히 진행된 상태이다. 만성 B형 간염이 심하거나 오래 지속되면 간경변으로 진행할 수 있는데, 일단 간경변으로 넘어가면 간암 발생 위험은 더욱더 높아진다. 그러므로 B형 간염 보균자인 경우는 정기적으로 의료기관을 방문해서 만성 간염으로 진행되는지 검사를 받아야 한다. 만약 만성 간염으로 진행된 경우, 간염으로 인한 간경변증과 간암을 예방하기 위해 항바이러스제 치료 등 정기적인 병원 치료를 통해 철저히 관리해야 한다. 건강은 스스로 지켜야 한다.

03

생명을 지키는 강력한 힘, 면역 시스템

외부의 침투에서 생명을 지켜주는

2015년 봄, 메르스 사태로 한국 사회가 몸살을 앓고 있을 때 메르스 감염자 동선이 공개되자 감염자가 머문 식당이나 장소에는 사람들의 발길이 뚝 끊겨 한산하기 이를 데가 없었다. 그들이 이용했던 대중교통도 마스크로 무장한 사람들로 붐볐다. 혹시 감염자가 흘린 바이러스 입자가 하나라도 묻어서, 그 몹쓸 전염병에 걸릴까 하는 두려움이 앞섰기 때문일 것이다. 인플루엔자 바이러스와 달리, 병증을 나타내기 전 잠복기 상태에서 메르스 감염자는 몸 바깥으로 바이러스를 배출하지 않는다.

인플루엔자 바이러스든 메르스 바이러스든 간에, 설령 바이러스 입자 한 개가 묻어 몸에 들어온다고 해서 일반인들이 두려워하는 것처럼 그렇게 쉽게 병이 걸리는 것은 아니다. 사람을 포함한 숙주 동물은 그런 병원체 침투에 대해 무방비 상태로 대충 굴복하는 호락호락한 대상은 아니다. 이들 외부 침입자를 격퇴시킬 수 있는 방어체계, 즉 면역이라는 무기를 가지고 있기 때문이다. 그래서 최소한 면역 기능이 완벽하게 차단할 수 없을 정도의 바이러스가 몸속으로 들어왔을 때에야 바이러스가 증식하고 병을 일으킨다.

얼마나 많은 양의 바이러스가 몸속으로 들어와야 병에 걸리는 것일까? 바이러스 종류에 따라서, 바이러스 감염 능력에 따라 분명히 차이는 있다. 하지만, 사람을 대상으로 그런 끔찍한 인체 실험이 불가능한 이상, 얼마나 많은 바이러스에 노출이 되어야 병이 걸릴지는 알 수가 없다. 그러나 동물 바이러스 실험 경험으로 대충은 유추해볼 수 있다.

몇 해 전, 닭 백신 바이러스를 사용하여 이 바이러스를 최소한 얼마나 투여해야 숙주 동물인 닭이 감염되어 면역이 자극되는지, 바이러스 최소량을 결정하는 동물 실험을 실시한 적이 있었다. 우선, 닭 백신 바이러스인 뉴캐슬병 바이러스를 농도별로 주입해서 닭이 감염되는지 조사하는 실험을 실시했다. 닭 한 마리당 100만 개의 바이러스를 주입한 집단에서는 실험에 사용한 모든 닭이 감염되어 면역반응을 유도했다. 10만 개의 바이러스를 주입한 집단의 경우 10마리 중 7마리에서 면역반응을 보였다. 그러나 1,000개의 바이러스를 주입한 집단의 닭은 바이러스에 감염조차 되지 않았다. 이 실험은 무엇을 의미하는 것일까?

이 바이러스의 경우, 최소한 1,000개 이상 감염성 바이러스를 닭에 주입해야 바이러스가 닭에서 증식할 수 있다. 이보다 적은 양의 바이러스를 주입한다면, 숙주 동물인 닭의 면역체계가 작동하여 침투한 바이러스가 숙주세포에 들어가 증식할 틈도 주지 않고 바이러스를 신속하게 제거한다는 뜻일 것이다. 바이러스 종류마다, 숙주 동물마다, 바이러스 전염성이나 증식성에 따라, 감염에 필요한 바이러스의 최소량은 천차만별일 것이다. 가축에게 심한 피해를 주는 구제역 바이러스의 경우에도, 최소한 800개 이상 감염성 바이러스가 호흡기도로 들어와야 돼지가 구제역에 걸릴 수 있다고 한다. 사람 바이러스도 마찬가지로 어느 정도 바이러스가 몸속으로 들어와야 병을 일으킬 수 있다. 약 40년 전 자료이지만, 전염성이 강한 계절 독감의 경우 최소한 수백 개 이상의 인플루엔자 바이러스 감염 입자가 사람의 코를 통해 들어와야 독감을 일으킨다고 한다. 전염성이 약한 바이러스일수록 사람을 감염시킬 수 있는 바이러스의 양은 많이 필요할 것이다. 그래서 계절 독감보다 전염성이 약한 메르스 바이러스의 경우, 사람에게 실험한 적은 없겠지만 인플루엔자 바이러스보다 많은 양이 들어와야 메르스에 걸리지 않을까?

위에서 언급한 닭 실험 결과를 보면, 우리는 중요한 부분을 또 하나 발견할 수 있다. 100만 개의 바이러스를 주입했을 때 모든 닭은 감염을 일으키지만, 그 이하의 바이러스 수를 주입했을 때 감염되는 닭이 있고 그렇지 않은 닭이 있었다. 물론 바이러스의 양이 적을수록 감염되는 닭의 비율은 줄어든다. 바이러스 10만 개를 주입했을 때 감염되지 않는 닭이 있는가 하면, 바이러스 1만 개만 주입해도 감염되는 닭이 있었다. 쉽게 말해서 모든 닭이 걸릴 수 있는 바이러스 양보다 적은 경우, 같은 양의 바이러스에 노출이 되더라도 감염이 되는 닭 개체가 있는가 하면, 그렇지 않은 닭 개체도 있다. 사람 바이러스의 경우에도 같은 논리가 적용될 수 있을 것이다. 불행한 일이지만 발병 환자가 흘린 바이러스가 심하게 오염된 환경에 노출된 경우, 같은 조건이라도 병에 민감한 사람이 있는가 하면, 그렇지 않는 사람도 존재할 것이다. 만약 손 씻기나 마스크 착용 등 위생적인 생활습관으로 노출되는 바이러스의 양을 가능한 한 줄일 수만 있다면, 그래서 손이나 코에 묻은 바이러스 양을 90% 이상 줄이게 된다면 병에 걸릴 확률은 훨씬 줄어들 것이다. 개인위생, 사소할 수도 있어 보이지만 결코 사소하지 않다.

사실 우리 몸의 면역체계는 우리가 상상하는 것보다 훨씬 더 정교하고, 각종 면역세포들이 긴밀한 협력을 통해 네트워크를 형성하여 유기적으로 외부 침입자를 퇴치한다. 만약에 이 네트워크의 어느 부분이라도 문제가 발생하면 마치 강둑이 무너지듯, 폭풍처럼 증식한 바이러스는 참혹하게 숙주에 손상을 가할 수 있다. 심지어 그 지경에 이르면 숙주는 자신의 생존을 보장받기 힘든 상태가 될 수도 있다. 숙주 생명을 지키는 힘은 면역에서 나온다.

숙주 경비대

바이러스는 어떻게 몸속으로 침투할까? 우리 몸은 대부분 피부로 덮여 있다. 이들 피부는 도성의 성곽과 같아서, 여간해서는 바이러스 병원균이 스스로 피부를 뚫고 통과하지 못한다. 만약 그렇지 않다면 우리가 생활하는 공간 어디에서나 존재하는 각종 병원균의 위협에 시달릴 것이고, 아마도 생존하는 것 자체가 불가능할 것이다. 피부가 없는 무방비 상태에서 생존하기 위해서는 무균 인큐베이터 안에서 각종 멸균 음식만 섭취해야 할 것이다.

그렇다고 모든 병원체가 피부를 통해 침투하지 않는 것은 아니다. 피부라는 성곽은 완벽한 것이 아니다. 그래서 가끔은 성곽 벽돌을 부수고 쳐들어가는 특공 작전도 가능하다. 바이러스 병원균이 피부를 통과해서 감염을 일으키는 가장 흔한 경우는 모기와 같은 곤충의 흡혈을 통해서다. 모기가 흡혈하는 동안 모기 체내에 있는 바이러스가 사람 피부를 통과해서 혈관 속으로 바로 침투하게 된다. 일본뇌염, 뎅기열, 웨스트나일 뇌염과 같은 전염병이 이러한 방법으로 발병한다. 그래서 이런 전염병은 병원균을 옮기는 모기에 물리지 않는 것이 가장 중요한 예방수칙이다. 두 번째로 흔한 방법은 주사기를 통해서다. 오염된 주사기를 사용하거나, 감염자 수술 또는 치료 과정에서 주사기에 찔리는 사고 등을 통해 감염이 이루어질 수 있다. 2015년 가을, 서울의 한 개인병원에서 주사기 재사용으로 그 병원에서 치료받던 수십 명의 환자가 졸지에 C형 간염에 걸리는 끔찍한 사건이 대표적인 사례이다. 에이즈 유행 초창기 상당히 문제가 되었던, 마약 중독자들 사이에서 같은 주사기를 사용하여 HIV에 걸리는 사례도 이에 해당한다. 그리고 광견병에 걸린 개에 물려서 걸리는 공수병도 피부를 통해 바이러스가 침투하는 사례 중 하나다.

대부분의 바이러스들은 피부가 아닌, 외부 환경과 연결된 개구 부위 즉 눈, 코, 입 등을 통해 기관지나 식도를 통과하여 신체 내부로 침입한다. 바이러스가 아무런 장애도 받지 않고 몸속으로 무혈입성하는 것은 아니다. 숙주는 마치 도성의 성곽 출입문 경비대처럼, 신체 안으로 들어가는 입구에서 외부 침입자를 걸러낸다. 눈, 구강, 코 등 몸 안으로 들어가는 출입구에는 리소자임Lysozyme이라는 강력한 살균 성분이 들어있다. 그래서 바이러스가 이 출입구를 통해 들어오면 점막에 달라붙은 바이러스의 껍데기인 단백질을 리소자임이 파괴시켜 버린다. 정상적인 사람이 결막염, 충치염 등에 쉽게 걸리지 않는 이유가 여기에 있다. 호흡기 기도는 머리카락같이 생긴 섬모로 덮여있는데, 이들 섬모들이 기도 바깥을 향하여 비로 마당을 쓸듯이 병원균을 기도 바깥으로 지속적으로 밀어낸다. 또한 감기에 걸렸을 때 재채기나 기침 등이 본능적으로 나오는 것도 침투해서 증식하는 바이러스를 뱉어내는 무의식적인 신체 보호 작용이다. 우리가 음식 등을 섭취하는 과정에서 바이러스가 식도를 통해서 창자로 들어온 경우에는 창자가 파도치듯이 움직이는 '연동 운동'으로, 병원균이 가득 들어있는 장 내용물은 대변을 통해 하루에 수백만 개의 미생물을 쏟아보낸다. 그러나 바이러스가 잔뜩 밀려 들어오는 경우에는 이 입구를 지키는 경비대들도 어쩔 수 없이 무너진다. 속수무책이다.

면역의 일선에서

숙주 경비를 담당하는 피부·구강·코·기관지 섬모 등 성곽을 통과해서 몸 안으로 침투하면 바이러스가 처음으로 부닥치는 방어장벽은 숙주가 태어나면서부터 면역기능을 가진 면역세포들, 즉 선천면역이다. 호중구, 탐식세포, 자연살상세포 등 면역세포들이 첫 번째 방어장벽을 구축하는 대표적인 전사들이다. 이 면역세포들은 일단 몸속으로 침투한 외부 침입자인 이물질의 정체를 따지지 않는다. 이 상황에서는 외부 침입자를 발견하는 순간, 이들을 체포해서 잡아먹는다. 일반적으로 바이러스가 신체 내부로 침투했을 때 가장 먼저 달려오는 면역세포는 탐식세포이다. 탐식세포는 신체 곳곳에 배치되어 있고, 그 수가 무려 1조 개에 이른다. 공기와 같은 외부환경에 직접 연결되어 병원균 노출에 민감한 허파에만 최대 350억 개의 탐식세포가 철통수비를 하고 있다.

예를 들어, 인플루엔자 바이러스가 기도를 통해 기관 상피에 침입하여 세포에 감염되면, 그 세포는 인터페론(바이러스에 감염된 동물세포가 생성하는 당단백질)을 분비하여 바이러스가 증식하는 것을 저지하려고 안간힘을 쓴다. 동시에 외부 침입을 알리는 신호를 보내면, 그 부위에 가장 먼저 달려오는 세포는 탐식세포 중 하나인 혈액 호중구다. 이 호중구는 혈중 전체 백혈구(면역반응을 담당하는 혈액 내 세포군)의 절반 이상을 차지하는 주력 부대로 혈관 속을 돌아다니며 이물질을 청소하는 임무를 띠고 있다. 이 세포는 골수에서 매일 공급되며, 수명이 매우 짧아서 기껏해야 이틀밖에 살지 못해, 매일 전체 호중구의 절반을 교체한다. 호중구는 아메바처럼 움직이면서 혈관벽을 기어나와 감염 부위에서 외부 침입자를 격퇴하는 소위 '이물질 청소부'라고 볼 수 있다. 일단 바이러스가 침투하면 골수에서 호중구가 대량으로 방출되어 감염 부위에 몰려들어 그 수가 며칠 이내에 수만 개에 이른다. 이때 호중구는 외부 침입자 바이러스를 집어삼킨 후 활성산소를 사용하여 병원균을 파괴시키고, 그다음 스스로 자살한다. 피부에 상처가 날 때 그 부위에 열감이 있다가 며칠 뒤 고름, 염증이 잔뜩 생기는 것은 감염 부위에 몰려든 수만 개의 탐식세포인 호중구가 침투한 병원균을 처리하고 스스로 자살하는 것이다. 그래서 며칠이 지나면 감염 부위 내 호중구 수는 급속히 줄어든다.

동물이든 사람이든 간에 급성 감염성 질환에 걸리게 되면 감염 초기에 심한 고열에 시달리고, 근육통으로 삭신이 쑤시기 시작한다. 몸에서 갑자기 고열이 발생한다는 것은 첫 번째 방어장벽을 지키는 선천면역세포들이 외부 침입자인 병원균과 장렬하게 싸우는 과정을 알리는 신호이다. 그래서 고열이 나면 '외부 침입자가 몸에 침투한 지 얼마 되지 않았구나!', '내 몸을 수호하는 전사인 탐식세포가 열심히 나를 위해 전쟁을 하고 있구나!' 하고 생각하면 된다. 보다 구체적으로 설명하면, 탐식세포가 외부 침입자, 즉 바이러스가 무단 침입한 것을 알아차린다. 그리고 이들을 먹어치우는 과정에서 파괴시킨 바이러스 조각을 표면에 내걸어 후방지원 면역세포, 특히 헬퍼T세포에 이물질의 정체에 대한 정보를 제공한다. 이때 면역세포는 더 많은 면역세포들을 끌어들이기 위하여 인터류킨(면역세포가 분비하는 단백질이고 면역세포를 호출하는 기능을 하는 사이토카인이라는 면역물질)을 분비한다. 이때 분비되는 인터류킨은 뇌의 체온조절 중추를 자극하여 몸에 열이 발생하도록 만든다. 그래서 고열이 발생한다. 인플루엔자 바이러스에 감염되어 감염 부위에서 증식하기 시작할 때, 수만 개의 탐식세포들이 집중적으로 달라붙어 사이토카인을 분비하기 때문에 몇 시부터 고열이 나타났는지 환자 본인도 또렷이 기억할 정도가 된다.

신종 바이러스에 의한 급성 감염이 일어나는 경우, 간혹 엄청나게 쏟아지는 바이러스를 감당하려고 탐식세포들이 무리하게 몰려들 때가 있다. 이때 세포가 내뿜는 활성산소는 숙주 조직을 손상시키고, 사이토카인을 엄청나게 분비한다. 그 신호를 받고 달려온 2차 면역세포, 특히 T세포가 감염세포를 마구 죽이는 사태가 벌어져 숙주 조직에 과도한 염증을 유발하게 되고 심할 경우 숙주 생명을 위협할 수 있다. 일명 '사이토카인 폭풍' 효과다. 이 사이토카인 폭풍 효과는 면역 기능이 왕성한 젊은층에서 보다 자주 일어난다.

항체를 이용한 혈장치료 요법

2013년 개봉된 영화 〈감기〉에서 치명적인 변종 독감이 한국의 한 도시를 강타하여 죽음의 공포로 몰아가고 있을 때, 이를 해결할 수 있는 유일한 긴급 처방 무기는 독감 완치 환자의 혈액이었다. 영화에서는 그 혈액을 찾는 데에 혈안이 되었고 변종 독감에서 완치된 여 주인공의 딸의 혈액을 이용하여 문제를 해결한다는 것이 핵심이었다. 소위 '혈장치료 요법'이다. 2015년 6월, 메르스가 한국을 강타했을 때, 메르스 완치

환자로부터 채혈하여 얻은 혈장을 가지고 메르스 감염 환자를 치료하는, 영화에서나 있을 법한 일이 실제로 있었다. 사실 이 요법은 백신이나 치료제가 없는, 치명적인 신종 바이러스의 경우에 환자를 살리기 위하여 긴급 처방으로 종종 시도되곤 한다. 2014년 서아프리카에서 에볼라가 창궐할 때, 에볼라에 감염된 미국인 의사를 치료하기 위해 혈장치료 요법을 긴급 처방하여 목숨을 건진 사례도 있다.

사실 이러한 혈장치료 요법은 이미 100여 년 전, 바이러스 배양기술이 없어 백신을 생산하지 못하던 시절에 전염병에 걸린 가축을 치료하는 목적으로 적용하던 고전적인 치료방법이다. 이러한 혈장치료 요법의 핵심은 완치된 환자의 혈액의 혈장 성분에 들어있는 '항체'를 이용하는 것이다. 항체는 바이러스A에 감염된 후 면역세포가 바이러스A를 표적으로 제거하기 위해 생산한, 군대 용어로 '요격 미사일'에 해당하는 맞춤형 면역물질이다.

앞에서도 잠시 언급한 바와 같이, 만들어진 항체는 특정 침입자에 대해서만 대응하는 1:1 맞춤형 면역물질이다. 쉽게 말해 메르스 항체는 메르스 바이러스만 오로지 공격하여 제거한다. 우리는 살아가는 동안 엄청나게 많은 종류의 이물질의 공격을 받으며 살아간다. 단지 병원균뿐 아니다. 그 종류가 수억에서 수십억 개에 달할 수 있다. 그러나 항체를 생산하는 B세포는 각종 이물질을 일일이 식별해낼 수 있는 어마어마한 능력을 가지고 있다. 우리 인간 생명체는 무려 1조 개에 달하는 이물질에 대응하는 일대일 맞춤형 항체를 만들어낼 수 있다고 한다. 비유해서 설명하자면, B세포가 만들어내는 항체로 지구상에 살고 있는 77억 명의 사람 개개인을 모두 찾아 식별해서 찾아낼 수 있을 만큼의 완벽한 능력이다. 그래서 우리가 전혀 눈치 채지 못하는 사이에도, 항체가 매일 수천 개의 잠재적인 병원체를 격퇴하고 있어 건강하게 살아가고 있는 것이다. 이런 것을 보면, 생명의 신비는 너무나 경이롭다.

바이러스 중 일부는 숙주의 면역세포들을 기습적으로 점령하여 숙주 면역체계에 혼란을 일으켜 숙주 면역 능력을 저하시키는 영리한 전술을 구사하기도 한다. 양돈산업에서 큰 피해를 입히는 돼지 생식기 호흡기 증후군Porcine Reproductive and Respiratory Syndrome, PRRS 바이러스는 허파 탐식세포 안으로 침투해서 증식한다. 그렇게 되면 바이러스는 돼지의 면역체계에 발각되지 않고 증식할 수 있다. 그뿐 아니라 탐식세포 안에서 증식을 하면서 탐식세포가 제 기능을 하지 못하도록 만든다. 즉 바이러스를 청소하는 탐식세포 안에 들어있기 때문에, 돼지 몸속에 돌아다니는 바이러스를 청소하는 역할은 없어져 버린다. 이로 인해 각종 병원균 감염에 속수무책인 상황으로 변한다. 사람에게 에이즈를 일으키는 HIV의 경우 면역세포의 총사령관격인 헬퍼T세포에 달라붙어 그 속에서 바이러스가 증식하는 전술을 구사한다. 그러면 면역체계 총사령관인 헬퍼T세포가 제 역할을 할 수 없다. 헬퍼T세포가 파괴되어 면역체계가 붕괴되면 어떤 일이 벌어질지 생각해보라. 일단 헬퍼T세포가 활동을 멈추면 살상T세포가 움직이지 않는다. 즉 감염세포를 처리하는 세포가 사라져 버린다. 헬퍼T세포의 명령에 따라 움직이는 B세포(플라스마 세포)는 더 이상 항체를 생산할 수 없다. 그래서 다른 병원균이 숙주에 침투하더라도 무기력하게 당할 수밖에 없는 상황을 만들어 버린다. HIV는 너무 영악하고 끔찍한 바이러스이다.

종간 장벽을 넘지 못하는

30대 중반, 프랑스 파리에 있는 식품위생 관련 국립연구소에 파견되어 연구생활을 하고 있을 때였다. 거기에 근무하는 한 연구원이 채소에서 사람에게 위해가 되는 바이러스를 검출하는 연구 프로젝트를 가지고 대형 연구비를 수주했다. 당시 유전자 증폭장치 같은 최첨단 연구 장비를 구입하는 등 그의 기세는 하늘을 찔렀다. 아니 그런데 채소에서 사람 바이러스를? 이게 무슨 황당한 일인가? 그가 착안한 연구 내용은 채소의 식물 바이러스가 아니었다. 사람 바이러스가 채소에서 자라는 것도 아니었다. 채소를 씻을 때 사용하는 물에 들어있는 수인성 바이러스가 채소에 묻을 수 있고, 그것을 검출할 수 있는 검사방법을 개발하는 연구 프로젝트였다. 당시 필자는 도저히 상상하지 못한 참 기발한 아이디어라는 생각에 손뼉을 쳤다.

바이러스가 아무 생명체에서나 서식할 수 있다면 어떤 일이 벌어질까? 우리가 숨 쉬는 공기 중에도 엄청난 수의 바이러스들이 돌아다니고 있을 것이다. 물속에도 많은 수의 바이러스가 들어있어서 우리가 마음대로 물도 먹을 수 없을 것이다. 만약 그렇다면, 지구상의 생명의 질서는 상상하기 어려울 것이다. 그럼에도 불구하고 우리는 건강하게 살아간다. 그것은 바이러스가 아무 숙주에서나 증식하는 것이 아니라 자신들이 살아가고 증식하는 고유한 서식처를 가지고 있어서 서식 영역이 제한되어 있기 때문이다. 인간은 바이러스 입장에서 보면 세균에서 동식물까지 지구상에 존재하는 엄청난 숙주 영역 중 단 하나의 서식처에 불과하다. 사람에게 감염되어 병을 유발하는 바이러스종의 수는 기껏해야 0.1%도 되지 않는다. 바이러스 서식처는 어떻게 보장받는 것일까?

동물 바이러스라 하더라도, 모든 동물과 사람이 다 감염될 수 있는 것은 아니다. 종간 장벽이 있기 때문이다. 우리가 살고 있는 집들은 도둑이 무단 침입하지 못하도록 집집마다 현관문에 고유한 자물쇠를 설치한다. 일단 현관문 열쇠를 가진 주인이나 가족만이 자물쇠를 열고 그 집으로 들어갈 수 있다. 세포에 감염되는 바이러스도 마찬가지이다. 동물종마다 세포 표면에 고유한 현관문을 가지고 있다. 보다 구체적으로, 바이러스가 열고 들어갈 수 있는 현관문 자물쇠(세포 수용체) 구조가 각각 다르다. 그 문은 항상 닫혀있어서 아무나 함부로 들여보내지 않는다. 각 현관문 자물쇠에 맞는 열쇠(세포수용체 결합 부위)를 가지고 있어야 현관문을 열고 주거지(세포) 안으로 들어갈 수 있다.

모든 동물종의 세포 현관문을 열 수 있는 만능열쇠를 가진 바이러스는 이 세상에 존재하지 않는다. 식물에 서식하는 바이러스가 동물에 감염되는 경우도 없다. 동물세포 현관문 자물쇠 구조가 식물세포 현관문 자물쇠 구조와 너무 다르기 때문이다. 심지어 동물 바이러스라도 상당수 바이러스는 특정한 동물종에서만 정착해 서식하기 때문에 다른 동물종에서는 감염 자체가 되지 않는다. 반려견이 개 파보 바이러스Canine parvo virus에 걸리더라도, 그 주인은 전혀 문제가 없는 것이 바로 그런 이치 때문이다.

일부 바이러스의 경우 근연관계가 가까운 동물종 간 현관문 자물쇠 구조가 유사하여, 이 동물종의 세포 현관문을 열고 들어갈 수 있는 열쇠를 가지고 있다. 영장류 동물이 가진 바이러스들 중 사람에게 위해를 가할 수 있는 바이러스들이 많은 것도 이 같은 이유 때문이다. 여러 동물종을 드나들 수 있는 열쇠를 가진 바이러스는 우리가 살고 있는 세상에 그리 어렵지 않게 존재한다. 특히 모기가 피를 빨아먹는 과정에서 옮기는 바이러스들 중 이런 바이러스들이 많이 있다. 예를 들면, 일본뇌염(조류, 돼지, 말, 사람 등), 웨스트나일뇌염(조류, 사람, 말 등), 뎅기열(영장류, 사람 등) 등이 그런 부류에 속한다. 사람과 동물이 모두 감염될 수 있는 인수공통감염병도 그런 부류에 속한다. 구제역 바이러스의 경우, 발굽이 두 개로 갈라진 동물(소, 돼지, 낙타, 염소 등)의 세포 현관문 자물쇠를 열 수 있는 열쇠를 가지고 있어서, 이 동물들은 구제역에 걸릴 수 있다.

바이러스가 열어젖힐 수 있는 세포 현관문이 숙주 몸 안에 골고루 분포하고 있는 것은 아니다. 노로 바이러스에 걸려 식중독을 앓는 이유는 이 바이러스가 가진 열쇠로 열 수 있는 세포 현관문이 주로 창자세포에 분포하고 있어, 창자에 있는 세포들을 서식처로 삼기 때문이다. 마찬가지로 감기 바이러스는 상기도와 코 점막에 있는 세포들을 서식처로 삼는다. 그래서 환절기 감기 바이러스에 걸리면 면역작용의 일환으로 콧물,

재채기 등이 나오는 것이다. 환절기 코감기라도 걸려 맑은 콧물이 흐르면 감기 바이러스가 코 안 점막에서 열심히 증식하고 있다는 표시이다. 그리고 며칠 지나서 끈끈하고 누런 콧물로 바뀌면 이제는 바이러스와 전쟁을 마친 면역세포들이 수고했다고 위로해주는 증상인 것이다. 아는 것도 병이다.

04

반갑지 않은 바이러스의 습격

바이러스와 숙주의 위험한 공생

2000년대 중반, 스티븐 스필버그 감독, 톰 크루즈 주연의 공상과학영화 〈우주전쟁〉이 상영된 적이 있다. 첨단 트라이포트트로 무장한 외계인들이 계획적으로 지구를 침공하여 인류를 파멸 직전까지 몰고 가지만, 궁극적으로 지구 대기 중에 떠다니는 한낱 사소해 보이는 미생물에 감염되어 맥없이 죽어간다는 게 영화 줄거리이다.

어찌 보면 영화의 흐름이 긴장감이 있게 진행되다가 막바지에 가서 한낱 대기 중에 떠다니는 미생물에 의해 허무하게 무너지는 외계인이 다소 황당해 보이기까지 하였다. 그러나 생물학적 관점에서 보면 지구 생명체와 전혀 다른 생명체에게 미생물이 감염될 수 있을까 하는 의구심이 없는 것은 아니지만, 한편으로 보면 일면 개연성이 충분히 있어 보인다.

실제로 인류 역사에서 전쟁을 통하여, 또는 미지의 세계를 개척하는 과정에서, 그동안 부닥치지 않았던 신종 전염병이라는 복병을 만나 큰 곤욕을 치루는 사례들이 비일비재하게 발생하곤 했다.

1500년대 초, 스페인군에 의해 유럽의 천연두가 아메리카 신대륙에 전파되었다. 그 당시 5,000만 내지 1억 명으로 추산되던 아메리카 대륙 원주민 90%가 사망하는 참혹한 재앙이 벌어져 아즈텍 문명과 마야 문명의 몰락을 초래했다. 또 유럽 열강이 아프리카에 식량 전초기지를 개척하면서 아시아에서 들여온 소로 인해 아프리카에 '우역'이 퍼지면서 19세기에 수천만 마리의 소와 물소를 떼죽음으로 몰아넣었다. 제1차 세계대전 때는 미군 참전으로 미국에서 출현한 스페인 독감이 유럽을 시작으로 전 세계로 퍼져 최대 5,000만 명이 사망하는 참사가 벌어지기도 했다. 남의 나라 이야기가 아니더라도 1950년 한국 전쟁 당시 참전한 미군 3,000여 명을 감염시켜 수백 명의 목숨을 앗아간 한국의 토종 한타 바이러스도 그러한 사례에 속한다.

바이러스와 숙주 사이에 다양한 관계가 존재한다. 자연숙주와 바이러스는 일반적으로 서로에게 위협이 되지 않는 방향으로 공생한다. 반면에 낯선 숙주와 부닥치면 바이러스는 일전의 혈투를 벌여야 한다. 대개 낯선 숙주가 일방적으로 이기지만 반대인 경우 숙주는 생명 자체가 위태로운 상황까지 몰린다. 이러한 관계가 발전하여, 자연 생태계에서 숙주와 기생 바이러스 사이에 서로 능동적으로 보호해주는 공생관계를 형성하기도 한다.

남미 열대우림 지역에 사는 다람쥐원숭이는 태어나자마자 헤르페스 바이러스에 감염되어 아무런 병증을 나타내지 않고 바이러스를 보균하며 살아간다. 그러나 명주원숭이 등 다른 종의 원숭이에게 이 헤르페스 바이러스는 치명적인 암을 일으킨다. 그래서 명주원숭이가 다람쥐원숭이의 서식 구역을 침범하게 되면, 다람쥐원숭이와 싸우는 과정에서 헤르페스 바이러스에 쉽게 걸리게 된다. 감염된 명주원숭이는 단 수주 이내에 급성 암이 발병하여 죽음에 이른다. 이와 같은 방법으로, 헤르페스 바이러스는 명주원숭이로부터 다람쥐원숭이를 보호한다.

프랭크 라이언Frank Ryan은 이러한 능동적 공생관계를 '공격적 공생aggressive symbiosis'이라고 규정했다. 앞에서 기술한 바와 같이, 공상과학영화 〈우주전쟁〉은 공격적 공생관계를 잘 설명해준다. 지구에 사는 생명체들은 대기 중에 떠다니는 미생물들과의 공생관계를 유지한다. 그래서 대기 중 미생물에 노출되더라도 아무런 피해를 받지 않고 살아가게 된다. 그러나 지구의 대기에 존재하는 미생물의 입장에서 외계인은 지구라는 자신의 공생 구역을 침범한 정복자에 불과하다. 아마도 다람쥐원숭이 구역을 침범한 명주원숭이처럼, 영화 〈우주전쟁〉에서 외계인은 보잘 것 없어 보이는 지구의 보이지 않는 미생물에 의해 비참한 최후를 맞게 된 것이다.

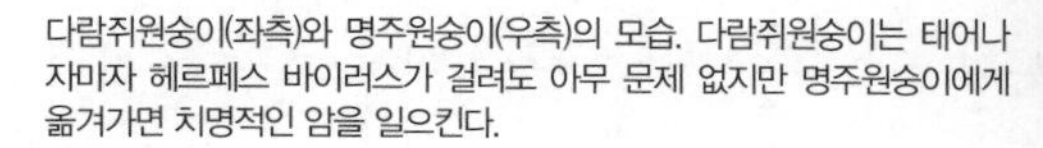

다람쥐원숭이(좌측)와 명주원숭이(우측)의 모습. 다람쥐원숭이는 태어나자마자 헤르페스 바이러스가 걸려도 아무 문제 없지만 명주원숭이에게 옮겨가면 치명적인 암을 일으킨다.

2014년 서아프리카에서 발생한 에볼라 바이러스의 경우 인간은 어쩌면 공격적 공생관계의 희생양인지 모른다. 에볼라 바이러스는 원래 아프리카 밀림에 사는 과일박쥐와의 공격적 공생관계를 맺고 있다. 그래서 과일박쥐의 영역을 침탈한 침팬지나 벌목, 사냥, 광산 채굴 등으로 영역을 앗아가는 인간들은 과일박쥐가 보균하고 있는 치명적인 에볼라 바이러스에 노출되어 속수무책으로 그 대가를 치루고 있는지도 모른다. 세상에 공짜는 없는 법이다.

담대한 도전

우리는 수백만 년 전부터 지구라는 공간에서 살고 있다. 처음에는 아프리카 밀림에서 살았고, 그 후 인류의 서식처는 지구 곳곳으로 퍼져 나갔다. 인류는 직립보행 후 걸어 다니기 시작하다가 말, 낙타 등 동물을 이용해서 보다 멀리까지 이동하기 시작했다. 지역사회를 이루면서 수레나 마차를 발명하여 움직였고, 배를 만들어 바다를 건너서 보다 더 멀리 갈 수 있게 되었다. 그 이후 자동차, 여객선, 비행기를 발명해서 지구 곳곳을 누비고 다니게 되었다. 인간의 욕망은 끝도 없어서 이제는 지구라는 인류의 서식처를 벗어나 달이나 화성 등을 둘러보는 시대에 들어서고 있다. 그러나 인류만이 담대한 도전을 통해 자신의 서식공간을 지속적으로 확장해온 것은 아니다. 자연계에 서식하는 바이러스도 마찬가지다. 자신들에게 보장된 서식공간에만 머물지 않는다. 바이러스라는 존재가 처음 출현했을 때에는, 아마도 단세포 생물체를 서식처로 삼았을 것이다. 단세포 생물체가 다세포 원시생물체로 진화하면서 다시 수많은 식물과 동물로 진화하게 된다. 바이러스도 최초의 원시 생물체에서만 머무르지 않고 원시생명체 진화와 보조를 같이하여, 일부 바이러스는 이 진화하는 생명체를 따라 이동했을 것이다. 아메바와 같은 단세포 원시생명체에서 서식하고 있던 수백 개의 유전자를 가지고 있는 바이러스가 다른 다세포 생명체로 따라가서 적응했다. 그동안 불필요한 유전자는 버리고 다세포 생명체의 기능을 빌리면서 지속적으로 몸집을 줄여나가 오늘날 수십 개 이하의 유전자를 가진 납작한 바이러스로 진화해 나갔다. 그래서 지구에 존재하는 바이러스는 모든 생명체를 서식처로 선점하고, 종간 장벽을 치며 자신만의 서식처를 가지게 되었을 것이다. 그럼에도 불구하고 여전히 바이러스는 진화 중이다.

그 결과로, 자연계에 존재하는 바이러스는 그들만의 서식처를 구축한다. 예를 들면 세균에 서식하는 박테리오파지, 담배 식물에 서식하는 담배 모자이크 바이러스, 동물에게 서식하는 구제역 바이러스, 그리고 사람에게 서식하는 감기 바이러스 등이다. 바이러스의 입장에서 보면 이러한 숙주를 자연숙주라고 말한다. 이들 바이러스 등은 고유의 서식처를 확보하고 그 안에서 종족을 보존한다. 생태계 개념에서 보면 자연숙주는 고유한 바이러스를 담아놓은 일종의 생태계 저수지Natural reservoir이다.

서로 다른 동물종 간에 빈번한 접촉을 하는 환경적인 여건이 조성될 경우, 마치 저수지(자연숙주)에 담아놓은 물(바이러스)이 흘러넘쳐 인근 농작물(다른 숙주)에 피해를 입히듯, 바이러스는 자신의 자연숙주를 버리고 호시탐탐 다른 숙주의 영역을 탐한다. 이와 같이 종간 장벽을 넘어 새로운 숙주로 전이하는 것을 앞에서 소개했듯이 '스필오버'라고 한다. 특히 사람에게 넘어오면 '신종 바이러스'로서 단연 주목을 받게 될 것이다. 그러나 저수지를 흘러넘친 물로 인한 피해가 인간의 노력에 의해 곧바로 복구되는 것처럼, 이러한 바이러스의 담대한 도전은 대개 실패의 쓴맛을 본다. 대부분 일시적이다. 사스 바이러스, 니파 바이러스, 에볼라 바이러스 등 신종 바이러스가 잠시 인간 세상에 모습을 드러냈으나, 곧바로 인간의 노력에 의해 종적을 감춘 것이 대표적이다. 종간 장벽을 허문다는 것이 결코 만만치 않기 때문이다.

바이러스가 종간 장벽을 허물어 스필오버하는 데 성공할 확률은 매우 낮지만, 일단 새로운 숙주로 정착하는 데 성공하면, 영역을 넓히게 될 것이다. 2009년 신종플루가 동물로부터 사람으로 넘어가 정착을 하여, 사람의 계절 독감 바이러스 중 하나로 분류되고 있는 것이라든가, HIV가 침팬지로부터 사람으로 넘어와 정착한 것도 그 대표적인 사례라 볼 수 있다. 사실, 사람 바이러스 중에도 홍역 바이러스 등 상당수는 수천 년 전 과거 인류가 진화하고, 인류 집단이 번성을 거듭하는 동안 동물로부터 넘어와 정착하여 오늘날에 이르기도 했다.

바이러스가 숙주 영역을 확장하는 사례가 단지 사람에게만 나타나는 현상은 아니다. 양돈산업에 심한 피해를 입히는 돼지 생식기 호흡기 증후군 바이러스의 경우, 지금으로부터 약 100여 년 전, 들쥐의 아르테리 바이러스Arteri virus가 야생돼지로 넘어와 토착 바이러스로 정착했다. 그 후 야생돼지 바이러스는 다시 1980년대 중반 미국과 유럽에서 양돈장 돼지로 확산되면서 양돈산업에 경제적 피해를 입혔다.

사람 바이러스가 동물에게 감염되어 피해를 주는 경우도 있다. 이런 경우를 역인수공통감염병Reverse zoonosis이라고 부른다. 2009년 이른 봄, 시카고의 한 동물원에 있는 9살 침팬지가 호흡기 질환을 시름시름 앓다 죽는 사건이 벌어졌다. 침팬지를 죽인 범인은 특히 사람, 특히 어린아이에게서 감기를 일으키는 바이러스 중 하나인 메타뉴모 바이러스Metapneumo virus였다. 사람 인플루엔자 바이러스는 돼지도 쉽게 걸린다. 만약 양돈장 인부가 독감에 걸린 경우 밀접한 접촉을 통하여 돼지도 인플루엔자에 걸릴 수 있는 위험은 도사리고 있다. 이렇듯 바이러스에 숙주 동물은 하나의 서식처다. 바이러스는 숙주의 영역에 차등을 두지 않는다.

바이러스의 진격

바이러스가 기존의 자연숙주 영역을 벗어나 종간 장벽을 극복하고 새로운 숙주로 뛰어넘기 위해서는, 앞에서 언급한 바와 같이 바이러스가 가진 열쇠인 세포 수용체 결합 부위가 숙주세포 현관문에 있는 자물쇠인 수용체 구조에 딱 들어맞아야 한다. 만약 실수로 집 열쇠를 잃어 버려서 현관문을 열고 들어갈 수 없는 난처한 상황에 처했다고 가정해보자. 집에 들어가기 위해서 무슨 일을 해야 할까? 우선, 철사 같은 주변에서 구할 수 있는 물건을 찾아서 집 열쇠와 유사한 구조물을 만든 다음, 현관문 자물쇠를 열려고 노력할 것이다. 그 상황이 생각보다 여의치 않을 경우에는, 열쇠 수리공에게 달려가서 현관문을 열 수 있는 새로운 열쇠를 맞추어야 할 것이다. 이와 같은 유사한 상황이 바이러스가 자연숙주를 떠나 새로운 숙주로 전이할 때 일어난다.

물론 자연숙주의 세포에서 사용하던 열쇠로 바로 열 수 있는 세포 현관문을 새로운 숙주도 가지고 있다면, 쉽게 종간 장벽을 넘어설 수 있을 것이다. 에볼라 바이러스, 니파 바이러스 등 일부 신종 바이러스는 이와 같은 직접적인 방식으로 인간에게 출현했다. 그러나 일반적으로 그리 흔한 경우는 아니다. 쉽지는 않은 일이지만, 바이러스가 종간 장벽을 넘어 새로운 숙주세포 안으로 들어가기 위해서 여러 가지 전략을 구사한다. 신종 바이러스가 출현했을 때 현관문이 무엇인지, 바이러스 열쇠가 무엇인지 정체를 밝히는 것은 매우 중요한 연구 대상 중 하나이다. 왜냐하면 그 구조물의 정체를 알게 되면, 야생세계에 존재하는 바이러스 탐험을

숙주 동물 세포와 바이러스 간 결합 시

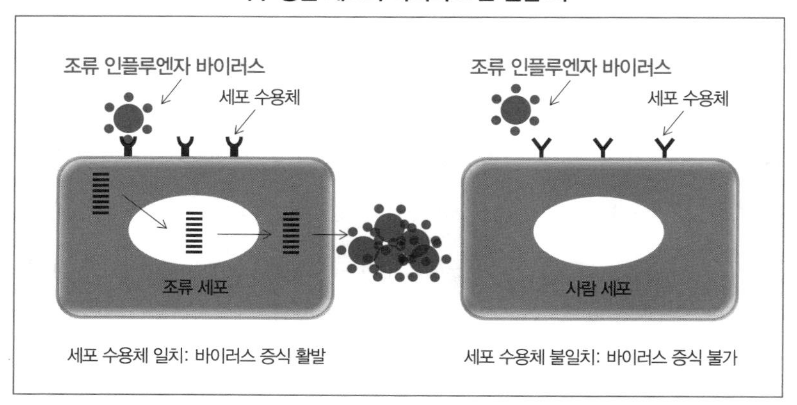

숙주 동물 세포와 바이러스 간 결합은 열쇠와 자물쇠 같다. 세포 수용체는 동물종마다 고유한 구조를 가지고 있어서, 숙주 아닌 동물에서는 종간 장벽으로 작용한다.

통해서 미래에 출현할 수도 있는 잠재적인 신종 바이러스를 예측할 수 있기 때문이다. 특히 유사한 그룹의 바이러스 후보군들을 탐색하여 바이러스가 사람들 사이에 출현할 수 있는 가능성과 위험성을 예측하고, 이에 대비하는 데 중요한 정보를 제공한다.

만약 원래 서식하던 자연숙주의 세포 현관문과 유사한 자물쇠 구조를 가진 새로운 숙주라면, 바이러스는 그 숙주에 서식하기 위해 '돌연변이'의 과정을 거쳐 입자 표면 단백질에 있는 열쇠 구조를 변형시킬 것이다. 그래서 새로운 숙주의 세포 현관문을 열 수 있도록 하는 작업을 할 것이다. 오늘날 신종 바이러스의 대부분은 새로운 숙주와의 잦은 접촉 과정에서 수많은 돌연변이 시행착오를 거쳐, 새로운 숙주에 정착하는 데 성공했다. 일반적으로 그러한 스필오버 과정은 바이러스 입자 표면 단백질에 있는 열쇠 구조를 바꾸기 위하여 몇 개의 핵심 아미노산을 교체하면 된다. 그 아미노산이 현관문 자물쇠에 맞는 열쇠 구조를 형성하는 데 결정적 역할을 하기 때문이다.

메르스 바이러스를 예로 들어 보자. 이 바이러스는 대부분의 숙주세포 표면에 있는 디펩티딜 펩티다아제4Dipeptidyl Peptidase-4, DPP4라는 세포 수용체가 세포 현관문 역할을 하는 것으로 알려져 있다. 그러나 박쥐와 사람의 세포 현관문 자물쇠DPP4 구조가 서로 달라서, 박쥐 바이러스가 사람 세포 속으로 들어갈 수 없다. 따라서 박쥐 바이러스가 사람에 감염되기 위해서는 바이러스 열쇠 구조를 사람 세포 수용체 구조에 맞게 변형시켜야 한다. 2015년 미네소타대학 팡 리Fang Li 교수 연구팀은 메르스 바이러스가 박쥐로부터 사람으로 전이되는 과정을 밝힐 수 있는 결정적 단서를 발견했다. 연구팀에 따르면 박쥐 코로나 바이러스가 사람에게 전이되어 메르스 바이러스로 탄생할 때, 바이러스 입자 표면 단백질S에 존재하는 단 두 개의 아미노산이 사람 세포 현관문을 열 수 있는 열쇠의 핵심 구조를 이룬다는 사실이 밝혀졌다. 바이러스의 S단백질의 746번째 세린Serine과 762번째 아스파라긴Asparagine 아미노산이 그 핵심 열쇠 부위로, 이 부위가 각각 아르기닌Arginine과 알라닌Alanine으로 바뀌면 사람에게 감염될 수 있는 바이러스로 갑자기 돌변할 수 있다. 아마도 이 부위의 아미노산이 박쥐에게서 낙타로 바이러스가 넘어가는 과정에서 돌연변이가 발생했을 가능성이 조심스럽게 점쳐지고 있다. 그러나 어떤 환경에서 어떻게 돌연변이가 이뤄졌는지는 여전히 밝혀야 할 숙제이다.

바이러스가 원래의 자연숙주를 버리고 새로운 숙주를 찾을 때 신종 바이러스가 탄생하는 것만은 아니다. 일부 바이러스는 자신의 숙주를 바꾸지 않고, 서식처 장기 부위만 바꿔 새로운 병증을 유발하는 신종 바이러스로 둔갑하는 경우도 간혹 발생한다. 1986년경 유럽 벨기에와 프랑스 양돈장에 이상한 호흡기 괴질이 돌기 시작했다. 다행히도 괴질이 걸린 돼지는 기침을 했지만 돼지가 심각한 병증을 유발하지는 않았다. 흥미롭게도 이 호흡기 괴질에 걸린 돼지는 심한 설사병을 앓는 돼지 전염성 위장염에 걸리지 않았다. 분명 돼지 괴질과 돼지 전염성 위장염 바이러스Transmissible Gastroenteritis virus, TGE 사이에는 유사한 항원 구조를 가지고 있음이 분명해 보였다. 그 정체는 곧바로 밝혀졌다. 코로나 바이러스인 돼지 코로나 호흡기 바이러스Porcine Respiratory Corona Virus, PRCV였다. 이 신종 바이러스는 양돈장 돼지가 심한 설사를 일으키게 하는 돼지 전염성 위장염 바이러스의 변종 바이러스였다. 돼지 전염성 위장염 바이러스의 표면 단백질S을 구성하는 아미노산의 약 27%가 떨어져 나가면서, 돼지의 창자에서 주로 서식하던 바이러스가 돼지 호흡기에 서식하는 바이러스로 돌변하면서 발생한 사례였다. 바이러스는 진화를 통해 지속적으로 진군한다.

바이러스의 특기, 타고난 유전자 조작기술

최근 유전공학기술이 발달하고, 유전자 정보를 해독하고 분석하는 기술이 발전함에 따라 바이러스 유전자를 자유자재로 조작할 수 있게 됐다. 이런 기술은 과거에는 상상하지 못했던 맞춤형 기능성 백신제품이나 치료제 개발을 가능하게 만들었다. 바이러스 유전자를 조작하는 기술은 사람의 탁월한 영역이라고 치부할지 모르나, 이 기술은 원래 바이러스가 본질적으로 가지고 있는 특기 중의 하나이다. 위에서 언급한 대로 유전자 돌연변이 기술도 그중 하나이다. 유전자 돌연변이 기술은 바이러스마다 정도의 차이는 있지만, 대부분의 바이러스들이 구사하는 유전자 조작 기술 중 하나이다. 유전자 돌연변이는 새로운 숙주의 현관문 자물쇠에 딱 들어맞는 열쇠 구조를 만드는 수단으로 사용한다. 그러나 대부분의 경우 HIV처럼 숙주의 면역체계를 교묘히 회피하는 변종 바이러스를 만드는 중요한 수단으로 사용한다. 또한 숙주 몸 안에서 바이러스 증식 성능을 높이거나, 숙주 집단 내 바이러스 전염 능력을 개선하여, 숙주에서의 생존 능력을 높이는 데 돌연변이 기술을 구사하기도 한다.

바이러스가 구사하는 최고의 유전자 조작기술은 서로 다른 두 유전자를 마구 뒤섞는 데에서 빛을 발한다. 유전자 뒤섞임 기술은 기존 바이러스와 다른 신종 바이러스를 만드는 것과, 바이러스의 생물학적 다양성을 확장시키는 데 중요한 토대가 된다. 그뿐 아니라 그 결과로 출현한 신종 바이러스는 숙주 면역체계가 제때 인지하지 못하게 만들고, 심지어 기존의 숙주 영역의 범위를 더욱더 확장시키는 데 유용하게 사용한다. 서로 다른 바이러스를 뒤섞을 수 있는 능력을 가진 '믹서기 동물'이 주변에 존재하는 경우, 바이러스의 유전자 재조합 능력은 더욱더 큰 힘을 발휘하게 된다.

유전자 뒤섞임 기술을 매우 탁월하게 구사하는 바이러스는 유전자를 여러 조각으로 가지고 있는 바이러스들이다. 대표적인 바이러스가 인플루엔자 바이러스이다. 인플루엔자 바이러스는 크게 A, B, C 세 가지 유형의 바이러스가 있다. 이 중 사람과 동물에게 제일 문제를 많이 일으키는 A형 인플루엔자 바이러스를 예로 들어보자. 이 바이러스의 게놈은 8종의 서로 다른 유전자 절편으로 구성되어 있다. 물론 이들 유전자 절편 각각은 바이러스 증식에 필요한 고유한 기능을 가지고 있어, 유전자 절편 중 어느 하나라도 없으면 바이러스 증식이 불가능하다. 그래서 이 바이러스 게놈 유전자 절편 각각은 세포 복제 기구를 사용하여 대량으로 복제를 한다. 그 후 복제된 유전자 절편 8종을 각각 하나씩 포장해서 포장용기인 바이러스 껍데기에 담아 후손 바이러스들이 대량으로 생산한다.

드문 일이지만, 한 동물에 서로 다른 두 인플루엔자 바이러스, 바이러스1과 바이러스2가 동시에 감염되는 상황을 설정해보자. 두 바이러스가 숙주의 상기도 세포에서 증식을 시작할 것이다. 이때 한 세포 안에 두 바이러스가 동시에 감염되는 상황도 드물지 않게 벌어진다. 이 경우, 바이러스1의 유전자 절편과 바이러스2 유전자 절편이 한 세포 안에서 한꺼번에 같이 복제되는 상황이 벌어질 것이다. 이렇게 되면, 바이러스1과 바이러스2 복제 유전자 절편 8종이 각각 따로 포장되는 것이 아니라, 두 바이러스의 유전자 절편 8종이 바이러스별로 서로 뒤섞여 바이러스 껍데기 속에 포장되는 현상이 벌어진다. 이렇게 만들어진 다양한 재조합의 신종 바이러스 중 생존 능력이 매우 우수한 재조합 신종 바이러스가 존

항원 대변이로 인한 신종 바이러스 탄생

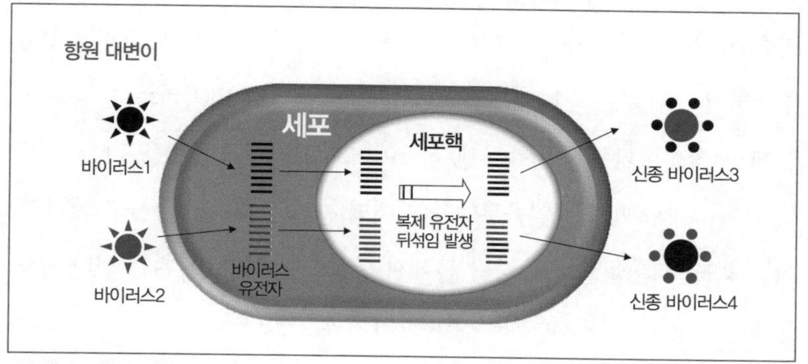

한 숙주 동물이 두 종류의 인플루엔자 바이러스에 동시 감염될 경우, 유전자 재조합에 의해 전혀 새로운 신종 인플루엔자 바이러스가 생성될 수 있다.

재하게 되면, 숙주 안의 다른 재조합이나 기존 바이러스를 압도하게 될 것이다. 이러한 재조합 현상은 여러 종의 조류 인플루엔자 바이러스들이 혼재하는 지역, 특히 중국과 동남아시아의 양계장에서 심심치 않게 발생한다.

일반적으로 조류 인플루엔자 바이러스는 사람이 감염되지 않고, 반대로 사람 인플루엔자 바이러스는 조류가 감염되지 않는다. 사람과 조류가 가진 세포 수용체 구조가 서로 다르기 때문이다. 그러나 돼지는 사람과 조류가 가진 세포 수용체 구조를 모두 가지고 있어서, 사람 바이러스와 조류 바이러스가 모두 감염될 수 있다. 그래서 만약 사람 바이러스와 조류 바이러스가 돼지 한 마리에 동시에 감염되는 상황이 벌어진다면, 위에서 언급한 것처럼 서로 다른 두 바이러스가 뒤섞인 재조합 신종 바이러스가 탄생할 수 있다. 돼지는 인플루엔자 바이러스 입장에서는 두 바이러스를 뒤섞어 재조합 바이러스를 탄생시키는 '믹서기 동물' 역할을 수행한다. 이렇게 탄생한 재조합 신종 인플루엔자 바이러스의 경우 사람에게 전염이 가능한 인플루엔자 바이러스로 탈바꿈할 수 있다. 과거의 인류 역사에서 발생한 인플루엔자 판데믹 사건은 믹서기 동물 안에서 이러한 재조합 과정을 거쳐 사람 몸에서의 증식 능력과 사람 간 전파 능력을 획득한 신종 인플루엔자 바이러스가 주범이었다.

이와 같은 바이러스 유전자 재조합 기술은 인플루엔자 전유물은 아니다. 바이러스 유전자 재조합은 대부분의 바이러스종에서 일어나고 있는 바이러스 진화의 한 단면이다. 신종 인플루엔자 바이러스 이외에도 신종 바이러스 상당수가 이러한 재조합 과정을 거쳐 나타났다. 우리가 잘 알고 있는 HIV(HIV 1형)의 경우에도, 사냥한 원숭이 고기 섭취 과정에서 큰흰코원숭이와 망가베이원숭이 각각이 보유하고 있는 두 종의 원숭이면역결핍 바이러스Simian Immunodeficiency Virus, SIV가 믹서기 동물 '침팬지' 몸에서 재조합되어 사람에게 전이되었다는 것이 유력한 정설이다. 최근 사스 바이러스도 중국관박쥐에 존재하는 서로 다른 박쥐 코로나 바이러스가 재조합을 일으켜 사람에게 전이되었다는 이론이 박쥐 바이러스 탐색조사 결과로 입증되기도 했다. 어쩌면 우리 인간이 바이러스의 유전자 조작기술을 인류의 유용한 목적을 위하여 벤치마킹하고 있는지도 모른다.

쉬어가는 페이지

영화 소재로 애용되는 '좀비 바이러스'의 실체는?

어릴 적 한여름 밤, 이불을 덮어쓰고 보았던 납량특집 드라마 '전설의 고향'은 소복을 입고 공중을 날아다니는 귀신을 보면서, 여름 더위마저 잊게 만드는 오싹한 정신적 피서 방법이었다. 어두운 밤, 시골길을 가다 묘지 옆 나무에 하얀 비닐을 보고 순간 소복 입은 귀신이 떠올라서, "걸음아 나 살려라" 하며 달린 기억이 있다. 시대적 분위기에 맞게 공포영화 주인공 귀신은 여고생 등 다양한 캐릭터로 변해왔다.

최근 공포영화에서 단골 소재로 등장하는 공포의 대상 중 하나가 '좀비(살아있는 시체)'다. 우리가 보아왔던 귀신이 '실체가 없는 영혼'이라면, 좀비는 '실체가 있는 귀신'이라고나 할까? 일반적으로 영화 주인공 좀비는 총에 맞아도 죽지 않고 집단으로 몰려다니면서 인간을 사냥하는 집단성을 보여준다. 과거에 드라마에서 보아왔던 귀신은 대개 특정 대상을 목표로 한다는 점에서 요즘과 다르다.

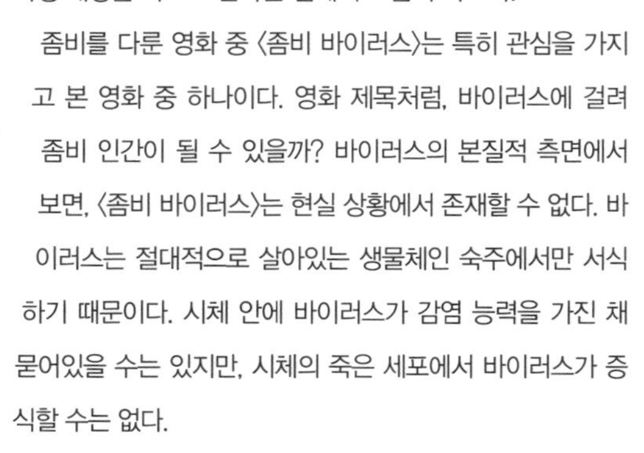

좀비를 다룬 영화 중 〈좀비 바이러스〉는 특히 관심을 가지고 본 영화 중 하나이다. 영화 제목처럼, 바이러스에 걸려 좀비 인간이 될 수 있을까? 바이러스의 본질적 측면에서 보면, 〈좀비 바이러스〉는 현실 상황에서 존재할 수 없다. 바이러스는 절대적으로 살아있는 생물체인 숙주에서만 서식하기 때문이다. 시체 안에 바이러스가 감염 능력을 가진 채 묻어있을 수는 있지만, 시체의 죽은 세포에서 바이러스가 증식할 수는 없다.

좀비는 시체이기는 한데, 영혼을 가지고 있다. 물론 영화이

기 때문에 가능할 것이다. 뇌사 상태와 같이, 살아있으되 영혼이 없을 수는 있다. 그러나 현실적으로 죽은 시체는 영혼이 남아있을까? 불가능하다. 영화에서 그리는 좀비는 영혼이 있다고는 하지만 이성적 판단이 결여된 상태인 동물 본능적 상태를 보여주고 있다. 그러므로 영화에 등장하는 좀비는 살아있으되 살아있는 것 같지 않은 인간의 모습이 투영된 것으로 볼 수 있을 것 같다. 그런 경우라면 좀비 바이러스는 존재할 수 있을 것이다.

영화에서 좀비는 대개 인간을 할퀴고 물어뜯는 신경 증상을 보인다. 이러한 병증은 신체 부위 중 뇌 부위 손상이나 뇌 기능 장애로 인해 나타난다. 즉 좀비 바이러스는 뇌 조직에 침투하여 증식하는 신경계 바이러스로 정의된다. 또한 좀비들은 어둠 속에서 활동을 왕성하게 개시한다. 일본뇌염, 공수병이나 광견병 등 사람과 동물에게 신경성 질병을 일으키는 바이러스들이 많다. 그중에서 좀비 감염 경로와 임상 증상 측면에서 볼 때, 가장 유사한 증상을 보이는 감염병은 공수병이다.

공수병은 개, 너구리 같은 감염동물에게 물리거나 할퀴을 당하는 등 피부 상처를 통해 걸리는 감염병이다. 일단 바이러스가 피부 상처를 통해 들어가면 신경 조직을 타고 뇌 조직 부위로 올라간다. 감염 부위에 따라 수주에서 수개월이 걸릴 수 있다. 공수병 환자나 광견병 발병 동물은 물어뜯기 등과 같은 공격적 행동을 보이고, 물을 삼키면 엄청난 목의 통증이 나타나기 때문에 물에 대한 공포감을 가지게 되며, 빛의 자극에 공포감도 가지고, 심한 경우 근육 경련과 같은 행동을 보인다. 사람이 공수병에 걸릴 경우 신속히 예방 백신접종을 받지 않으면 100% 사망에 이르게 되는 매우 끔찍한 감염병이다. 그러므로 개한테 물리면 무조건 예방접종 등 치료를 받아야 한다.

영화는 영화일 뿐이다. 그러나 영화를 통해 비춰지는 좀비는 어찌 보면 우리가 생각하는 대로 이상적인 삶을 살아가는 것이 아니라 바쁜 일상에 쫓겨 다람쥐 쳇바퀴 굴러가듯이 살아가는, 또 살아가기 위해 버둥거리며 생존경쟁에 내몰린 우리 대중들의 자화상을 투영한 것이 아닐까?

VIRUS

리스크가 현실이 되는 순간
재앙으로 발전한다.

– 울리히 벡 –

SHOCK

제4장

신종 전염병, 지구촌을 위협하다

01

여전히 위험한 화약고
신종 전염병 출현 위험 요소들

진범 찾기

2015년 가을, 국내에서 꽤나 큰 규모를 자랑하는 한 학술행사 국제심포지움에서 최근에 인간에게 출현한 '신종 바이러스'를 주제로 대중 강연을 한 적이 있었다. 그해 봄 시작된 메르스 사태가 완전히 종결되지 않은 시점이라 그런지 몰라도 관중들은 상당히 많은 관심을 보였다. 약 40분간에 걸친 강연이 끝나자마자 한 참석자가 질문을 했다.

"최근 사람에게 출현한 신종 바이러스 상당수가 야생동물에서 유래하고, 야생박쥐를 주범으로 지목하는 과학적 근거가 무엇입니까?"

신종 바이러스란 개념은 이미 알려진 바이러스와 대비되는 것으로, 자연계든 사람이든 과학자에 의해 최근에 처음 발견된 바이러스를 말한다. 따라서 신종 바이러스는 기존에 존재하고 있었지만 그 존재를 모르고 있었거나, 또는 바이러스 간 재조합 과정을 거쳐 새롭게 출현한 바이러스를 말한다. 또 사람이나 동물에게서 이전에 발견된 적이 없던 바이러스라도 그 바이러스가 발견된 시점이 최근이라는 것에 방점이 있다. 신종 바이러스는 지구촌 어디에선가 매년 발견되고 있다. 야생동물에게서 발견될 수도 있고, 가축에게서 발견될 수도 있고, 사람 집단에서 발견될 수도 있다. 심지어 식물이나 바다에서도 발견될 수도 있다. 그 신종 바이러스가 질병을 일으킬 수도 있고 그렇지 않을 수도 있다. 대부분의 일반인들은 사람에게 치명적인 전염병을 일으키는 신종 바이러스를 떠올린다. 공포의 대상이기 때문이다. 사람에게 치명적인 신종 바이러스는 그렇지 못한 신종 바이러스와 비교가 되지 않을 정도로 연구비 등 지원이 집중되므로, 과학자들에게도 매력적인 연구 대상이다.

어쨌든 강연 자체가 사람에게 치명적인 피해를 입혔던 신종 바이러스에 대한 것이었으니, 그 질문자는 사람에게 치명적인 피해를 입혔던 신종 바이러스의 기원에 대한 질문을 했다. 사실, 사람 집단에서 이미 유행하거나 존재했던 사람 바이러스 대부분은 오랜 기간 동안 연구 대상이었기 때문에 그 정체가 밝혀져 있다. 그래서 사람 신종 바이러스라 함은 대부분이 동물로부터 사람으로 새롭게 유입된 바이러스이다. 전문적 용어로 인수공통전염병 바이러스이다. 사스 바이러스나, 메르스 바이러스가 대표적인 사례라 할 수 있다. 이 바이러스들은 최초에 발견될 당시 그 이전에는 사람들 사이에서 존재한 적이 없는, 존재했다는 증거가 발견되지 않은 것들이다.

'이 바이러스가 어떤 동물로부터 사람으로 넘어왔는가?'라는 질문에 대한 대답을 찾고, 그 과정을 밝혀내는 일은 그러한 신종 바이러스가 사람들 앞에 다시 출현하는 것을 차단하는 예방조치를 취하는 데 있어서 매우 중요하다. 만약 여러분에게 신종 바이러스를 가지고 있는 동물을 찾는 임무가 주어진다면, 어떻게 조사해서 그 진범을 찾아내겠는가? 오랜 기간 사람들과 빈번하게 접촉해온 가축은 일단 일차적으로 그 용의선상에서 빠지게 된다. 가축이 진범이라면 오랫동안 사람과 빈번하게 접촉했던 터라 오래전에 사람들 사이에 출현했어야 하기 때문이다.

신종 바이러스를 퍼트린 범인은 신종 바이러스가 출현했던 지역 주변에 머물러 있기 마련이다. 그 진범은 그 바이러스를 가지고 있어도 어떤 병증도 나타내지 않았을 것이다. 오랜 기간 그 바이러스와 공존했던 자연숙주이기 때문이다. 그래서 첫 발생지 주변 지역을 중심으로 서식하고 있는 각종 야생동물들을 용의선상에 올려놓고 조사에 들어간다. 이 과정에서 수백 내지 수천 마리의 야생동물을 포획해서 혈액이나 오줌, 분변, 타액 등을 채취하고 일일이 어느 동물이 진범인지 조사해야 한다. 그렇게 하는 데에는 많은 시간과 노력이 투입된다. 최초 환자와 접촉 가능한 야생동물종들을 분류해서 조사하고, 조사 대상 동물들 중 바이러스를 가지고 있는 동물종에서 그 증거를 확보하는 일이 우선이 된다. 만약 특정 야생동물 집단에서 항체가 다수 검출된다면, 자연숙주로 지목될 가능성이 상당히 높아진다. 일단 진범 용의자로 지목되면, 그 야생동물 집단에 대한 대대적인 바이러스 검사가 들어가게 된다. 그래서 신종 바이러스로 의심되는 병원균이 발견된다면 신종 바이러스 기원 동물로서 유력하게 인정받게 된다.

과거에 유사 신종 바이러스로 출현하여 진범이 밝혀져 있는 경우에는, 야생동물 중 용의선상에 오를 진범 용의자들을 압축하는 데 결정적인 힌트를 제공해주기도 한다. 유사한 동물종이 진범일 확률이 높기 때문이다. 1994년 호주 경주마와 조련사에게 치명적인 피해를 입힌 헨드라 바이러스의 경우, 수년간 수십 종의 야생조류종을 모두 조사한 후에야 겨우 '과일박쥐'라는 진범을 찾아낼 수 있었다. 그러나 1998년 말레이시아 양돈장에 출현한 니파 바이러스가 헨드라 바이러스와 유사한 사촌 바이러스라는 사실이 밝혀졌을 때, '과일박쥐'를 유력한 용의선상에 바로 올려놓아 진범인 '과일박쥐종'을 쉽게 찾아낼 수 있었다.

중국에서 출현했던 사스 바이러스의 경우도 마찬가지다. 처음에는 사스 바이러스를 사람에게 퍼트린 범인이 사향고양이인 줄 알고 제거하는 소동이 벌어지기도 했다. 수년에 걸쳐 발생 지역 주변 가축이나 야생동물을 조사한 후에야 유력한 진범인 '중국관박쥐'를 찾아냈다. 그 후 중동 지역에서 메르스 바이러스가 출현했을 때, 그 바이러스가 사스 바이러스의 사촌에 해당된다는 사실이 밝혀졌고, 중동 지역 발생지 주변에 서식하는 박쥐종들을 진범 용의자로 조기에 지목하고 조사할 수 있었다. 실

관박쥐(좌측)와 과일박쥐(우측)의 모습

제로 최초 발생 지역 주변 폐가에서 서식하던 '이집트 무덤박쥐'에서 메르스 유사 바이러스가 발견되었다. 낙타와 야생박쥐를 제외한 그 지역에 서식하는 야생동물과 가축에서 메르스 바이러스를 보유하고 있는 감염 증거인 항체가 나오지 않았던 것도 중요한 참고가 되었다. 그래서 이집트 무덤박쥐가 메르스 바이러스를 퍼트린 진범으로 유력하게 거론되었던 것이다. 범인은 결국 밝혀지기 마련이다.

이미 오래전부터 존재하던

신종 바이러스라고 해서, 반드시 최근에 사람 집단에서 출현한 것만 간주하는 것은 아니다. 실제 오래전부터 사람이나 동물 집단에서 심각하지 않지만 문제를 일으키고 있었고, 최근에야 그 존재가 밝혀져 신종 바이러스로 대접받는 경우도 있다. 1980년대 대표적인 신종 바이러스인 사람 후천성면역결핍증 바이러스가 그런 사례이다. 이 바이러스는 1980

년대 중반에 처음 그 존재가 확인되었지만, 그 후 역추적 조사를 했을 때 이미 아프리카에서 1959년 감염 환자가 있었던 것으로 밝혀졌다. 물론 그보다 훨씬 이전에 야생 침팬지로부터 사람에게 바이러스가 넘어온 것으로 알려져 있다.

사람에게서 코감기를 일으키는 메타뉴모 바이러스도 그런 사례로 손꼽힌다. 이 바이러스는 2001년, 네덜란드 오스터 하우스Osterhaus 연구팀이 과거 20년간 원인불명의 어린이 호흡기 환자 사례들을 조사하는 과정에서 처음 발견했다. 이후 진단기술이 확보되자, 그 기술을 이용해 세계 각지에서도 메타뉴모 바이러스 환자 사례들을 보고하기 시작했다. 물론 우리나라에도 감기 환자들 중에 일부가 이 바이러스 감염으로 인한 것이 확인된 것은 물론이다. 이 바이러스도 과거 추적 조사 결과, 유럽에서 1958년 이전부터 사람들 사이에서 이미 광범위하게 퍼져있었다. 그동안 이 바이러스의 존재를 왜 알지 못했을까? 메타뉴모 바이러스를 분리하는 것은 매우 어렵고 고난도의 분리기술이 필요하다.

2000년대 말, 필자는 닭에게서 코감기를 일으키는 메타뉴모 바이러스를 분리하는 연구 프로젝트를 수행한 적이 있었다. 국내 양계장에서 상당수의 닭들이 항체를 가지고 있어서 이 바이러스가 닭에게서 문제를 일으키고 있는 것은 자명했다. 그러나 그 당시에 국내 사육 닭에서 메타뉴모 바이러스가 분리 보고된 적이 없어 그 실체가 확인되지 않은 상황이었다. 처음 연구 프로젝트를 시작할 당시, 감염 닭으로부터 쉽게 바이러스를 분리해서 그 정체를 밝혀낼 것이라고 생각했다. 그러나 바이러스 분리는 내가 생각했던 것보다 훨씬 고난도 기술이 필요하다는 것을 깨달았다. 바이러스 분리기술을 확보하는 데 엄청난 시간과 노력이 투입되었다. 결국 바이러스 분리기술을 개발하고, 감염 닭에게서 메타뉴모 바이러스를 분리배양하는 데 성공했다. 그 바이러스로 백신 균주를 개발하는 데에도 성공했다. 하지만 여전히 전 세계적으로도 바이러스 분리에 성공한 연구실이 손에 꼽을 정도로, 바이러스를 분리하기는 여간 까다로운 게 아니다. 신종 바이러스 중에는 바이러스가 원래 있었던 지역을 벗어나, 전혀 예상하지 못한 데서 갑자기 난데없이 나타나 문제를 일으켜 그 지역사회가 홍역을 치르는 경우도 자주 발생한다.

언제나 사람 주변에 존재하는 신종 바이러스

2015년 6월, 메르스 확산이 한국 사회의 모든 이슈를 집어삼키고 있을 때였다. 국내 일부 병원을 중심으로 메르스가 확산되고 있는 상황이라 신종 바이러스에 대한 국민적 관심이 어느 때보다 높은 사회적 분위기가 형성되어 있었다. 우연한 기회에 국내 한 공영방송의 요청으로, 신종 바이러스에 대한 국민적 관심과 이에 대한 이해를 돕고자 하는 의도로 만들어진 프로그램에 패널로 출연한 적이 있다. 그때 치명적인 신종 바이러스가 사람에게 출현하는 과정에서 나타나는 공통점에 대해 이야기했었다.

앞에서도 언급했지만, 사람에게 치명적인 신종 바이러스는 기본적으로 사람이 아닌 동물종으로부터 넘어온 바이러스들이다. 이 바이러스들은 스스로 공기를 통해 사람에게 무작정 찾아오는 것이 아니다. 바이러스가 서식하던 원래의 숙주 동물에서 새로운 숙주인 사람으로 넘어오려면, 바이러스가 새로운 숙주와 수많은 접촉 기회를 가질 수 있는 환경적 제반 여건이 전제되어 있어야 한다. 신종 바이러스가 출현할 수 있는 여건에 무슨 변화가 있었을까?

21세기를 사는 오늘날, 분명히 과거와 다른 새로운 양상의 신종 바이러스의 출현 과정을 목격하고 있다. 2016년까지 출현한 신종 전염병의 약 75%가 동물에서 유래했다. 여기에는 바이러스뿐만 아니라 세균, 기생충 등 다양한 병원균들이 포함된 막대한 수치이다. 신종 전염병을 유발하는 병원균을 바이러스에만 한정해서 본다면 거의 대부분의 신종 바이러스들이 동물에서 유래했다고 봐도 과언이 아니다.

앞에서도 말했지만 최근에 사람에게서 출현한 신종 바이러스 대부분은 공통적으로 야생동물로부터 유래했다. 가축의 바이러스가 사람에게 넘어오는 경우는 거의 드물다. 이들 가축이 가진 바이러스 중에서 사람으로 넘어올 수 있는 바이러스 대부분은 동물을 야생 상태에서 가축화하는 단계인 농경 시대에 넘어온 것이다. 그래서 인간으로 넘어올 수 있는 잠재적 능력을 가진 바이러스는 그동안 인간과의 접촉이 거의 없는 야생동물로 한정된다. 21세기 들어서 인간에게 치명적인 신종 바이러스가 자주 출현하며, 가장 주목받고 있는 야생동물은 철새류, 특히 오리류와 박쥐류이다. 이 야생동물들은 공통적으로 날개를 가지고 있고 비행 능력을 가지고 있어서 사람과 직접 접촉할 기회가 거의 없었다. 그리고 야생동물들은 무리지어 다니는 공통점을 가지고 있기 때문에, 이러한 특징은 동물 집단에서 바이러스가 유행하고 바이러스 생태계가 안정적으로 유지될 수 있는 토대를 만들어준다.

야생동물과 인간이 접촉할 수 있는 기회는 갈수록 증가하고 있다. 아프리카 원주민들은 오늘날에도 가축을 사육하는 대신에 직접 동물이나 야생동물을 사냥해서 동물성 단백질원을 확보한다. 그래서 과일박쥐를 직접 사냥하는 과정이나 또는 과일박쥐와 접촉한 영장류 등의 중간 매개체 동물을 통해서 과일박쥐가 보유한 바이러스가 사람으로 전이될 수 있다. 가장 대표적인 경우가 아프리카 열대우림에서 빈번하게 출현하는 에볼라 바이러스이다. 관박쥐를 기호식품으로 사냥하는 중국 남부 지역에서 2002년 출현한 사스 바이러스도 그러한 사례에 속한다. 이와 반대로, 과수원 등 풍족한 먹이 거리 생산으로 굶주린 야생박쥐를 유인함으로써 인간과의 접촉 기회가 잦아지는 경우도 있다. 1998년 말레이시아 양돈장 축사 사이에 심어놓은 망고나무나 2000년대 중반 방글라데시와 인도의 마을 주변에 심어놓은 대추야자가 야생의 숲 속에 있는 과일박쥐를 끌어들였다. 그리고 과일박쥐가 가진 니파 바이러스는 인간에게 모습을 드러냈다. 결론적으로 야생동물과 빈번하게 접촉할 수 있는 기회는 인간 스스로가 개입되어 벌어진 결과인 셈이다.

최근 들어, 야생동물들과 접촉 기회가 증가함에도 불구하고 이 야생동물들의 바이러스가 인간과의 직접 접촉을 통해 전이되는 경우는 그리 많지 않다. '종간 장벽'은 그동안 야생동물의 바이러스가 인간에게 직접 넘어오는 것을 가로막는 중요한 장벽으로 작용해왔다. 그 장벽을 허물어 버리기 위해서는 야생동물과 인간 사이의 연결고리 역할을 하는 중간 매개체 동물이 필요하다. 그래서 신종 바이러스 출현 과정에서 중간 매개체 동물은 단골처럼 등장한다. 1994년 호주 헨드라 바이러스 출현에는 경주마가 과일박쥐와 조련사 사이의 연결고리 역할을 했다. 1998년 말레이시아 니파 바이러스 출현에는 양돈장 돼지가 과일박쥐와 사람 사이를 이었고, 2002년 중국 사스 출현에는 사향고양이가 중국관박쥐와 사람 사이에 매개 역할을 했다. 2009년 멕시코 신종플루 출현에 돼지가 조류와 사람 간 중간 다리 역할을, 2012년 중동 메르스 출현에는 낙타가 유력한 기원 동물인 야생박쥐와 사람 간에 중간 매개체 역할을 하고 있는 것으로 추정하고 있다. 아프리카에서는 에이즈나 에볼라 출현 사례에서 영장류 동물이 사람으로 바이러스가 넘어오는 데에 있어서 유력한 중간 매개체 동물 역할을 한 것으로 알려져 있다. 신종 바이러스 매개 동물은 언제나 사람 주변에 머물고 있다.

02

야생의 습격
위험의 진원지

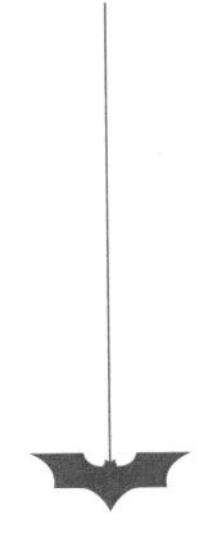

쫓겨나는 터줏대감

2012년 7월, 말레이시아 이포Ipoh시라는 도시를 방문했다. 그 당시 말레이시아 수의학 연구소 초청 세계동물보건기구 전문가로서 말레이시아 가축의 전염병 확산 통제에 대한 기술 자문과 기술협력을 협의하기 위해서였다. 말레이시아 쿠알라룸푸르 공항을 벗어나 이포시로 가는 고속도로에서 바라다본 풍경은 매우 이국적이었다. 말라카 해협을 따라 펼쳐진 밀림길에 끝없이 늘어선 팜유나무들이 시선을 압도했다. 이포시에서 머물렀던 호텔은 우거진 밀림 속 깎아놓은 듯한 절벽 아래 페락 동굴사원이 바라다보이는 곳에 있었다. 호텔 앞마당에서 저녁노을을 끼고 바라다본 페락 동굴 사원은 연기가 모락모락 나는 묘한 기운으로 시선을 사로잡았다. 아마도 거기에는 과일박쥐가 서식하고 있을 것 같은 예감이 들었다. 설령 그곳에 있다 하더라도 눈에 보이지 않을 텐데, 필자의 시선은 본능적으로 그 밀림에 숨어있을지 모르는 박쥐를 찾고 있었다.

말레이시아 수의학 연구소 로비에 들어서자, 니파 바이러스 진단시약 홍보물이 필자의 시선을 고정시켰다. 이곳 수의학 연구소는 1998년 신종 바이러스인 니파 바이러스가 출현했을 때, 호주 연방 동물보건연구소의 지원 하에 가축과 동물에게서 니파 바이러스 검사를 진행했던 연구소였다. 소기의 업무를 모두 무사히 마치고 나서, 이포시를 막 떠나 고속도로에 자동차가 진입할 즈음, 필자를 공항으로 데려다주는 연구소 직원에게 대뜸 킨타계곡이 어디에 있는지 물었다. 말레이시아 이포시 킨타계곡은 니파 바이러스가 처음 출현했던 양돈장이 있던 역사적인 곳이다. 그 직원은 바로 지금 지나고 있는 산 아래 계곡이 킨타계곡이라고 했다. 눈이 휘둥그레졌다. 그 직원은 그 질문을 하리라는 것을 기다리기라도 한 듯이, 거기가 니파 바이러스가 출현한 곳이라는 설명을 덧붙였다. 킨타계곡은 깊이를 알 수 없을 정도로 깊고 엄청난 밀림의 숲을 자랑하고 있었다. 잠시 스쳐가는 순간에도 그 야생밀림의 웅장함이 그려졌다. 계곡은 인적없는 적막이 흘렀다. 그는 이 계곡의 숲이 워낙 우거져 있어 밀림 여행 같은 것은 상상할 수도 없고, 만약 그곳에서 길을 잃으면 찾지 못한다고 덧붙였다.

말레이 반도의 서해안인 아름다운 말라카 해변을 따라 쿠알라룸푸르로 가는 고속도로는 연무로 가득했다. 가끔씩 내리는 비는 연무를 삭이려는 듯했다. 그 연무는 자연이 만들어낸 안개로 알고 있었는데, 사실은 그게 인간이 만든 연무라는 뜻밖의 이야기를 들었다. 그 직원의 말에 의하면, 매년 6월부터 시작되는 건기 시즌이 오면 인도네시아 수마트라 섬에서 화전민들이 팜유농장을 개간하기 위해 정글에 산불을 놓는다. 그 면적만 해도 수백만 에이커에 달하고 건기라 산불이 쉽게 꺼지지도 않는다고 한다. 산불 규모가 워낙 엄청나서 인공위성에도 쉽게 잡힐 정도라고 한다. 인도네시아 수마트라 섬에서 발생한 엄청난 연무가 대류를 타고 말라카 해협을 넘어 말레이 반도로 밀려오는데, 이때 대기 오염이 매우 심각해진다. 이것은 인도네시아뿐만 아니라 인근 국가에서도 생계활동과 심지어 공장 가동마저 어려워 동남아 지역 경제도 위축시킬 정도라고 한다.

연무 발생은 사람의 활동에만 문제를 일으키는 것은 아니다. 방대한 면적에서 발생하는 산불은 그곳에 서식하는 각종 야생동물의 터전을 잃게 만든다. 그래서 야생동물이 서식처를 옮기게 되고, 인간의 생활 영역으로 침범하기도 한다. 그 과정에서 밀림의 야생세계에서 잠자고 있는 바이러스를 깨우기도 한다. 말레이시아 니파 바이러스가 출현한 배경에 인도네시아 산불이 한몫했다는 설이 유력하게 거론되고 있다. 그 설에 의하면 니파 바이러스가 출현하기 직전, 인도네시아 밀림 지역 1,000만 에이커에 달하는 면적에서 대형 산불이 발생하여 수개월째 지속되면서

말레이시아 지역 한 양돈장의 모습. 축사 사이에 망고나무가 늘어서 있다. 이것은 과일박쥐를 양돈장으로 불러들이는 계기가 되었다.

그 연무가 하늘을 뒤덮었다. 그 산불로 인해 그 지역에 터전을 잡고 있던 과일박쥐들은 화마 때문에 졸지에 서식처를 잃고 말레이 반도로 대거 이동하게 된다. 그중 한 무리가 킨타계곡으로 몰려들었고, 계곡 양돈장 축사 사이에 늘어선 망고나무는 박쥐들의 좋은 먹잇감이 되었다. 수시로 양돈장을 출입하던 과일박쥐가 먹다 남은 망고 조각을 돼지가 먹음으로써 니파 바이러스가 돼지로 감염되고, 감염 돼지는 다시 농장 인부를 감염시키는 양상으로 전이되었다. 그게 사실이라면, 화전민이 놓은 산불이 밀림 속에 잠자고 있는 니파 바이러스를 활개치게 만든 격으로, 결국 바이러스는 인간 스스로 자초한 셈이다.

야생 바이러스의 습격

지금은 거의 찾아보기 어렵지만 30여 년 전 초등학생 시절, 동네 꼬마들은 각자 자신의 집에서 키우는 소를 데리고 나가 야산에 풀어주고 풀을 뜯어 먹게 한 다음 저녁이 다가오면 소를 끌고 다시 집으로 돌아오곤 했다. 집으로 돌아오면 소 등이나 엉덩이 여기저기에 손톱만 한 크기의 진드기가 덕지덕지 달라붙어 있었다. 소년들은 소의 피를 빨아먹어 자신의 덩치를 수십 배 키운 진드기를 떼어주곤 했다. 지금은 대부분 사료를 먹이며 소를 키우기 때문에 진드기가 달라붙어 있는 광경을 찾아보기가 힘들다.

니파 바이러스의 사례처럼 야생 생태계에 있는 야생동물의 서식처를 파괴하는 바람에 인간이 노출되어 신종 바이러스가 출현하는 경우가 있는가 하면, 반대로 인간이 야생세계에 드나드는 바람에 바이러스에 노출되는 사례들도 많다.

2012년, 이름도 생소한 중증 열성 혈소판 감소 증후군Severe Fever with Thrombocytopenia Syndrome, SFTS 환자가 국내에서 처음 보고되어 언론의 주목을 받았다. 2009년 중국에서 처음 보고되었을 정도로 그동안 알려지지 않았던 신종 전염병이다. 일단 감염되면 고열, 복통, 설사, 피로감 등 독감 비슷한 증상을 보이는데 건강한 사람들은 조금 앓다 자연치유된다. 그러나 면역력이 약한 사람이나 노인의 경우 뇌염으로 발전하여 사망에 이를 정도로 치명적이다.

이 질병은 야산이나 들판에서 야생동물의 피를 빨아먹고 사는 소위 '살인 진드기'라 불리는 '작은소참진드기'가 옮긴다. 우리나라의 경우 2014년까지 총 99명의 환자가 발생하여 이 중 33명이 사망했다. 가히 살인 진드기라 불릴 만하다. 이 진드기는 주로 극동아시아 지역의 들과 야산에서 서식하며 야생동물의 피를 빨아먹고 사는 진드기종이다. 검붉은 색을 띠는 이 진드기는 자세히 보아야 겨우 보일 정도로 자그마하다. 그러나 일단 자신의 덩치에 비해 수십 배나 되는 피를 빨아먹으면 1㎝ 내지 2㎝ 정도로 엄청나게 덩치가 커진다.

사실 진드기에 물리지 않으면 이 질병에 걸리지 않는다. 보다 더 정확하게 말하면, 바이러스를 가지고 있는 진드기에 물리지 않으면 된다. 우리나라의 경우 진드기 100마리당 1마리 꼴로 이 바이러스를 가지고 있는 것으로 알려져 있다. 재수 없게 바이러스를 가진 진드기에 물리게 되면 피를 빨아먹는 과정에서 진드기 몸 안에 있던 바이러스가 피부를 뚫고 침투해 감염을 일으킨다. 그래서 반팔 등 신체 피부가 노출된 상태로 야산을 다니면, 풀잎 위에서 대기하고 있던 진드기가 사람이 지나갈 때 뛰어내려 신체 부위에 달라붙게 된다. 진드기 주둥이에는 역방향 톱날 구조로 된 피를 빨아먹는 빨대가 있어서 일단 피부에 흡혈 빨대를 꽂으면 피부 조직에 단단하게 고정되어 웬만해서는 빠지지 않는다. 일단 물리지 않도록 하는 것이 최선이다. 억지로 뽑다가 흡혈 빨대가 부러져 피부 속으로 파고들면 발진 반응을 보이고, 그 자리가 가려울 수 있다. 조심해야 한다.

밀림에서 열리는 판도라의 상자

인류가 농경생활을 한 이래로 경작과 산림 개간은 마을 형성, 곡식 재배 등을 위하여 지속적으로 이루어져 왔으며 그 결과는 인류 문명의 번창으로 이어졌다. 인류가 농경생활을 한 이후 1만 년 동안 전 세계 산림의 거의 절반이 사라졌다. 특히 지구의 허파인 열대우림의 파괴는 지난 반세기 동안 급격하게 이루어지고 있다. 세계식량농업기구Food and Agriculture Organization, FAO는 1990년대에 농경, 목재, 생활터전 등을 마련하기 위해 매년 전 세계 산림 중 940만 헥타르가 사라진다고 추정했다.

인간의 발길이 드문 아프리카나 아메리카 밀림 지역에는 각종 미지의 바이러스가 득실거린다. 사람에게 해를 입히는 치명적인 바이러스가 있는가 하면, 사람에게 전혀 해를 입히지 않으면서 감염되는 바이러스도 있다. 사람에게 각종 출혈열을 일으키는 것으로 밝혀진 밀림 바이러스 종류만 해도 수십 종에 달한다. 우리에게 익숙한 이름인 아프리카 에볼라 바이러스처럼 치명적인 출혈열 바이러스가 있는가 하면, 대부분의 사람들이 처음 들어보는 볼리비아 밀림 지역의 맞추포 바이러스Machupo virus 같은 바이러스도 있다. 밀림은 바이러스의 거대한 창고다.

목재를 얻기 위한 벌목, 광산 개척 등과 같이 밀림을 침투할 때나 밀림에서 부시미트를 확보하기 위하여 사냥하는 과정에서 신종 바이러스의 위험이 시작될 수 있다. 또한 밀림을 개간하여 농작물을 생산하는 과정에서 이곳에 사는 각종 야생동물들이 가지고 있지만 인간에게 노출된 적이 없는, 그래서 마치 판도라 상자가 열리듯, 신종 바이러스 상자가 열릴 위험을 자초할 수 있다. HIV 상자도, 에볼라 바이러스 상자도 그렇게 열렸다.

역사적으로 밀림을 개척하는 과정에서 인명 피해를 가장 크게 일으킨 사례 중 하나를 꼽으라면 아마도 황열 바이러스일 것이다. 19세기 말 파

열대 지역 울창한 밀림은 미지의 바이러스들이 숨어있는 바이러스 저장소이다.

나마 운하를 건설하는 과정에서 황열 바이러스는 운하 건설에 동원된 인부 수만 명의 목숨을 앗아갔다. 야생동물이 아니더라도 각종 바이러스를 옮기는 숲 속 모기들도 밀림을 침투한 사람들에게는 공포의 대상이 될 수 있다. 모기는 벌목하고 밭을 개간하는 과정에서 엄청난 번식처를 제공한다. 이 모기들은 야생동물의 피를 빨아먹고 살지만, 그곳에서 살아가는 사람도 공격한다. 숲 속에 사는 어느 생명체도 함부로 무시할 수 없다. 심지어 진드기까지도 말이다.

방대한 면적의 산림 지대, 특히 미개척 지대를 개간하여 새로운 생활 공간을 확보하는 과정에서 야생동물들과 접촉 기회가 증가하여 신종 전염병이 출현할 기회가 제공된다. 특히 곡식 재배와 축산 단지를 건설하면서 나타나는 환경파괴는 그곳에 서식하는 야생곤충과 설치류 동물의 급속한 번식을 초래한다. 이로 말미암아 이 야생동물이 가지고 있었지만 인간에게 노출된 적이 없는 신종 전염병이 출현할 수 있는 기회를 제공하게 된다. 특히 남미 대륙에 정착하는 과정에서 유럽 이주민들은 그 지역 설치류들이 가지고 다니는 신종 바이러스에 노출되어 각종 출혈열에 시달려야 했고, 그중 상당수는 목숨을 잃어야 했다.

예를 들어 보자. 아르헨티나의 온대 초원 팜파스Pampas는 한반도 면적의 3.5배에 달하는 엄청난 면적으로 농업과 목축업을 하기에 매우 이상적인 지리적 여건을 가지고 있었다. 19세기 후반 유럽에서 건너온 이주민들이 정착하면서 소 방목장을 만들기 시작했다. 1940년대부터는 본격적으로 대규모 농지 개간과 함께 대규모 목축업 농장을 건설하면서, 아르헨티나는 농축산업 대국으로 급성장했다. 특히 소를 대량 방목할 수 있는 이상적인 여건을 제공하는 초지가 풍부하고 습윤한 팜파스 지역은 대규모 소 방목 사육지로 탈바꿈했다. 그러나 환경파괴의 대가는 혹독했다. 대초원의 파괴는 야생들쥐가 폭발적으로 번식하는 결과를 초래했다. 1958년 팜파스 초원 들쥐들이 가지고 있던 주닌 바이러스Junin virus가 사람에게 처음 출현해 팜파스 초원에서 일하던 농장 인부들의 목숨을 앗아가기 시작했다. 이 신종 바이러스는 바이러스인 들쥐의 타액, 오줌 등 배설물 비말 입자를 흡입하거나 상처난 신체 부위 노출을 통해 전염되어 유행성 출혈열을 일으켰다. 초창기였던 1950년대 말과 1960년대 초에는 치사율이 무려 평균 50%에 달하는 공포의 바이러스였다. 팜파스 초원 지역에서 매년 30~1,000명의 환자가 발생하던 1980년대 이전과 달리, 1990년대 이후 감염자와 치사율이 급격히 줄어드는 등 진정세를 보이고 있는 상황이다. 바이러스 성질이 변해서가 아니라, 바이러스 정체가 밝혀지고 인간이 스스로를 방어하기 위해 백신을 사용한 덕분이었다.

03

하루면 충분한 전염병 세계 확산의 여건

무서운 모기들

지구가 뜨거워지고 있다. 19세기 산업혁명 이후 평균 0.85℃ 상승했다. 2007년 2월, 유엔 산하 기후변화 정부협의체Intergovernmental Panel on Climate Change, IPCC가 발표한 4차 기후변화 평가보고서에 따르면, 평균 기온이 2.2℃ 상승할 경우 지구상에 존재하는 생명체 4종 중 1종은 사라질 것이라고 전망했다. 지구온난화는 가뭄, 홍수, 이상기온 등을 통해서 감염병 특히 곤충 매개 감염병의 생태계를 변화시킬 수 있다. 기온 상승은 매개 모기의 활동 영역을 확장시킬 수도 있지만, 가뭄과 같은 이상기온

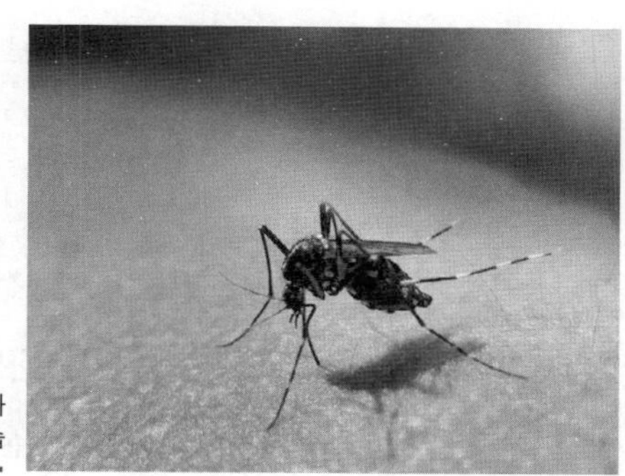

이집트숲모기가
사람의 피부에 앉아 흡혈하는 모습

조건에서는 오히려 모기 활동이 줄어들 수가 있다.

전 세계 모기들의 움직임이 심상치 않다. 2014년 여름, 일본 사회는 뎅기열 발생으로 때아닌 비상이 걸렸다. 2014년 8월 하순, 일본 동경에 사는 해외여행 경험이 없는 뎅기열 환자가 69년 만에 처음으로 발생했다. 일본 뎅기열 환자는 한 명에 그치지 않았다. 그해 10월까지 160명의 환자가 발생했다. 특히 동경 요요기 공원 주변에서만 100여 명의 환자가 속출했다. 이 환자들은 요요기 공원 습지에 서식하는 모기에 물려 감염된 것으로 보고 있다. 이곳에서 채집한 모기에서도 뎅기열 바이러스가 검출되는 바람에 습지의 모기 서식지를 제거하고 공원을 폐쇄하는 비상조치까지 내려졌다. 뎅기열 상재 지역을 여행하고 다녀온 환자를 흡혈하는 과정에서 모기에 바이러스가 옮겨 붙어 뎅기열 유행이 시작되었을 것으로 조심스럽게 추정하고 있다. 다행스럽게도 아직까지 우리나라에서 감염된 뎅기열 환자는 없다. 그러나 질병관리본부 통계에 따르면, 2014년 해외여행 갔다가 뎅기열에 걸려 입국한 환자가 165명에 달했다. 일본의 사례를 보면, 우리나라도 결코 뎅기열 안전지대가 아님을 알 수 있다. 사실 모기가 퍼트리는 질병 중에서 지구상에서 가장 심각하게 번지고 있는 전염병이 뎅기열이다. 지난 50년간 전 세계 뎅기열 환자는 50배 급증했다. 세계보건기구에 따르면 2015년 전 세계 뎅기열 환자는 무려 3억 9,000만 명에 달할 것으로 전망했다. 대부분 환자는 아프리카에서 발생하고 있지만, 엘니뇨 영향으로 인한 기온 상승, 급속한 도시화, 산림 개간 등으로 동남아시아 지역 국가들 사이에서도 뎅기열 환자가 급증하고 있다. 태국의 경우 2015년에만 12만여 명의 뎅기열 환자가 발생했다. 다행히도 2016년 세계 최초로 뎅기열 백신이 프랑스 제약회사에 의해 개발 출시되어 세간의 주목을 받고 있다. 다른 제약회사들도 뎅기열 백신 개발을 서두르고 있다.

지구온난화의 영향으로, 매개 모기의 활동 구역이 확대되면서 유럽에서는 가축에 유행하는 모기 바이러스로 비상이 걸렸다. 소나 닭 등 가축에게 문제를 일으키는 모기종은 일본뇌염이나 뎅기열, 웨스트나일 같은 사람에게 질병을 퍼트리는 모기종과는 다소 다르다. 사람에게 질병을 퍼트리는 모기종은 눈으로도 쉽게 알아볼 수 있는 덩치가 큰 모기들이지만, 가축에게 질병을 퍼트리는 모기종은 자세히 보아야 겨우 보일 정도로 덩치가 작은 '등에모기'이다. 그래서 등에모기를 채집해서 분류하려면 광학현미경 위에 올려놓거나, 배율이 높은 돋보기로 확대해서 관찰해야 한다. 지금으로부터 20여 년 전, 가축의 모기질병 연구를 위해 주기적으로 가축 농장 주변에서 밤새 채집한 등에모기 수 천, 수 만 마리를 광학현미경으로 일일이 분류하던 기억이 생생하다. 더운 여름날, 출근해서 퇴근할 때까지 오로지 등에모기종을 분류하는 일에 매달려야 했다.

유럽 국가의 가축에서 모기가 퍼트리는 질병이 처음으로 사회문제로 부각된 것은 2000년대 중반 면양의 블루텅Blue tongue병이다. 블루텅병은 아프리카와 중동 지역 가축 토착병으로, 이 병에 걸린 면양의 혀가 시퍼렇게 변한다고 해서 붙여진 이름이다. 지구온난화로 매개 모기종이 북상하면서, 이 모기종이 퍼트리는 블루텅병도 함께 2006년 남부 유럽으로 유입되더니, 다음해 스칸디나비아반도까지 덮쳤다. 2011년 11월에는 그동안 경험하지 못한 새로운 바이러스가 독일 슈말렌베르크Schumallenberg 지방에서 출현했다. 이 바이러스는 최초로 발견된 독일 지역명을 따서 슈말렌베르크 바이러스로 이름이 붙여졌다. 이 바이러스도 모기가 매개하는 전염병이고 주로 소, 양 등 반추 가축에서 기형 태아나 유산, 사산 등을 일으킨다. 사람은 감염되지 않는다는 것이 그나마 다행이다. 모기는 여름철 수면을 설치게 하는 성가신 존재를 넘어서, 몹쓸 병을 퍼트리는 주인공으로 서서히 부상하고 있다.

축산 농장의 오염을 통한 치명적인 전염병 확산

우리나라는 1년 동안 1인당 평균 몇 개의 계란을 소비할까? 1년 동안 국내에서 소비되는 계란 양은 약 120억 개, 1인당 약 240개 정도를 소비한다. 2000년에는 1인당 184개를 섭취한 것에 비해 계란 섭취량이 30% 증가했다. 1980년대 이후 국내 육류 소비량은 매년 비약적으로 증가하고 있다. 농림축산식품부 통계 자료에 따르면, 2013년 1인당 평균 육류 소비량은 42.7㎏으로 1980년 11.3㎏에 비해 무려 3.8배나 급증했다. 육류별로 보면 닭고기 소비 4.8배, 쇠고기 소비 4배, 돼지고기 소비 3.3배가 증가했다.

이러한 현상은 비단 우리나라에만 국한되는 것이 아니다. 세계식량농업기구 통계에 따르면, 2009년 전 세계 육류 생산량은 2000년에 비해 평균 22%나 증가했다. 가금육 생산량은 35%로 가장 가파르게 증가하고 있다. 여기서 세계 축산업과 가축 생산의 지속적 성장을 말하고자 장황하게 쓴 것이 아니다. 중국 등 아시아 국가들의 경제 성장이 두드러지면서 중산층 인구 증가로 이 국가에서의 동물성 단백질, 즉 육류 수요가 비례적으로 급증하고 있다. 이러한 수요 증가에 부응하기 위해서는 동물성 단백질의 공급, 즉 축산업의 발전이 필수적으로 동반된다.

마당에서 몇 마리 가축을 키우는 방식으로는 중산층 인구 증가에 따라 급증하는 육류 수요를 감당하지 못한다. 그래서 현대화된 사육시설에서 위생적이고 안전하게 육류를 대량 공급하기 위한 대규모 밀집사육은 피할 수가 없다. 국가 경제가 급속히 발전하고 있는 베트남, 인도네시아, 태국 등에서는 중산층의 증가와 육류 소비 증가 수요를 맞추기 위한 대규모 축산농가들이 매년 급속히 증가하고 있다. 이미 서구적 경제 규모로 성장한 우리나라 거의 대부분의 농가는 돼지의 경우 수천 마리, 닭의 경우 수만 마리 이상 키우는 기업형 축산농가들이다.

대규모 가축사육 농가들에서는 사료 공급이나 가축 출하 등으로 쉴

새 없이 차량과 사람들이 농장을 드나든다. 마당에서 몇 마리 가축을 키우는 영세농가와는 비교할 수 없다. 그래서 이러한 가축사육 환경은 바이러스가 이 농장에서 저 농장으로 옮겨 다닐 수 있는 이상적인 여건을 제공한다. 가축에게 치명적인 바이러스인 경우, 그 피해는 눈덩이처럼 불어날 수 있다. 그래서 사람이나 차량이 농장 안으로 함부로 들어오지 못하도록 농장 출입을 엄격하게 제한하고, 주기적으로 농장 안팎을 소독하고 정기적으로 각종 백신을 접종하여야만 안심하고 가축을 생산할 수 있다. 선진국의 대규모 가축 농장에서 이러한 검역과 방역조치는 일상화되어 있다.

이러한 방역 소독과 검역으로 인해, 현실에서는 가축에 치명적인 전염병이 발생할 확률이 그리 높지가 않다. 그러나 일단 돼지 구제역이나 닭 조류 인플루엔자와 같은 가축에 치명적인 바이러스가 축산 농장으로 유입하게 되면, 대규모 가축 밀집사육으로 농장 안으로 들어온 바이러스가 폭발적으로 증식할 수 있는 여건이 만들어진다. 발생 농장은 바이러스를 마구 찍어내는 바이러스 공장으로 돌변한다. 그래서 발생 농장을 신속하게 방역하고 소독해서, 위험한 바이러스가 농장 바깥으로 누출되는 것을 차단하지 않으면 주변 축산 농장을 오염시키게 되고, 최악의 경우 전국으로 전염병이 확산될 수 있다. 방심하면 한순간에 돌이킬 수 없는 것이 가축 농장 방역이다.

1998년 말레이시아에서 니파 바이러스가 처음 출현했을 때, 양돈장 돼지들이 바이러스를 증폭시키는 공장 역할을 했다. 당시 니파 바이러스를 가진 과일박쥐를 농장 안으로 끌어들인 것은 축사 사이에 심어놓은 망고나무들이었지만, 박쥐들이 먹다 버린 망고에 묻은 적은 양의 바이러스를 대량으로 증식시킨 것은 양돈장의 돼지였다. 그 당시 발생 농장은 3만 마리의 돼지를 사육하고 있는, 규모가 꽤나 큰 양돈장이었다. 아마도 처음에는 그 망고를 먹은 한두 마리의 돼지가 니파 바이러스에 걸렸을 것이다. 감염 돼지는 병에 걸려 고통스럽게 울어댔고, 주변에 있는 돼지들에게 전염시켰다. 감염 돼지의 수가 늘어나자, 그 돼지 울음소리는 말레이시아 이포시에 있는 킨타계곡에 메아리치듯 울려 퍼졌다. 그 소리가 3마일(약 10리)까지 들렸다 해서 초창기에는 '3마일 병'이라고 부르기도 했다. 엄청나게 증폭된 바이러스는 급기야 농장에 종사하는 인부들에게까지 옮겨 붙어, 말레이시아 말레이 반도를 공포로 몰아넣었다.

지금은 방역과 소독 등 위생관리가 매우 좋아졌지만, 1980년대의 경우에는 그렇지 못하여 대규모 농장에서 치명적인 전염병이 발생하면 병원균이 폭발적으로 증가해 주변 축산 농장뿐만 아니라, 전국으로 병원균이 퍼져 축산농가가 파산하는 경우가 많았다. 농장 방역이 제대로 이루어지지 않는 동남아시아 지역의 경우 1980년대에 우리가 겪었던 전국적인 전염병 유행의 악순환을 목도하고 있다. 닭에게 매우 치명적인 전염병인 뉴캐슬병을 예로 들어보자. 2010년 말레이시아 양계산업은 커다란 위기에 직면했다. 마당에서 키우던 닭들 사이에서 발생하던 뉴캐슬병이 기업형 양계 농장들 사이에 번졌다. 농장 축사 안에서 키우던 닭들이 대량 폐사하고, 산란계 농가에서는 계란 생산이 급감하는 등 농가 피해가 걷잡을 수 없이 심각해졌기 때문이었다. 그래서 말레이시아의 닭고기 값은 폭증했으며, 심지어 인근 싱가포르로의 닭고기나 계란 수출 물량이 부족해 싱가포르에서도 비상이 걸렸다.

2012년 파키스탄 펀잡 지방에서도 뉴캐슬병의 유행이 광풍처럼 몰아쳐 그해 상반기에만 무려 5,000만 마리의 닭이 떼죽음을 당했다. 그 나라 양계산업에 나타난 피해가 얼마나 심각했을지는 쉽게 짐작할 수 있다. 이렇듯 가축의 전염병은 사람에게 직접 위해를 가하지 않는다 해도, 육류 고기 수급에 커다란 차질이 발생하여, 축산물과 가공 부산물의 가격 상승을 부추긴다. 가축에서 치명적인 전염병 창궐은 일반 국민의 소비 심리를 위축시키고, 관련 식당이나 업계의 침체로 파산과 도산을 연쇄적으로 일으킨다. 가축의 치명적인 전염병 창궐은 식량 안보와 직결되는 게 문제다.

뒤섞이는 바이러스

중국 광둥성은 대한민국 남한 면적의 약 1.7배, 남한 인구의 약 2배가 살고 있는 열대에서 아열대 기후를 가진 중국 최남단에 있는 성이다. 예로부터 중국 광둥성은 온화한 날씨, 비옥한 토지, 풍부한 해산 자원 등 중국 내 가장 살기 좋은 이상적인 성 중 하나로 꼽힌다. 특히 광둥 요리는 이러한 천혜의 조건을 바탕으로, 사람을 제외한 모든 생명체가 식재료로 사용될 만큼 발달해 중국에서 최고의 음식으로 간주된다. 진귀한 식재료를 사용하기 위해 다양한 야생동물이 가축화되어 있는 곳이기도 하다.

전염병을 연구하는 학자들의 입장에서 광둥성은 신종 전염병이 출현하는 매우 중요한 지역으로 예의주시하는 지역 중 하나이기도 하다. 20세기 초 스페인 독감 이후 4회에 걸친 '인플루엔자 판데믹'이 있었다. 그 중 1957년 아시아 독감과 1968년 홍콩 독감이 광둥성 지역에서 처음 출현했던 거점 지역으로 알려져 있다. 광둥성 한가운데 자리 잡은 국제도시 홍콩은 광둥성에서 출현한 신종 바이러스를 전 세계로 퍼트려 판데믹을 촉발하는 역할을 담당했다. 신종 인플루엔자 바이러스가 출현해서 판데믹으로까지 퍼지는 요인은 무엇이었을까?

중국은 광활한 영토와 함께 인구 대국이기도 하지만 거대한 축산 국가이기도 하다. 중국은 약 140억 마리의 닭, 오리, 거위를 사육하고 있는 세계의 가금공장이다. 특히 중국 광둥성은 산둥성과 함께 최대 가금생산 지역이다. 광둥성에는 수십억 마리에 달하는 닭, 오리, 거위 등 가금조류들이 사육되고 있다. 광둥성 가금조류들 대부분은 여전히 수백 마리 이하의 가금류를 키우는 영세농가에서 사육되고 있다. 마당에서 닭과 오리, 심지어 돼지 등 다른 가축들과 뒤섞여 사육되고 있어 다양한 가축종들이 빈번하게 접촉할 수 있는 여건을 갖추고 있다. 심지어 호수에 수백에서 수천 마리의 오리를 방사해서 사육하는 것을 보는 것은 어렵지 않다. 이러한 환경으로 바이러스를 퍼트리는 오리들이 야생오리류 또는 철새들과 물속에서 접촉할 수 있는 여건도 만들어진다.

이런 가축 사육 환경은 신종 인플루엔자 바이러스가 출현하는 이상적인 여건을 제공한다. 예를 들면 오리, 기러기류 등의 야생철새가 가지

동남아시아 시골 마을에서 흔하게 관찰되는 장면. 마당 귀퉁이 돼지 우리 축사에 오리들이 드나들고 있다. 이러한 접촉은 신종 인플루엔자의 출현에 중요한 역할을 한다.

고 있는 바이러스는 가금오리가 가지고 있는 바이러스나 닭이 가지고 있는 인플루엔자 바이러스와 뒤섞여 재조합된 조류 인플루엔자 바이러스를 출현시킬 수 있다. 1997년 홍콩에서 사람에게 치명적인 피해를 입혔던 조류 인플루엔자 H5N1 바이러스를 살펴보자. 이 H5N1 바이러스는 1996년 광둥성에서 이미 발견됐다. 이 바이러스는 기러기 바이러스, 메추리 바이러스 그리고 야생오리 바이러스 등 3종의 조류 인플루엔자 바이러스가 조류 안에서 재조합 과정을 거쳐서 생성된 것으로 밝혀졌다.

또한 가금조류와 돼지가 빈번하게 접촉하는 과정에서 조류의 인플루엔자 바이러스와 돼지의 인플루엔자 바이러스가 돼지의 몸에서 뒤섞이는 경우도 발생한다. 조류 바이러스가 직접 사람에게 치명적인 위해를 입히는 경우가 간혹 산발적으로 발생하지만, 사람 간 전염력을 거의 확보하지 못해 '찻잔 속의 태풍' 정도에 그치고 만다. 그러나 돼지 몸에서 조류 바이러스가 돼지 바이러스와 뒤섞여 신종 바이러스가 생성되는 경우에는 상황이 달라진다. 돼지 몸에서 만들어진 신·변종 인플루엔자 바이러스는 사람에게도 전염력을 획득하는 게 조류 인플루엔자 바이러스보다 훨씬 용이하기 때문이다. 지금껏 만들어진 판데믹 인플루엔자는 대부분 이러한 과정을 거쳐서 출현했다. 따라서 돼지와 조류가 자유롭게 동거하는 것은 위험하다.

바이러스 창고, 철새들의 위협

겨울철 월동기가 다가오면 시베리아에서 번식기를 거친 겨울 철새 수백만 마리가 우리나라 철새 도래지로 몰려온다. 이 겨울 철새들의 주력 부대는 오리 종류이다. 아마도 2008년 1월이었던 것으로 기억된다. 넓은 김제 평야가 펼쳐져 있는 금강하구둑에 차를 세워놓고, 한참 동안 수십만 마리의 가창오리떼가 무리 지어 다니는 모습을 바라다보았다. 가창오리떼 비행은 마치 하늘에서의 에어쇼를 보는 것 같았다. 겨울철 흥미로운 볼거리를 제공하는 것임에는 틀림없었다. 정신없이 철새 무리들을 바라보다 주변을 살펴보기 시작했다. 금강하구둑방 여기저기에는 차를 세워

금강하구둑에서 초저녁에 관찰된 가창오리의 군무

놓고 철새를 관조하는 사람들이 보였다. 그중에는 차 위에 철새 배설물이 잔뜩 떨어져 엉망이 된 차들도 심심치 않게 보였다. 아마도 밤새 철새를 관찰하기 위해 세워두었거나, 다른 일로 차를 며칠 동안 주차해 놓았음에 틀림없었다. 철새 무리가 둑 위 하늘을 비행하며 지나가는 동안 용변을 보았던 흔적일 것이다.

2014년 1월 중순경, 전북 고창에 있는 동림 저수지에서 수십 마리에 달하는 가창오리들이 집단 폐사체로 호수 수면 위로 떠올랐다. 그리고 비슷한 시기에 그 저수지 인근에 있는 오리농가들에서 사육하는 어린 오리들 사이에서 집단 폐사가 발생했다. 이 야생오리들과 가금오리들을 폐사시킨 원인을 조사한 결과, 그동안 전혀 경험하지 못했던 새로운 신종 조류 인플루엔자 바이러스$_{H5N8}$가 범인으로 밝혀졌다. 그 후 여러 지역에서 잇달아 가창오리뿐만 아니라 청둥오리, 큰기러기 등 야생조류종에서 신종 바이러스에 감염된 개체들이 발견되기 시작했고, 다시 그 주변 축산농가에서 고병원성 조류 인플루엔자가 발생했다. 한편으로, 초기 발생농가의 오리들 사이에서 대량으로 증폭된 바이러스는 차량과 사람 등 오염된 수단을 통하여 여러 지역의 가금농가로 확산되어, 한동안 국내 가금산업계를 공포 속으로 몰아넣었다.

사실 2014년 국내 가금업계를 위기 속으로 몰아넣은 이 신종 바이러스는 우리나라에서 출현하기 약 4년 전인 2010년 12월 장수성의 한 재래시장 오리에게서 처음 모습을 보였다. 그 당시 중국에서는 이 바이러스가 다른 고병원성 조류 인플루엔자 바이러스에 비해 상대적으로 크게 유행을 일으키지 않았다. 그래서 기껏해야 국제 학술지에 논문으로 발표되었을 뿐 그 당시 학계에서도 큰 주목을 받지는 못했다. 중국 과학자들의 정밀 분석 결과에 따르면, 중국 장수성 오리에게서 유행하는 H5N5 바이러스가 수년간에 걸쳐 다른 오리 인플루엔자 바이러스와의 재조합과 자체 진화 과정을 통하여 신종 바이러스 H5N8 바이러스가 만들어졌다. 2014년 처음 국내에 출현할 당시, 이 바이러스가 어떻게 국내에서 출현하게 되었는지 학자들 사이에 논란이 있었다. 만약 가창오리가 바이러스를 가지고 들어왔다면, 이미 몇 달 전 철새 도래지 등에 가창오리 폐사체 발견 등 징후가 나타났어야 했고, 감염된 가창오리들은 먼 거리를 비행하기가 어려웠을 것이다.

설득력 있게 거론되었던 H5N8 바이러스의 국내 출현설 중 하나는 한반도 맞은편 중국으로부터의 철새 유입설이다. 이 설에 따르면, 2014년 1월 H5N8 바이러스를 보유한 미확인 야생조류종이 중국 장수성 또는 산둥성에서 서해 바로 맞은편인 한반도 동림 저수지로 날아들었다가, 한반도 북부에서 남하한 철새종인 가창오리와 조우하면서 전염된 것으로 본다. 이 가설이 맞다면, 가창오리는 한반도에 월동하러 내려왔다가, 졸지에 바이러스에 걸리는 날벼락을 당했는지도 모른다.

이 바이러스는 가창오리 무리떼와 접촉하는 청둥오리 등의 다른 철새 오리종으로 순차적 전염이 이루어졌고, 이 철새들은 월동을 마치고 북방 시베리아 등지로 번식기를 보내기 위해 다시 이동하면서 바이러스도 같이 이동했다. 거기에서 번식기를 보내는 동안 다양한 철새종들과 뒤섞이는 과정을 거치면서 여러 형태의 재조합 바이러스가 다시 생성되었다. 이 바이러스는 유럽과 북미 지역 양방향으로 각각 남하하는 철새들을 통해 두 지역으로 흘러들어갔고, 거기에서 그 지역 야생철새들과의 접촉 과정에서 또 다른 신종 재조합 바이러스를 만들었다. 2015년 미국에서만 고병원성 조류 인플루엔자 유행으로 5,000만 마리가 넘는 가금류들이 살처분되는 등 전대미문의 가금산업의 경제적 피해 사태가 초래됐다.

겨울이 다가오면서 철새들이 몰려오는 것을 두려워하는 사람들이 있다. 닭이나 오리를 키우는 축산농가 사람들이다. 이 같은 두려움은 2003년 겨울 이후 나타난 현상이다. 2003년 12월, 우리나라에서 그동안 겪어보지 못한 고병원성 조류 인플루엔자(조류독감)가 처음으로 가금 농장에서 발생했다. 그 이후부터 잊을 만하면 나타나서 축산업계를 곤혹스럽게 하곤 했다. 벌써 5번이나 고병원성 조류 인플루엔자가 발생했다. 그 때마다 닭과 오리를 키우는 축산농가들은 가슴을 졸이며 피해를 입을까 전전긍긍했다. 5번의 고병원성 조류 인플루엔자 유행 모두, 철새가 바이러스를 한반도로 가져와, 이 바이러스가 들어있는 야생조류 배설물이 차량이나 사람 등을 통해 축산농가로 유입되면서 조류 인플루엔자 발생이 시작된 것으로 보고 있다.

국경을 가리지 않고 대륙 간, 지역 간 이동하는 철새들은 수많은 종류의 조류 인플루엔자 바이러스를 가지고 다니는 바이러스 창고이다. 이 철새 무리들을 대상으로 조류 인플루엔자 바이러스를 분리하여 조사해 보면, 분리된 바이러스 대부분은 닭에게 큰 피해를 주지 않는 저병원성

바이러스의 창고 역할을 하는 철새들의 모습

바이러스들이다. 그러나 드물게 고병원성 바이러스라도 분리되는 경우에는 주변 축산농가들에 조심하라는 긴급 경고음을 울린다. 이 철새 무리 중 조류 인플루엔자 바이러스를 가진 개체비율은 채 1%도 넘지 않는다. 그러나 수십만, 수백만 마리 규모를 대입해서 계산해 보면 감염개체가 수백 마리에서 수천 마리에 달해 이것도 적지 않음을 알 수 있다. 야생철새들이 한반도에 들어와서 정착하는 초창기가 바이러스 보유율이 제일 높은 시기이다. 이후 무리들 안에서 바이러스가 순환하면서 개체수가 일정 기간 유지하지만 서서히 줄어들다가, 철새가 떠나갈 즈음에 바이러스 보유율은 바이러스를 검색해서는 찾아내지 못할 정도로 매우 낮은 수준까지 떨어진다. 그러니까 그중에서 제일 높은 시기가 한반도로 몰려와 정착하는 시기이고, 이때가 축산농가에서는 가장 위험한 시기가 된다. 축산농가들이 긴장할 수밖에 없다.

조류 인플루엔자 바이러스를 가진 철새 개체들은 구강 분비물이나 분변 등 배설물을 통해 바이러스를 배출한다. 그래서 감염개체들의 배설물은 위험하다. 야생철새들은 장소를 가려서 배설하지 않을 것이다. 철새들은 저수지나 강가, 하천은 물론이고 인근 논밭이나 축사 주변에도 배설물을 떨어뜨릴 수 있다. 이 배설물은 차량바퀴나 사람의 신발에 묻어서 축산농가로 흘러들어갈 수 있다. 그래서 농장 출입 차량이나 사람에 대해서는 소독에 엄청난 주의와 노력이 필요하다. 축산농가에서 소독을 철저히 하지 않으면, 그래서 만에 하나 고병원성 조류 인플루엔자가 발생하는 불행한 사태가 벌어지면, 가금 농장은 엄청난 양으로 바이러스를 증폭시키는 바이러스 공장 역할을 하게 된다. 그렇게 되면 자신의 농장 피해는 물론이고 주변 농가를 바이러스로 오염시키고, 심지어 출입하는 차량과 사람에 의해 여러 지역으로 확산되어 가금산업에 큰 피해를 입힐 수 있다. 하늘에서 떨어지는 날벼락, 철새 배설물을 조심하라!

바이러스도 해외여행

박쥐나 조류 등 날개를 가진 동물만이 하늘을 비행하면서 국경을 초월하여 마음대로 여러 지역을 이동하는 것은 아니다. 인간도 동물만큼이나 빈번하게 하늘을 휘젓고 다닌다. 인간이 스스로 만든 도구, 비행기를 이용하면서부터이다. 국립과천과학관 '자연사'관을 방문하면 예약을 해야 관람할 수 있는 '생동하는 지구Science On a Sphere, SOS'라는 전시물 체험 프로그램 공간이 있다. 그곳에 들어서면 관람홀 중앙에 지구 모형이 떠

있다. 관람이 시작되고 어둠이 드리워지면, 우주에서 바라다본 지구 영상이 그대로 지구 모형에 투영된다. 그러면 지구는 푸른빛을 띤 블루마블의 아름다움으로 화려하게 부활한다. 우주에서 이렇게 아름다운 행성이 있을까? 필자를 감탄스럽게 만드는 지구, 참으로 아름답기 그지없다. 잠시 후 지구의 또 다른 장면은 관람객들의 시선을 사로잡는다. 지구상에 실시간으로 날아다니는 비행기의 움직임이다. 지구상에는 3만 대에 육박하는 수많은 민항기들이 지구촌 여기저기 상공을 날아다닌다. 수만 대의 비행기 행렬은 월동기 철새들의 군무와도 비견할 수 있을 만큼 멋진 장관을 연출한다. 지구촌 여기저기에서 쉴 새 없이 돌아다니는 엄청난 수의 비행기들은 마치 둥근 공처럼 생긴 벌통 주변으로 날아드는 꿀벌을 연상시킨다.

오늘날, 비행기를 타고 해외여행을 다니는 것은 더 이상 자랑거리가 아니다. 2014년 우리 국민 중 약 1,600만 명이 해외여행을 다녀왔다. 우리 국민 3명 중 1명꼴로 해외여행을 다녀온 셈이다. 아시아와 미국, 유럽 지역 방문객들이 주를 이루지만, 아프리카와 남미 대륙을 여행하는 한국인들도 적지 않다. 국내 해외여행객의 수는 10년 전에 비해 두 배나 증가했다. 해외여행 자유화 조치 이후 초창기인 30여 년 전에 비해 무려 16배나 증가했다. 우리 국민만이 해외로 떠나는 것이 아니다. 외국인들의 한국 방문도 엄청나다. 2014년 우리나라를 방문한 입국자는 약 1,400만 명에 달한다. 우리나라 입국자도 매년 증가해서 10년 전 580만 명에 비해 두 배 이상 증가했다. 2014년 한 해 우리나라 출국자와 입국자를 합하면 약 3,000만 명! 엄청난 사람들이 한국을 드나든다. 앞으로도 한국을 출입하는 여행객의 수는 지속적으로 증가할 것으로 보인다.

국경을 넘나드는 여행객의 급증은 비단 한국만의 상황은 아니다. 지난 30년간 여행 속도, 여행 거리, 여행 인구 측면에서 전 세계적으로 비약적인 발전을 거듭했다. 특히 민간 여객기의 이용이 대중화되면서 매년 수억 명의 여행객들이 국경을 건너 사업, 공부, 연구, 관광 등 다양한 목적을 갖고 여행을 다닌다. 세계관광기구World Tourism Organization, UNWTO에 의하면, 전 세계 해외여행 인구 수는 1950년대 2,500여만 명에서 2008년 9억 2,400만 명으로 무려 36배나 급증했다. 오늘날, 국제 교류와 해외여행의 폭발적 증가로 인하여, 지구 어느 지역이든 여행하는 사람들로 북적거린다. 어쩌면 국경이라는 것은 형식에 지나지 않은 것처럼 보인다. 단 하루면 지구촌 어디든지 날아갈 수 있다. 말 그대로 지구촌이다.

우리의 삶이 세계화, 지구촌화되면서 덩달아 인간이 갖고 다니는 각종 바이러스들도 '지구촌화'되고 있다. 과거 군대 이동이나 신대륙 집단 이주 등으로 인해 전염병이 확산 또는 유입되던 시대와는 전혀 다른 세상에 살게 되었다. 2003년 사스 유행 때나 2009년 신종플루 H1N1 판데믹은 항공기 여행의 발달이 전 세계적으로 전염병을 얼마나 급속하게 퍼트릴 수 있는지를 절실히 보여주었다. 항공 여행으로 단 하루 만에 지구촌 반대편까지 바이러스가 날아갈 수 있다. 어느 대륙, 어느 지역에도 우리 교민들이 진출해 있고, 그 나라 국민들도 여러 가지 이유로 우리나라를 방문할 수 있으며 그 나라를 경유해서 입국하는 제3국의 국민들도 있다. 감염자가 특정 지역에 체류하면서 전염병 유행의 도화선으로 작용할 위험성을 가질 수 있다. 감염자는 지구 반대편에 방문했다가 입국할 수도 있다. 그래서 우리는 지구 반대편 어느 지역에서 어떤 바이러스가 유행하는 것이 단지 그 나라만의 문제로 치부해버릴 수 없는 세상에 살고 있다. 오늘날, 전염병은 더 이상 지엽적인 문제가 아니다. 2015년 봄, 중동을 다녀온 단 한 명의 감염자에 의해 국내에 확산된 메르스는 그 단면을 보여주었다. 감염자가 중동에서 한국으로 입국하는 데 단 하루도 걸리지 않았다. 하루 반이면 지구촌 어디에도 갈 수 있다.

메르스 사례는 단지 일부에 지나지 않는다. 우리나라 국민들의 해외여행이 늘면서 외국 상재 지역으로 여행 갔다가 졸지에 그 지역 풍토병에 걸려 귀국하는 사례가 적지 않게 발생하고 있다. 질병관리본부에 의하면, 해외여행 중 감염병에 걸려 입국한 감염자 수가 매년 증가하고 있다. 2009년 148건에서 2014년 400건으로 최근 5년 사이 해외여행 감염자 수가 2.7배나 증가했다. 해외여행객 대부분의 감염병은 아시아(81%)나 아프리카(17%) 지역을 여행하다가 그 지역 모기가 매개하는 뎅기열, 말라리아 등 풍토병이거나 위생불량으로 인한 식중독 원인균들이다. 특히 가장 많이 걸리는 해외 감염병은 뎅기열이다. 2014년 한 해 동안 165명에 달했는데 최근 뎅기열이 확산되고 있는 동남아 지역을 다녀온 여행객들이다.

사람 간 전염성이 강한 바이러스에 걸려 귀국하는 경우에는 경고음이 울린다. 일단 감염자에 의해 유입이 되면 주변 사람들을 감염시킬 수 있기 때문에 공중보건학적으로 문제가 심각해질 수 있다. 질병관리본부 자료에 의하면, 2014년 442건의 홍역 환자가 국내에 발생했다. 이 중 해외여행 중 홍역에 걸려 입국한 감염자가 21명이나 되었고, 이들 감염자로 인해 2차 감염된 사람들이 420여 명이나 발생했다. 대표적인 경우가 2014년 4월, 서울의 한 대학에서 발생한 홍역 집단발병 사례이다. 최초 감염자는 홍역에 감염된 동남아 여행객과 접촉한 재학생이었다. 그 후 홍역은 학교 내 한 동아리를 중심으로 전파되어, 최종 환자가 발생할 때까지 총 86명이 감염되었다. 다행히 긴급 임시예방접종과 대규모 행사 자제, 방역소독 등 보건당국의 개입으로 발생 5주 만인 그해 5월 말 홍역 발생은 멈추었다. 홍역은 1960년대까지만 해도 공포의 대상이었다. 전 세계적으로 매년 700만 내지 800만 명의 어린이가 홍역으로 목숨을 잃었다. 그러나 홍역백신이 개발되면서 홍역으로 목숨을 잃는 아이의 수는 급격히 줄어들었다. 2014년에는 전 세계 홍역 사망자가 불과 14만여 명에 불과하여 세계적인 홍역 박멸의 희망을 보였다. 그러나 2016년 들어 미국과 유럽 등 세계 각지에서 홍역이 다시 부활하는 조짐을 보였던 바 있다. 전 세계적으로 홍역 발생이 줄어들자 홍역백신 접종을 소홀히 한 것이 그 원인 중 하나로 꼽히고 있다. 홍역의 부활 조짐은 활발해진 해외여행, 바이러스의 강한 전염성, 백신 접종 기피로 인한 면역 부재 등 전염병이 유행하는 데 필요한 요소들이 어우러진 합작품이라는 의견이 많다. 이제 전염병에 관한 한, 다른 나라의 문제가 우리나라에도 자유롭지 않은 세상에 살고 있다.

전염병의 인큐베이터, 대도시

필자가 유년 시절을 보냈던 1970년대 시골 마을은 골목길마다 아이들의 노는 소리로 시끌벅적했다. 그 당시 필자가 다녔던 초등학교는 한 학년 학생 수가 200명이 넘었다. 시골 읍내에 있는 초등학교는 웬만하면 그 정도 수준이었다. 그러나 이것은 이제 과거의 일이 돼버렸다. 1980년대 이후 도시로 젊은이들이 급격히 몰리면서, 전국 어디에서나 시골 대부분은 젊은이들이 별로 없는 젊은 층 공동화 현상이 벌어지고 있다. 단 몇 명의 학생들로 채워진 교실의 풍경은 시골 초등학교에서 볼 수 있는 흔한 광경이 된 지 오래다. 시골 학교 상당수는 폐교가 되고, 상대적으로 큰 인근 초등학교와 통합되면서 겨우 명맥을 유지하고 있는 실정이다.

인구의 도시 집중화는 비단 우리나라만의 현상은 아니다. 지난 200년 동안 전 세계적으로 도시 인구의 비중은 5%에서 50%까지 급증했다. 이 현상이 지속된다면, 2030년에는 도시 인구가 전체의 3분의 2를 차지할 것이라는 전망이 나오고 있다. 도시화는 최소한 보건적 측면에서 뚜렷한 상반된 명암 효과를 만들어낸다. 경제적 수준이 뒷받침될 경우, 보다 나은 위생환경과 보건 서비스 같은 보건 공공재 혜택은 감염병의 위험을 줄이는 데 중요한 요소이다. 반면 열악한 위생환경과 인구 밀집은 수인성 질병과 호흡기성 질병의 급속한 확산을 부추길 수 있다.

오늘날 도시화가 가장 급속히 진행되고 있는 지역은 아프리카와 아시아 저개발국들이다. 아프리카 도시 인구는 1950년대에 비해 3배나 증가했고, 아시아에서도 두 배나 증가했다. 세계보건기구에 따르면, 전 세계적으로 도시 거주민 중 약 6억 명은 열악한 위생환경에서 살아가고, 1억 3,700만 명이 제대로 된 식수조차 제공받지 못하고 있다. 이러한 환경조건은 설사병이나 수인성 전염병의 창궐을 초래한다. 이 상황은 사하라사막 이남 지역 도시들 사이에서 특히 심각하다. 예를 들면, 나이지리아 이바단의 경우 거주민의 3%만이 안전한 식수를 공급받고 있는 실정이다.

저개발국에서의 도시화는 심각한 쓰레기 문제를 초래한다. 이들 도시의 빈민가 지역은 행정력이 제대로 미치지 못하여 공터나 거리 구석마다 쓰레기가 산더미처럼 쌓여있다. 쓰레기가 쌓이면 매개 곤충의 서식처를 제공하고, 설치류가 득실거릴 수 있는 이상적인 여건을 제공할 수 있다. 버려진 깡통 캔 내부나, 플라스틱 병, 타이어 바퀴 안 등은 뎅기열, 황열, 치쿤구니아Chikungunya 등을 매개하는 흰줄숲모기의 서식처로서 작용한다. 따라서 열대 및 아열대 도시 지역에서 모기 번식이 증가한다. 면역이 없는 인구 유입, 불결한 위생환경, 인구 밀집과 관광객 같은 유동인구의 증가 등과 맞물려 황열이나 뎅기열 유행의 온상지로 변해 이들 지역에서 모기 매개 전염병의 유행이 수면 위로 떠올랐었다. 2016년 동남아 지역 도시들을 중심으로 뎅기열 발생이 크게 증가했던 것이 대표적인 사례다. 예를 들면, 2007년 인도네시아 뎅기열 환자 12만여 명 중 2만 5,000명이 대도시 자카르타에서 발병했다. 2000년대 중반 이후 치쿤구니아 열병이 인도양 해안 도시를 중심으로 확산하고 있는 것도 부분적으로는 그러한 요인이 작용한 것으로 보인다.

대도시는 인구 밀집과 대중교통 발달, 공동 활동공간의 증가 등으로 수많은 사람들이 직간접적으로 접촉할 수 있는 기회를 제공한다. 그러한 도시 환경은 인플루엔자, 홍역, 결핵 등 호흡기 질병이나 전염성이 강한 전염병의 유행을 촉발시킬 수 있다. 인구 밀집이 빈곤과 결합할 경우 전염병 유행의 정도가 더 높아진다. 예를 들어, 인구 500여만 명이 거주하는 파키스탄 최대 도시인 카라치 빈민가에서의 폐결핵의 유행률은 10만 명당 329명으로, 이 나라 평균 수치인 10만 명당 171명보다 거의 두 배나 높다. 특히 국제 교류가 활발한 대도시의 경우 순식간에 전 세계로 전염병을 퍼트릴 수 있는 위험성을 가진다. 중국 남부 광둥성 지역은 과거부터 판데믹을 초래한 아시아 독감, 홍콩 독감 등 신종 인플루엔자 바이러스의 출현과 사스 출현의 근원지였다. 이 신종 바이러스가 세계적으로 확산되는 거점을 마련해준 것은 광둥성 중앙에 위치한 홍콩이었다. 홍콩은 인구가 밀집된 대도시에다가 아시아와 다른 대륙을 연결하는 국제 교류의 허브 역할을 하는 국제도시이기 때문이다. 사스는 광둥성에서 온 한 명의 감염자가 홍콩을 방문하면서 국제적 확산의 도화선을 제공했다. 대도시는 생활의 편리함을 제공하기도 하지만, 도시 인구 밀집 자체가 유행병을 배양하는 인큐베이터가 될 수 있다.

04

쓰나미 같은
전염병의 무시무시한 확산속도

지카 바이러스, 겁먹은 임산부들

2016년에는 신생아에게 소두증(두부 및 뇌가 정상보다도 이상하게 작은 선천성 기형의 하나로 대개의 경우 앞이마의 발달이 나쁘고 상하로 두부가 작게 보임)을 일으키는 것으로 보이는 신종 전염병, 지카 바이러스Zika virus가 전 세계를 공포로 몰아넣었다. 이 바이러스에 걸리면 정상인의 경우 며칠 동안 독감 비슷한 증상을 보이다 낫는 게 일반적이고 사망하는 경우는 거의 없다. 유독 산모에게 피해가 두드러지게 나타나는데, 산모가 이 바이러스에 감염될 경우 선천적 뇌발달 장애를 가진 소두증 기형아를 출생할 위험성을 가지고 있다. 지카 바이러스 감염자 사례에서 길랭바레증후군(신경에 염증이 생기면서 근육이 약해지며 빠르게 진행되는 희귀성 난치질환) 발생이 증가하는 경향이 있어 이 질병과 연관성이 있는지도 의문이 있었다. 브라질에서 2015년에만 감염자가 150만 명을 넘어섰고, 임산부 감염으로 1,700여 명의 소두증 신생아가 태어났다. 당분간 남미 지역에서는 그 상황이 호전될 것 같지가 않다. 방송이나 언론을 통해 비쳐지는 피해 신생아는 두뇌가 거의 발달되어 있지 않고 인지 능력이 없는 아이는 정상적인 생활이 불가능할 것이다. 그 지역에서 살아왔고 그 지역에서 임신하여 불운하게 그 바이러스에 감염되었다는 것만으로, 그렇게 태어난 수많은 아이들이 얼마 살지도 못하고 죽거나, 살아가더라도 부모나 그 아이나 힘겨운 삶을 이어가게 될 것이다. 아이를 키우는 부모의 입장이다 보니, 그 아이가 살아갈 인생을 생각하면 애잔하기 이를 데 없다.

브라질에서 소두증 피해 사례가 나타나기 시작한 것은 2015년 5월이었다. 이 바이러스가 처음 출현한 곳은 대서양을 두고 아프리카를 바라보고 있는 브라질 북동부 바히아Bahia주에서였다. 이 바이러스는 모기가 매개하는 질병으로 뎅기열과 임상 증상도 유사하다. 그 당시에는 임산부 피해가 그리 많지 않았지만 모기 활동이 왕성해지면서 신생아 소두증 피해 사례들이 속출하기 시작했다. 신생아 소두증을 일으키는 주범은 플라비 바이러스Flavi virus 일종인 지카 바이러스이다. 이 바이러스는 원래 1947년 우간다의 지카 열대우림에 있는 야생원숭이에게 황열 조사를 하던 과정에서 우연히 발견된 바이러스였다. 그러니까 이 바이러스가 갑

〈정상〉 〈비정상〉

지카 바이러스에 감염된 임산부가 출산한 소두증 아기의 모습. 소두증으로 태어나면 두뇌 미발달로 정상적인 인지가 불가능하다.

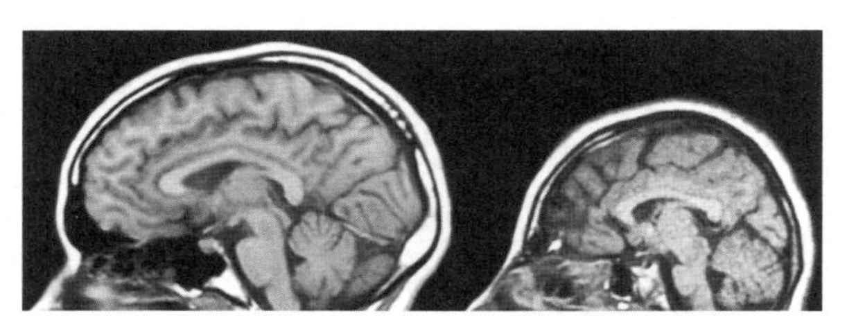

소두증 신생아의 미발달된 머리 엑스레이

자기 인간 사회에 나타난 새로운 바이러스가 아니라, 아프리카 지역에서 이미 오래전부터 존재하고 있었던 아프리카 토착 바이러스였던 셈이다. 이 바이러스가 1970년대 말 아프리카를 벗어나 동남아시아에서 발견되더니, 점점 더 동쪽으로 진군해 2000년대 후반 들어 태평양에 있는 작은 섬들에서 발견되었다. 급기야는 2015년 진군하는 바이러스가 결국 남미 대륙 브라질에 상륙했다.

브라질 상륙에 성공하여 정착한 이후 지카 바이러스는 돌변했다. 그 이전까지 사람에게 거의 문제를 일으키지 않던 바이러스가 브라질에 상륙하고 나서 임산부를 감염시키고 신생아 소두증 피해가 속출하기 시작했다. 이 바이러스의 움직임이 심상치 않았다. 바이러스의 진군은 거침없었다. 2015년 5월에 시작된 소두증 유행이 그해 9월에는 브라질 전체로 확산되더니, 11월에는 브라질 북쪽 방향으로 확산되어 멕시코까지 이르게 되었다. 2016년 1월이 되어서는 미국까지 확산되었고 심지어 동남아시아와 유럽에서도 다수의 감염자가 나타난 바 있다. 그 진군이 어디까지 확산될지 그 피해가 얼마나 될지 알 수 없는 상황이다. 최소 수년이 걸릴 수 있는 백신 개발을 서두르고 있지만, 당장 사용할 백신이나 마땅히 감염자를 치료할 치료제가 없는 상태이다. 당장 할 수 있는 것은 지카 바이러스가 돌아다니는 지역을 여행하지 않는 것이고, 그곳을 방문하게 되면 모기에 물리지 않는 방법밖에 없다. 이미 세계보건기구는 아메리카 대륙 전체로 확산되어 유행할 것이라고 경고를 내렸다. 각국은 임산부의 경우 중남미 지역을 여행하는 것을 자제하도록 권고하고 있는 지경에 이르렀다. 자! 여기서 우리가 답을 찾으려면, 이 바이러스가 어떻게 전염이 이루어지는지를 알아볼 필요가 있다. 그것을 이해한다면 우리는 지카 바이러스의 거침없는 진군을 막아내는 데 있어서 무엇을 해야 하는지 어느 정도 답을 찾아낼 수 있을 것이다. 사실 알고 있다 하더라도 우리가 할 수 있는 일은 제한돼 있다.

이 바이러스가 어떤 경로로 브라질에 상륙했는지에 대해서 여러 가지 설이 있으나 확정된 어떤 증거도 찾아내지 못한 상태이다. 어쨌든 왜 아프리카 토종 바이러스가 유독 아메리카 대륙에서 들불 번지듯 활활 타오르고 있는 것일까? 지금까지 아프리카나 동남아시아에서 별 문제없던 바이러스가 왜 아메리카 대륙에서 소두증 문제를 일으킬까? 이것에 대해 무엇이 문제인지 뚜렷한 근거가 없는 상황에서 해결책을 명확하게 제시할 수는 없다. 여러분은 무엇이 문제라고 생각하는가?

많은 사람들은 언론이나 방송을 통해 어느 정도 지식을 가지고 있을 것이다. 지카 바이러스는 뎅기열과 마찬가지로 모기가 매개하는 전염병이다. 물론 감염자의 혈액을 수혈받는 경우도 가능하지만 매우 희박한 사례에 불과하다. 쉽게 말해서 바이러스를 가진 모기에 물려서 사람이 감염된다는 의미를 가지고 있다. 모기가 사람에게 지카 바이러스를 옮기는 데는 두 가지 전제 조건을 가지고 있어야 한다. 사람이 지카 바이러스에 걸리기 위해서는 모기가 지카 바이러스를 가지고 있어야 하고, 그 모기가 사람을 흡혈해야 한다는 조건이 필요하다. 여기서 바이러스를 가진 모기는 단순히 바이러스를 가지고 있는 게 아니라 다량으로 가지고 있어야 한다. 우리 눈에도 보이지 않는 모기 흡혈 빨대에 미세하게 묻어있는 타액만으로도 사람을 감염시켜야 하기 때문이다. 그러기 위해서는 모기 소화 장기에서 바이러스가 다량으로 증식해서 타액에 바이러스가 다량으로 묻어있어야 가능하다. 모기 체내에서 바이러스가 잘 증식하는 경우 바이러스를 퍼트리는 매개 모기로 등극한다. 그러면 그 모기는 바이러스를 잔뜩 실은 폭격기로 돌변한다. 모기 체내에서 바이러스가 증식할 수 있는 모기종은 매우 제한되어 있고 바이러스마다 다르다. 예를 들면, 지카 바이러스는 이집트숲모기, 뎅기열은 흰줄숲모기, 일본뇌염은 작은빨

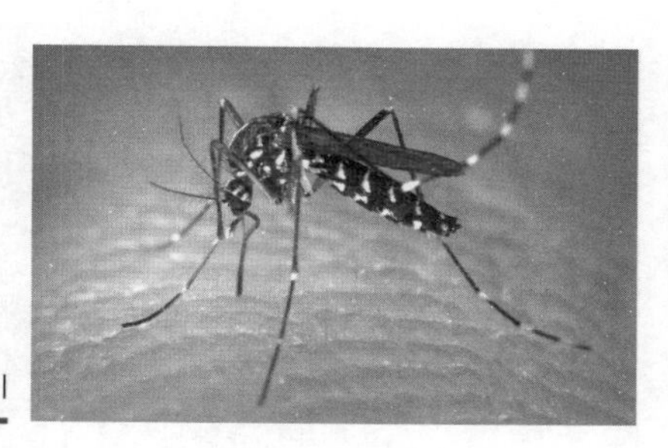

지카 바이러스를 옮기는 이집트숲모기

간집모기에서 잘 증식한다. 반대로 말하면 모기 체내에서 바이러스 증식 능력이 떨어질수록 사람에게 바이러스를 전염시키는 능력도 떨어진다.

중요한 것은 모기는 수명이 짧아 기껏해야 수개월 이상 살지 못한다는 점이다. 그리고 모기가 다른 모기에게 바이러스를 전염시키는 것도 아니다. 그러면 당연히 모기에게 빈번하게 바이러스를 공급해주는 숙주 동물이 자연계에 존재해야 한다. 현재까지 알려진 바로는 지카 바이러스를 공급해주는 자연숙주 동물로 원숭이 등 영장류 동물을 주목하고 있으나, 아직까지 어느 동물이 바이러스 전파의 핵심 숙주 동물인지는 명확하지 않다. 즉 자연계에서 바이러스를 공급해주는 자연숙주 동물이 흔하게 존재하고, 숙주 동물을 흡혈하는 모기종이 왕성하게 활동해야 지카 바이러스의 유행이 성립된다는 결론에 도달한다. 지금 지카 바이러스 유행이 폭발적으로 증가하는 것은 아프리카나 동남아 어느 지역보다도 중남미 지역이 그런 조건을 잘 충족하고 있다는 것을 시사한다.

이집트숲모기는 지카 바이러스를 옮기는 핵심 요소이다. 그래서 이집트숲모기가 어디서 많이 서식하는지를 알게 되면 앞으로 지카 바이러

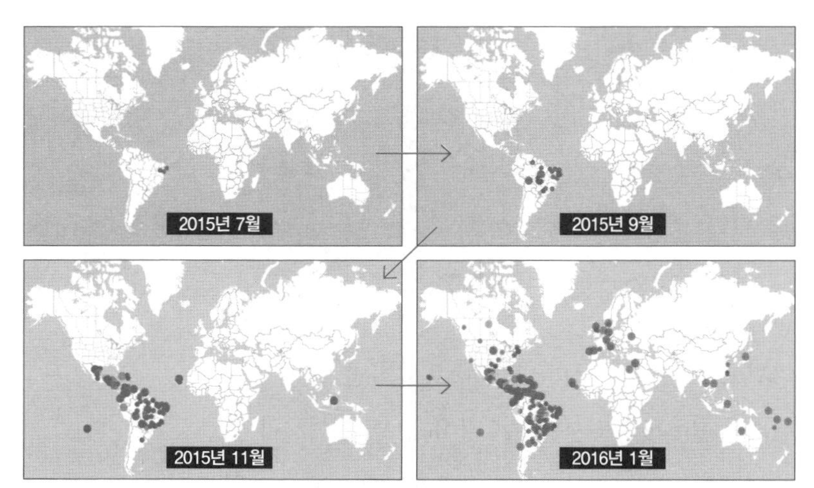

2015년 5월 지카 바이러스 출현 이후 급속한 바이러스 확산 현황. 남미 대륙에 바이러스가 출현한 지 불과 1년도 되지 않아 무서운 기세로 중남미 전 지역으로 확산되었다.

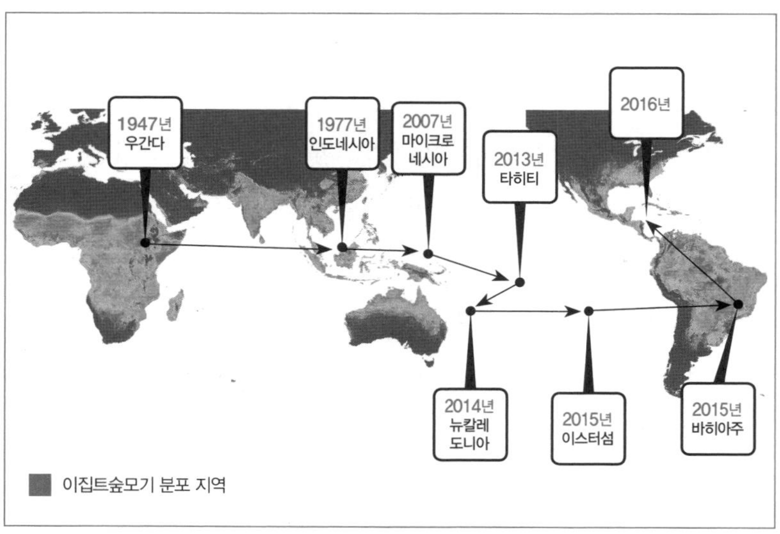

전 세계 이집트숲모기 분포 지역(열대 및 아열대 지역)과 지카 바이러스 확산 현황

스가 어떻게 어느 지역으로 확산되어 갈지 예측하는 데 도움이 된다. 현재까지 알려진 바로는 이집트숲모기가 가장 넓은 지역에서 가장 많이 분포하고 있는 곳이 바로 중남미 지역이다. 지카 바이러스가 활발하게 유행하는 것의 원인이 거기에 있다. 중미 열대산림이 있는 이상 지카 바이러스의 북상을 멈출 방법이 별로 없다. 이집트숲모기가 미국 남부 지역에서도 광범위하게 서식하고 있기 때문에, 일단 이 지역에까지 유입되면 폭발적으로 감염자가 생길 가능성을 배제할 수 없다. 불행 중 다행스러운 점은 아직까지 우리나라에서 이집트숲모기가 발견되고 있지 않다는 것이다. 다시 말해 지카 바이러스가 국내에 유입되더라도 바이러스를 퍼트릴 폭격기라 할 수 있는 모기가 없다. 다만 이집트숲모기의 사촌격인 흰줄숲모기가 지카 바이러스를 전염시킬 가능성이 있다고 보기도 한다. 하지만 이집트숲모기처럼 강력한 바이러스 매개 능력을 가지지 않는 한, 설령 유입되더라도 크게 유행할 가능성은 그리 높지 않다. 그렇다고 무조건 문제가 되지 않는다고 장담할 수만은 없기에 여름철 국내에 지카 바이러스가 유입되지 않도록 조심할 필요는 있다. 일단은 바이러스가 국내에 들어오지 않는 것이 최선이다.

전염병 통제의 승패는 타이밍

치사율 100%에 달하는 공포의 전염병, 고병원성 조류 인플루엔자 H5N1이 양계 농장에서 발생했을 때, 국가가 조기에 개입하지 않을 경우 그 농장에는 어떤 일이 벌어질지 상상해보라. 이 바이러스가 처음 양계 농장에 침투하여 수만 마리 중 한두 마리가 이 전염병에 걸려 폐사했을 때, 농장 주인은 이 전염병이 농장에 들어왔다는 사실을 처음에는 인지할 수 없다. 양계 농장에서 수만 마리 중에 한두 마리가 죽어나가는 것은 흔한 일이기 때문이다. 처음 전염병에 걸린 닭은 그 닭과 접촉한 인근의 여러 마리의 닭을 감염시킬 것이다. 그 닭은 병에 걸려 죽을 것이고, 다시 주변 닭들에게 바이러스를 옮길 것이다. 바이러스에 걸려 죽어나가는 닭들의 수는 기하급수적으로 증가하기 시작할 것이다.

자신의 농장에서 수십 마리의 닭들이 죽어나가면 농장 주인은 비로소 농장에 범상치 않은 일이 벌어지고 있다는 사실을 직감하고 방역당국에 신고할 것이다. 실제 발생 농장에서 닭 폐사 수가 증가하기 시작하면, 그 이후부터 바이러스의 전염은 매일 폭발적으로 증가한다. 발생 농장들의 사례를 보면 이 시기 이후에는 일반적으로 닭 폐사 수가 매일 거의 두 배씩 기하급수적으로 증가한다. 만약 발생을 인지한 직후인 초기에 방역조치와 검역조치를 취하지 않으면, 농장에 바이러스가 침투한 지 2주 이내에 축사에 키우는 닭들은 모두 몰살하게 된다. 이것은 단지 그 농장만의 문제가 아니다. 수만 마리가 쏟아낸 천문학적 숫자의 바이러스들이 그 농장을 오염시킬 것이고, 농장을 출입하는 각종 차량과 사람에게 바이러스가 묻어서 다른 농장으로 퍼지게 된다. 치명적인 전염병이 유행할 때 초기 방역, 즉 신속한 국가 개입이 매우 중요한 이유가 여기에 있다.

위 사례는 닭에게 전염성과 치사율이 가장 높은 전염병이 유행한다는 극단적인 최악의 시나리오이지만, 사람이든 가축이든 전염병의 유행을 통제하지 않으면 인구 밀집도 강화, 대규모 가축 사육, 교통수단의 발달과 교류 증가 등으로 유행의 확산은 과거 어느 때보다도 훨씬 빠르고 강한 속도로 폭발적으로 증가하여 그 피해는 쓰나미처럼 나타나게 된다. 어찌 됐든 간에, 전염병의 유행과 확산이 얼마나 강하게 일어나는지는 여러 가지 변수에 의해 결정될 것이다.

어떤 병원균이 특정 집단에 유입된 후, 1차 감염자에 의한 2차 감염자 수로 정의되는 기본재생지수 수치는 전염병 유행을 예측하는 중요한 잣대가 된다. 평균 기본재생지수가 1(1차 감염자가 평균 1명을 감염) 이상일 경우에는 바이러스는 그 집단에서 전염성을 유지할 것이다. 특히 그중에서도 슈퍼전파자(다수의 2차 감염자를 양산하는 특정 감염자)가 전염병 유행의 중요한 역할을 담당한다. 사람에게 병을 일으키는 바이러스 중에서 기본재생지수가 가장 높은, 즉 전염력이 가장 강한 바이러스는 무엇일까? 홍역으로 알고 있다. 홍역은 평균 기본재생지수가 무려 12 내지 18 정도인 것으로 알려져 있다. 매년 환절기면 극성을 부리는 계절 독감의 평균 기본재생지수가 최대 2.1 정도 되는 것과 비교하면 엄청난 전염력이다. 이러한 전염병을 통제하지 않을 경우 단기간에 감염자가 폭발적으로 증가할 수 있다.

반면에 웨스트나일뇌염이나 뎅기열처럼 모기가 전염시키는 전염병의 경우 모기에 물리지 않으면 병에 걸리지 않아 특정 집단 내 대규모 유행은 쉽게 일어나지 못한다. 쉽게 말해 웨스트나일뇌염의 평균 기본재생지수는 0에 가깝다. 다만 모기에 물린 경우 병에 걸릴 위험은 있을지라도 사람 간 전염이 이루어지지 않으므로 지역사회에서 집단 유행의 가능성이 거의 없다.

일반적으로 특정 집단에서 전염병 유행 경과를 분석하는 데에는 기본재생지수의 변형지표인 유효재생지수Rt를 사용하기도 한다. 유효재생지수는 특정시기에 발생한 각 신생건수에 의해 유발되는 감염자의 수를 정량한 수치인데, 이 수치는 일반적으로 기본재생지수보다 낮다. 일단 특정 전염병이 유입되어 유행이 시작되면 시간이 경과함에 따라 회복되는 사람들에게 면역이 형성된다. 그러면 면역이 형성된 사람들이 증가하면서 병에 걸릴 수 있는 감수성 숙주의 수가 줄어들어 '감수성 숙주 고갈현상'이 나타난다. 그래서 유행 초기와 달리, 시간이 경과하면서 유효재생지수는 급격히 떨어질 것이다. 유행곡선이 종 모양을 그리는 것이 바로 이 때문이다. 예를 들어, 닭에게 매우 치명적인 뉴캐슬병의 경우 백신 접종 등으로 이미 농장의 닭 80% 이상이 면역되어 있으면 설령 바이러스가 유입되더라도 농장 안에서 바이러스가 순환하지 못한다고 한다. 소위 면역장벽이 형성되어 감수성 숙주 고갈 현상이 나타나기 때문이다. 또한 특정 전염병의 유행 조짐이 보이면, 질병 확산을 통제하기 위하여 감염자 격리 차단, 치료제 및 백신 투입 등 보건당국의 개입이 뒤따른다. 이러한 국가 개입은 1차 감염자를 격리 통제하여 주변 사람들과의 접촉

한 양돈 농장에서 방역에 만전을 기하고 있는 모습
(출처: 매일경제신문사)

을 차단함으로써 잠재적인 2차 감염자 발생을 저지하기 때문이다.

그러므로 국가든 국제사회이든 보건당국의 개입이 얼마나 효율적으로 적기에 이루어지는가에 따라 전염병 통제의 승패가 좌우될 수 있다. 특히 전염성이 강한 병원균의 경우 국가 개입으로 통제되지 않는다면 전염병의 확산이 폭발적으로 나타나는 것은 자명하다. 영국 런던 임페리얼대학 연구팀은 2003년 홍콩에서 사스 유행 당시 전염병 유행을 저지하는 데 보건당국의 개입이 얼마나 중요한지를 시뮬레이션으로 분석했다. 그 결과에 따르면, 국가 개입이 없다면 예상했던 대로 사스 유행은 통제 불능의 재앙으로 발전하는 것으로 예측했다. 감염 환자 신고가 신속히 이루어지고 조기에 입원하는 것만으로도 2차 감염자 수를 19% 줄일 수 있고, 입원 후 신속한 격리 통제조치까지 받는다면 2차 감염자 발생을 76% 감소시켜 전염병 유행을 통제하는 데 충분하다고 결론을 지었다. 전염병의 유행 확산을 저지하기 위해서는 기본적으로 국가의 개입으로 유효재생지수를 1 이하로 낮추어야 한다. 가축의 고병원성 조류 인플루엔자나 사스 사례처럼 그 나라의 보건당국이 얼마나 조기에 신속하게 통제하느냐에 따라, 전염병 확산 저지의 승패를 좌우한다. 그렇지 않고 동남아시아의 조류 인플루엔자 사례나 중동 지역의 메르스 사례, 서아프리카의 에볼라 사례처럼 국가의 방역 역량이 시의적절하게 감당하지 못한다면 전염병의 확산을 저지하는 기간은 연장되고, 그 피해는 급속도로 증가할 것이다. 보건당국의 개입과 그 역량은 전염병 확산을 통제하는, 인류 보건을 위한 공공재Public goods로서 매우 중요하다.

쓰나미처럼

우리의 의지와 상관없이, 지구촌 어디에선가 신종 바이러스들이 발견되고 있다. 수천 종의 신종 바이러스들이 야생세계에서 발견되고 있다. 그중 상당수의 바이러스는 사람에게 해가 거의 없이 동물 바이러스, 그 자체에만 머문다. 유럽의 반추가축들 사이에 나타난 슈말렌베르크 바이러스처럼 사람에게 병을 일으키지는 않지만 가축에서 발병하여 축산업 피해로 이어지기도 한다. 또 니파 바이러스처럼 신종 바이러스가 동물에게서 사람에게로 넘어와 사람들 사이에서 치명적인 병을 일으켜 그 지역 사회에서 심각한 문제를 일으키기도 한다. 그러나 유행 거점 지역 내에서 문제를 일으키는 데 머무르기 때문에 그냥 해외 단신 뉴스쯤으로 치

세계 경제에 큰 타격을 주는 신종 바이러스

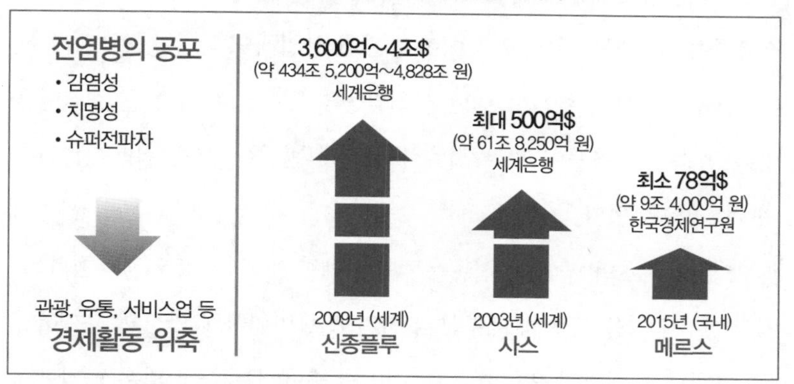

신종 바이러스로 인해 세계 경제가 큰 타격을 맞은 모습을 손실액으로 알 수 있다.

부하며 무시하곤 한다. 하지만 신종플루나 사스처럼, 동물로부터 사람으로 넘어와 단지 지역적 유행에 그치는 것이 아니라 세계 여러 나라로 확산되는 최악의 사태를 일으키는 바이러스들도 간혹 나타난다. 그럴 경우, 당장 우리가 살고 있는 사회에서 공공 안전을 위협하는 공포로 다가온다. 특히 사스나 메르스처럼 슈퍼전파자는 감염의 위험성 자체를 전염시키는 사회적 공포로 발전할 수 있다. 신종 전염병은 말 그대로 갑자기 인류 앞에 나타난 병원균이기 때문에, 백신과 같은 대응 무기 자체가 준비되어 있지 않다. 설령 긴급하게 백신을 개발하는 일을 서두른다 하더라도 수개월에서 수년이 걸린다. 그래서 전염병이 어떤 방향으로 확산될지 개인적으로 판단하는 데 한계가 있다. 따라서 우리는 혹시 자신이 그 병에 걸리는 불상사가 발생할지도 모른다는 생각에 주변에 일어나는 감염 사건 하나하나에 민감하게 촉각을 곤두세우고 반응하게 된다. 그 후유증은 사회활동 위축으로 이어져 관련 산업에도 악영향을 미치게 된다. 신종 전염병 유행으로 인한 사회활동의 위축으로 가장 큰 직격탄을 맞은 업종은 사람들이 서로 접촉하는 일이 빈번한 관광, 유통 등 기타 서비스 업종이었다.

21세기 최초의 판데믹, 신종플루의 사례를 보자. 신종플루는 2009년 멕시코에서 처음 출현해 대부분의 국가로 광범위하게 확산돼 유행하였다. 그래서 21세기에 출현한 신종 전염병 중에서는 가장 많은 나라에서 가장 광범위하게 확산된 신종 바이러스이다. 비록 치사율은 다른 신종 전염병보다 낮았음에도 불구하고 폭발적인 전염 유행으로 말미암아, 세계 경제에 가장 큰 타격을 준 21세기 신종 전염병으로 기록될 전망이다.

정도의 차이는 있겠지만, 거의 대부분의 국가에서 신종플루 유행으로 인한 사회경제적 비용 손실이 나타났다. 2008년 글로벌 금융위기의 여파가 채 가기도 전에 신종플루의 세계적 확산은 불에 기름을 부은 격이 되었다. 당시 국내 경제에 미치는 영향을 분석한 자료에 의하면, 신종플루가 전국적으로 유행할 경우 국내 GDP가 최소 0.4%에서 최대 9.1%까지 감소할 것으로 예상하기도 했다. 실제로 신종플루가 전국적으로 유행했고 그해 2009년, 가장 민감하게 타격을 받았던 국내 여행업계는 매출액이 전년도 대비 24.9% 감소했다. 세계은행의 추정치에 따르면, 2009년 신종플루 확산으로 전 세계적으로 최소 3,600억 달러(약 434조 5,200억 원)에서 최대 4조 달러(약 4,828조 원)에 이르는 경제적 손실이 나타난 것으로 평가되었다. 우리나라가 2014년 1년 동안 수출해서 벌어들인 약 5,731억 달러(약 708조 6,382억 원)보다도 큰 규모이니까 그 피해가 얼마나 큰지 가히 짐작하고도 남는다.

신종플루보다 상대적으로 발생국가 수가 적었던 사스의 경우에도 전 세계적으로 최소 500억 달러(약 61조 8,250억 원) 이상 경제적 손실이 발생한 것으로 추정하고 있다. 아시아개발은행Asian Development Bank, ADB 발표에 의하면, 사스 유행의 직격탄을 맞았던 중국과 홍콩의 경우는 2003년 2/4분기 경제성장률이 전 분기 대비 중국은 2.9%, 홍콩은 5% 급감했다. 한국경제연구원의 분석에 따르면, 메르스의 직격탄을 맞았던 한국의 경우 2015년 6월 이후 수개월 동안 한국을 방문하는 외국인 관광객의 수가 급감하면서, 관광 수입 매출액이 전년도 하반기 대비 10% 이상 감소했던 것으로 나타났다. 한국경제연구원은 메르스 사태는 국내 경제적 손실이 수개월 안에 조기 종결될 경우 약 78억 달러(약 9조 4,000억 원)에 달할 것으로 내다봤다.

전염병 유행이 경제에 미치는 영향은 사람 바이러스에 국한되지 않는다. 치명적인 가축 바이러스 유행이 축산업에 미치는 영향도 결코 무시할 수 없다. 가장 대표적인 사례가 2010년 말 국내 가축에서 발생했던 구제역 사태이다. 당시 구제역이 전국적으로 확산되면서 구제역으로 소와 돼지 감염 가축 살처분 비용 등 직접적인 피해만 거의 3조 원에 이르렀다. 구제역 발생으로 축산물 소비 감소, 지역축제 취소로 인한 관광 수입 감소 등 간접적인 관련 산업 피해 등을 감안하면 그 피해는 훨씬 더

클 것이다. 전염병의 유행은 단지 전염병 그 자체에 머무는 것이 아니라, 정치·경제·사회·문화 다방면에서 직간접적 피해가 쓰나미처럼 몰려온다. 그 후유증은 막대하다.

불멸의 바이러스

1994년 9월, 호주 브리즈번 인근 헨드라 지방에 있는 경주마 14필이 원인 미상의 급성 호흡기 질병에 걸려 폐사하는 사건이 벌어졌다. 이어 농장 주인과 경주마 조련사도 심한 독감 증상을 앓았다. 농장 주인은 다행히 목숨을 건졌으나, 경주마 조련사는 중환자실에서 집중 치료를 받다가 결국 사망했다. 다행히도 사람에서 사람으로의 감염은 없었다. 이 사건을 일으킨 범인은 그전에 세계 어디에서도 발견된 적이 없는 신종 바이러스인 헨드라 바이러스였다(바이러스 이름은 최초 발생 지방 이름을 붙여서 명명함). 원래 호주에서 서식하는 과일박쥐종이 가지고 다니던 바이러스로 밝혀졌다. 방목지에서 운이 없게도 하필 박쥐의 배설물이 묻어있는 목초를 먹어서 말이 감염되고, 감염마가 흘린 분비물에 접촉한 돌보던 사람들이 차례로 감염되었을 것으로 보는 것이 신종 바이러스 출현 과정에 대한 유력한 설이다. 1994년 헨드라 지방에서 발생한 치명적인 신종 전염병 사건은 신종 바이러스가 사람 간 전염성이 없어 더 이상 확산되지 못한 채 그렇게 끝이 났다. 호주 헨드라 바이러스는 1990년대 이후 일련의 신종 바이러스가 어떻게 인류 앞에 출현하는지를 보여주는 서막에 불과했다. 호주에서 헨드라 바이러스는 완전히 사라졌을까?

헨드라 바이러스를 가진 과일박쥐는 지금도 호주 동부 해안을 따라 퀸즐랜드주와 뉴사우스웨일스주 지역에 서식하고 있다. 과일박쥐로부터 경주마로, 그리고 경주마로부터 사람으로 넘어온 헨드라 바이러스를 퇴치하는 데 성공했다. 그러나 그 이후에도 헨드라 바이러스는 수시로 호주에서 출현했다. 비록 간헐적이고 산발적이지만, 2014년 6월까지 무려 50건이나 발생했다. 83필의 말이 감염되어 62필이 죽었고, 사람도 7명이 감염되어 그중 4명이나 사망했다. 바이러스의 근원인 야생동물, 즉 과일박쥐가 서식하고 있는 한 호주에서 헨드라 바이러스를 제거하는 것은 불가능에 가깝다. 단지 인간의 퇴치 노력에 잠시 물러나 있었을 뿐, 인간이 과일박쥐와 접촉할 수 있는 여지를 보이는 순간 비웃기라도 하듯이 홀연히 나타나 피해를 입히곤 했던 것이다. 이것은 단지 헨드라 바이러스에만 해당되는 것이 아니다.

1998년 말레이시아에서 출현한 니파 바이러스도 이듬해 심각한 피해를 입히고 사라졌지만, 그것은 단지 한순간에 불과했다. 매우 치명적인 니파 바이러스는 엉뚱한 곳에서, 전혀 다른 방식으로 사람 앞에 갑자기 나타났다. 말레이시아 사람들 사이에서 사라진 뒤 불과 2년 만에 말레이시아 북쪽에 위치한 방글라데시와 인도 지역에서 다시 나타났다. 그 바이러스는 말레이시아에서처럼 양돈장 돼지를 거치지도 않았다. 바이러스가 들어있는 박쥐 배설물에 직접 노출된 사람들이 감염되었고, 일부 주변 사람들은 감염 환자의 체액 접촉을 통해 감염되었다. 에볼라만큼 치명적인 32% 내지 92%의 치사율을 가진 공포의 니파 바이러스! 이 바이러스를 보유 중인 과일박쥐종이 지구상에서 사라지지 않는 한 언제든지 인류 앞에 모습을 드러낼 것이다. 2016년 야생세계를 조사한 자료들에 따르면, 니파 바이러스를 가진 과일박쥐는 전체 동남아시아 지역뿐만 아니라 심지어 중동과 아프리카 일부 지역까지 폭넓게 퍼져있다. 그래서 어느 국가, 어느 지역, 어느 마을에서 어떻게 갑자기 나타날지는 누구도 예측할 수 없을 것이다.

에볼라 바이러스도 마찬가지이다. 서아프리카에서 에볼라 확산을 겨우 진정시켰지만, 그렇다고 에볼라 바이러스가 완전히 인류 앞에서 사라진 것은 아니다. 바이러스와 접촉할 수 있는 벌목, 개간, 사냥 등 환경적 여건이 만들어지면, 다시 어디에선가 나타날 것이다. 그럼에도 신종 바이러스에 대응할 수 있는 무기는 거의 없다. 백신이나 치료제 같은 대응 무기를 개발할 여유도 없이, 인간의 개입에 의해 수개월 만에 인간 사회에서 바이러스가 제거되어 버렸기 때문이다. 그래서 대응 무기를 개발해도 무용지물의 처지이기 때문에 제약 회사들은 막대한 개발 비용과 수년이 소요되는 개발기간의 한계로 인하여 백신을 개발할 엄두조차 내지 못한다. 그렇다고 자연계에서 이 바이러스를 제거할 능력을 가지고 있지도 못하다.

2015년 말, 세계보건기구는 미래에 전 세계적인 위협을 줄 수 있는 잠재적인 위험성을 가지고 있어, 공중보건을 위해 백신이나 치료제 같은 대응기술 개발이 시급한 전염병을 선정했다. 가장 우선적으로 대응기술 개발이 필요한 전염병으로는 메르스, 에볼라, 사스, 니파 바이러스, 뇌염, 라사열, 리프트밸리열, 마르부르크 출혈열, 크림-콩고 출혈열 등 8종이다. 차선으로 대응기술 개발이 필요한 전염병으로는 치쿤구니아, 중증 열성 혈소판 감소증, 지카 바이러스 등이 선정되었다. 이 전염병이 가지고 있는 공통점은 야생동물들이 가지고 있는 신종 바이러스가 일으키는 전염병이라는 것이다. 그리고 이 바이러스들은 모두 최소한 인류 앞에서 간헐적으로는 인체에 치명적인 악마의 모습을 보여주었다. 그 위험은 여전히 남아있다. 그 위험을 예측하고 예방하며 최소화하기 위해 관리하는 것은 바로 지구촌에 사는 인류에게 달려있다. 우리는 거기에 스스로 대응하고 준비해야 한다. 무엇을 해야 할까?

쉬어가는 페이지

바이러스를 보는 현미경은 집채만 한 현미경이다?

2014년 에볼라가 서아프리카 3개국에서 유행하고 있었을 때, 국내 방송이나 언론에 자주 노출되는 사진 중 하나가, 지렁이처럼 생긴 바이러스 중에서도 매우 독특한 모양을 가진 에볼라 바이러스 입자였다. 그런 사진을 자꾸 보다 보면 나도 모르게 바이러스가 그냥 눈에 보이는 듯한 착각에 빠지기도 한다. 바이러스 입자는 나노 크기의 초미세 입자이다. 우리가 흔히 생물학 실험실에서 보는 그런 광학현미경으로 그 실체를 관찰하는 것은 어림도 없다. 일반적으로 생물 실험실에서 볼 수 있는 일반 현미경으로 식별해낼 수 있는 입자 크기는 마이크로미터 수준이다. 이들 광학현미경은 빛의 파장을 이용하는데 그 파장이 길어서 나노 수준의 입자를 관찰한다는 것은 불가능하다. 바이러스보다 수십 배 덩치가 큰 세균은 광학현미경으로 그 실체를 직접 관찰할 수 있다. 광학현미경으로 수백 배 확대해야 겨우 티끌만 한 크기의 세균 실체가 보인다.

일반적으로 바이러스는 수만 배 이상 확대해야 겨우 인간의 눈으로 볼 수 있을 정도가 된다. 나노 크기 수준의 입자를 관찰하기 위해서는 빛의 파장보다 짧은 전자기파의 파장을 이용해야 수만 배 이상 확대시킬 수 있다. 그 원리를 이용한 현미경이 전자현미경이다. 바이러스를 관찰하는 전문장비인 전자현미경은 1대당 수억 원에 달하는 초고가 장비이고, 온도와 습도가 안정적으로 통제되는 장소에서 특별 대접받으며 설치되어 있다. 전자현미경의 크기는 제품마다 차이가 나지만 광학현미경보다 훨씬 큰 덩치를 자랑한다. 그렇다고 전자현미경은 일반적으로 집채만큼 큰 것은 아니다.

전자현미경은 바이러스의 실체를 규명하는 데 매우 효과적인 장비이다. 일단 바이러스 입자 모양을 관찰하게 되면 그 바이러스가 어떤 계통의 바이러스인지 쉽게 파악이 된

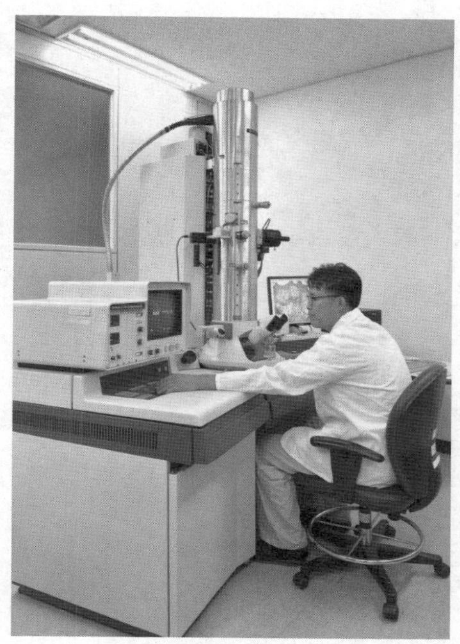

전자현미경으로 바이러스를 관찰하는 모습
(출처: 농림축산검역본부 박중원)

다. 예를 들면 메르스 바이러스는 코로나 바이러스 계통인데, 이 코로나 바이러스의 전형적인 구조는 바람이 빠진 타이어 같은 구조이고 표면에 곤봉 같은 구조가 관찰된다. 반면에 독감 바이러스인 인플루엔자 바이러스는 밤톨 같은 공 모양의 구조를 가지고 있다. 인플루엔자 바이러스는 입자 표면 돌출구가 가시 모양으로 되어 있어 코로나 바이러스에 비해 훨씬 뾰족하다. 구제역 바이러스는 단단하고 둥근 돌같이 생긴 구조를 가지고 있다. 그래서 분자 유전자 진단기술이 도입되기 이전에는 전자현미경으로 시료를 관찰해서 바이러스 입자를 관찰하는 것이 매우 중요한 일이었다. 지금도 원인 미상의 병원균인 바이러스를 밝히는 데에 전자현미경만큼 유용한 장비는 없다.

VIRUS

오직 지금 이 순간에 집중하라.

-오프라 윈프리-

SHOCK

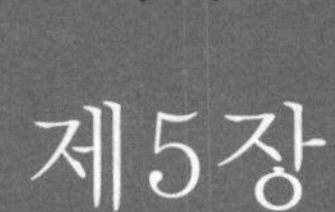

제5장

신종 바이러스에 대처하는 우리의 노력

01 | 먼저 할 일: 바이러스로부터 우리를 지킬 수 있는 것

02 | 하루 만에 진범 찾기: 유전자 검사기술이 가져온 진단 혁명

03 | 진범만큼 위험한: 잠재적 위험요소 찾기

04 | 지구촌 감시자들: 전염병 조기경보 시스템

05 | 치명적 진범 찾기: 바이러스에 대응하는 비장의 무기들

01

먼저 할 일
바이러스로부터 우리를 지킬 수 있는 것

마스크의 시대, 전염병을 통제하다

메르스 공포가 한국 사회를 뒤덮었던 2015년 6월 아침, 메르스 관련 기사들이 방송, 언론의 메인 뉴스를 독점하고 있었다. 대중교통을 이용하여 출근하는 사람 상당수는 마스크를 쓰고 분주히 움직였다. 전철역 입구마다 간이 마스크를 파는 사람들이 낯설지 않았고, 폭발적인 마스크 수요에 품귀 현상까지 나타났다. 마스크 제조회사는 일시적이지만 엄청난 대목을 맞고 있었다. 메르스가 만든 사회상은 2009년 멕시코에서 시작된 신종플루가 한국 사회를 강타할 때의 사회상, 그 데자뷔였다.

2003년 사스 바이러스로 인해 중국 북경에서 온 국민들이 단체로 마스크를 쓰고 귀국하고 있는 모습

마스크의 시대! 사스가 전 세계를 강타했던 2003년 봄으로 거슬러 올라간다. 2002년 11월 중국 광둥성에서 시작된 사스는 단 한 명의 감염자로 인해 감염자가 탄 홍콩발 비행기 속도에 맞추어서 순식간에 28개국으로 번져나갔다. 비행기를 통한 해외여행이 대중화된 이후 벌어진 전염병이 세계적으로 확산된 초유의 사건이었다.

2003년 봄, 결혼식장으로 향하는 마스크를 쓴 중국인 신부 사진이 잡지 표지에 등장하기도 했다. 그해 4월, 국내 산업용 마스크 제조회사 관계자는 한 방송사와의 인터뷰에서 사스가 전 세계에 확산되면서 아시아 국가로부터의 마스크 주문량이 평소보다 30배 이상 폭증했다고 말했다. 발생 국가의 사람들이 모이는 장소는 썰렁하게 변해갔고, 발생 지역에서는 휴교령이 내려졌다.

실제로 마스크가 사스 예방에 효과적일까? 결론부터 말하면 마스크는 사스 같은 호흡기 질병의 확산을 저지하는 데 분명히 도움이 된다. 독감 환자가 기침이나 재채기를 할 때 크고 작은 수십만 개의 직경 0.1㎛ 내지 100㎛ 물방울이 뿜어져 나온다. 이때 분비되는 가래나 타액에는 다량의 바이러스가 들어있다. 안면 마스크는 감염자가 내뱉은 구강 분비물이 입과 코를 통해 들어가는 것을 차단해주고, 감염자가 생활환경으로 내뱉는 것 또한 막아준다. 실제로 2003년 베트남에서 사스 유행 당시 니시야마Nishiyama 박사가 실시한 사스 발생병원 사례연구에서, 마스크를 착용하지 않은 입원 환자가 마스크를 착용하는 사람보다 사스에 걸릴 위험이 12.6배나 높았다고 분석했다.

홍콩 한 의류연구소의 위리Yi Li는 호흡기를 통해 내뱉은 물방울 비말을 마스크가 얼마나 차단할 수 있는지 알아보기 위해 형광색소 용액을 사용한 흥미로운 실험을 했다. 실험자들에게 안면 마스크를 쓰게 하고 10분 간격으로 휴식과 걷기 운동을 반복적으로 시켰다. 그러면서 10분마다 1m 거리에서 분무기로 형광색소 용액을 안면에 대고 뿌렸다. 이 같은 행위를 14번 반복적으로 실시했다. 그러고 나서 실험자로부터 착용 마스크를 수거해서 거기에 묻어있는 형광색소 입자를 비교했다. 안면 마스크는 형광 비말 입자가 최소 92%에서 99% 이상이 입과 코로 들어오는 것을 차단했다. 실제로 독감 환자가 내뱉는 가래와 침 등 큰 덩어리의 구강 분비물 속에 바이러스들이 압도적으로 많이 존재한다. 이러한 사실을 바탕으로 한다면, 안면 마스크가 가지는 전염 차단 효과가 얼마나 중요하고 의미 있는 것인지 잘 보여준다.

개인위생에만 잘 신경 써도 바이러스 감염의 확산을 막거나 줄일 수 있다.

사소하나 중요한 개인위생

전염병이 유행할 때 개인이 자신을 보호하기 위하여 할 수 있는 노력은 제한되어 있다. 개인이 할 수 있는 가장 중요한 것은 개인위생이다. 개인위생이 왜 중요할까? 예를 들어보자. 어느 주말, 외출을 하면서 하루 동안 여러 사람이 접촉하는 곳을 필자가 얼마나 만지는지 스스로 관찰해 보았다. 집 밖을 나서자마자 승강기 버튼을 눌렀다. 버스를 타면서 손잡이를 잡고, 하차 버튼도 눌렀다. 전철을 타면서도 손잡이나 좌석에 손을 댄다. 가끔은 전철 철기둥을 손으로 잡았다. 지인을 만나는 식당에서 식당 문손잡이를 잡고, 테이블 호출 버튼을 눌렀다. 화장실에 가서는 볼 일을 본 후 변기 버튼을, 세면대 앞에서 손을 씻기 위해 손잡이를 당겼다. 어디를 가든 항상 필자의 손은 남들이 만진 곳을 만지느라 분주했다. 필자의 손은 단지 주변에 존재하는 물건만 만지는 것은 아니었다. 수시로 얼굴을 만졌고, 코를 만졌고, 입에도 손을 갖다 대었다. 누군가가

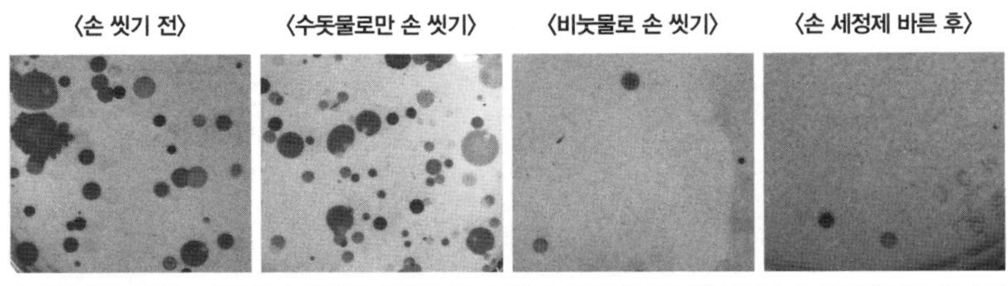

손에 묻어있는 균을 조사한 결과. 수돗물로만 씻어서는 균이 제거되지 않으나 비눗물이나 손 세정제로 씻으면 손에 묻은 균의 수가 확연하게 줄어든다.

만진 곳을 필자가 수시로 만지고 있었다. 손으로 물건을 만지고, 그 손을 얼굴에 갖다 대는 일을 수없이 반복했다. 만약 감염자가 만진 곳이라면 바이러스가 필자의 손에 묻을 수 있고, 그 손으로 얼굴이나 입, 코를 만지면 그 병원균이 몸속으로 들어올 수도 있다. 메르스나 사스 같은 신종 전염병은 감염 환자의 기침이나 가래 등을 통해 병원균이 잔뜩 배출된다. 그런 분비물이 묻은 곳을 수시로 만지는 손이 감염의 주된 핵심 수단이다.

둘째 아이가 초등학교에 다니던 시절에, 탐구생활 숙제로 손 씻기를 제대로 했을 때 손에 묻어있는 균을 얼마나 없애주는지 알아보기 위해서 가족 구성원이 모두가 실험 대상이 되어 실험한 적이 있었다. 우선 손 씻기를 하기 전에 손바닥을 면봉으로 살짝 문지른 다음 실험 용기에 균을 배양했다. 나름대로 손을 청결히 유지한다고 했는데도, 가족 구성원 모두의 손에는 세균이 가득했다. 가족이 위생적으로 생활하지 않아서가 아니라 원래 손에는 세균이 가득하게 묻어있다. 그다음 그 손을 수돗물로만 씻은 경우, 비눗물로 깨끗이 씻은 경우, 손 세정제로 씻은 경우로 나누어 비교했다. 그 손을 수돗물로만 씻을 경우에는 손에 있는 세균 수가 거의 줄어들지 않았다. 반면에 비누나 손 세정제로 씻은 경우에는 세균 수가 급격히 줄어들었다. 둘째 아이는 독후감을 이렇게 썼다.

"손에 균이 그렇게 많은 것을 알고 깜짝 놀랐다. 다음부터 비누로 손을 자주 씻어야겠다."

사회생활을 할 때, 외출했다 돌아왔을 때, 어디서든지 손 씻기 등 개인위생만 제대로 지켜도 손에 묻은 병원균의 80% 이상이 제거된다. 당연히 그러한 위생적인 생활을 통해, 감염의 위험은 훨씬 줄어든다. 겨울철 독감이 유행할 때나 신종 전염병이 유행할 때, 단지 손 씻기 운동 등을 말만 하지 말고 왜 개인위생을 지켜야 하는지 가상 시뮬레이션 영상으로 만들어 일반인들에게 홍보하면 효과적일 것이다. 그러면 일반 대중이 자신을 보호하기 위해서 무엇을 해야 하는지 피부로 와 닿지 않을까?

전염병보다 중요한 것

남미에서 소두증이 유행한다고 하니, 심지어 연예인처럼 머리가 작으면 좋겠다는 식의 인식을 가진 청소년들이 의외로 많이 있다는 소리를 듣고 깜짝 놀랐다. 선천성 뇌 발달 장애로 태어난 아이가 살아갈 세상이 얼마나 심각한 것인지를 소두증에 대해 조금이라도 아는 사람이 들으면 기가 찰 노릇이다.

사실 신종 전염병의 경우, 그 정체에 대해 우리가 알고 있는 것보다 밝혀져 있지 않아 모르고 있는 부분이 더 많다. 그 범인은 우리 인류가 이전에 경험하지 못한 새로운 병원균이기 때문이다. 신종 전염병이 출현해서 일반 대중들의 안전에 대한 우려가 고조되면, 막연하게 알고 있는 불확실한 지식을 동원하여 그 위험을 허술하게 판단하려는 경향이 있다. 그래서 바세린을 코에 바르면 바이러스가 달라붙어 병원균이 침투하지 않을 것이라는 둥 그럴듯해 보이는 각종 설이 난무하고, 사람들 사이에 설득력을 가지면서 마구 퍼져 나간다. 그런 설은 대개 과학적으로 근거 없는 낭설이 대부분이다. 그런 인식을 가지는 것을 탓할 수만 없는 것이, 어떤 문제가 발생하면 정확한 지식을 제공받을 기회가 제한되어 있기 때문이다. 그러면 현상대로 스스로 해석하고 그것을 믿고 받아들이는 경향이 있다. 그러한 문제를 극복하고 올바르게 대처하려면 우리가 알고 있는 것에 대하여 정확한 정보를 공유해야 한다.

최근 지구촌에서 신종 전염병들이 자주 출현함에 따라, 신종 전염병을 이해하려는 노력들이 증가하고 있다. 과거와 달리, 방송이나 언론에서 심층적으로 본질적인 문제를 접근하려는 노력이 두드러지고 있다. 그 덕분에 유언비어나 낭설이 지역사회에서 광범위하게 힘을 얻지 못하고 사그라드는 것은 바람직한 일이다.

2014년 9월 에볼라가 서아프리카에서 한참 창궐하고 있을 때, 국립과천과학관을 방문하는 일반인, 주로 초등학생들을 대상으로 한 에볼라 바이러스에 관한 강연을 한 적이 있다. 그때 바이러스 자체가 무엇인지도 모르는 어린 초등학생에게 에볼라 바이러스에 대해 알기 쉽게 설명한다는 것이 얼마나 힘든 일인가를 실감했다. 나름대로 강연 자료를 최대한 쉽게 만든다고 만들어서 고등학교에 다니는 큰 아이에게 시연을 했을 때, 그래도 생물학 분야에 관심이 있고 기초 학습을 했던 우리 아이의 표정은 어두웠다.

"아빠 너무 어려워. 무슨 얘기를 하려고 하는지는 알겠는데 너무 전문적이야!"

아이의 평가는 냉혹했다. 전문적인 내용이 많아 일반인들이 듣기에도 벅찰 것이라는 아이 엄마의 평가도 잇따라 나왔다. 덕분에 큰 아이가 수긍할 때까지 강연 내용을 고치고 또 고쳤지만, 여전히 현장 강연에서 진땀을 흘려야 했었다. 평소 전염병에 대해 관심이 있는 일반인들에게도 마찬가지일 것이다. 전문가들이 전염병 지식의 대중화 방안에 대해 고민을 하고 일반 대중도 전염병에 대한 기초적인 소양을 갖출 수 있도록 노력해야 할 때가 되었다고 본다. 그래서 우리 사회에 전염병의 위협이 닥쳤을 때 일반 대중이 전염병 교양 상식을 바탕으로 올바르게 판단하고 이성적으로 대처할 수 있는 사회적 분위기를 만들어 나가야 한다고 생각한다.

전염병 지식의 대중화 측면에서 볼 때, 2015년 12월 말 매우 고무적인 특별한 이벤트가 국립과천과학관에서 이루어졌다. 한국에서의 메르스 사태를 계기로 일반 대중에게 전염병과 바이러스에 대한 올바른 이해를 고취시키고자 하는 취지로 시작된 '바이러스 특별기획전'이 그것이었다. 그 취지에 절대 동감하고 있었기에, 이 기획전을 준비하는 단계에서부터 필자를 포함한 여러 전문가들이 바이러스와 전염병 기획안에 대하여 기술 자문을 하고, 실제 바이러스 실험에 대한 기술 지원도 해주었다.

바이러스 특별기획전이 시작되어 전시관을 방문했을 때, '아, 바로 이런 거야'라고 절로 감탄이 나왔다. 전시장 입구에는 독감 환자가 기침을 할 때 바이러스가 어떻게 뿜어 나오는지를 보여주는 영상과 의사들이 입는 방역도구들이 눈길을 사로잡았다. 바이러스가 어떻게 생겼는지, 신종 전염병이 인간의 자연 침입 등을 통해 어떻게 출현했는지, 바이러스가 비행기 등 여행객 이동으로 지구상에 어떻게 확산되어 가는지, 우리가 만지는 물건이나 장소에서 바이러스가 얼마나 묻어있는지를 알려준다. 또한 지역사회에 바이러스가 퍼졌을 때 사람들 사이에 어떻게 번져나가는지, 백신이나 치료제를 투여할 때 바이러스 확산이 어떻게 감소하는지, 치료제가 감염 환자의 고통을 어떻게 줄여주는지 등을 다양한 방법으로 알려준다. 예를 들어 모형 맞추기, 시뮬레이션, 컴퓨터 게임, 실험 실습 등으로 구성하여 기초 지식이 전혀 없는 초등학생들도 흥미를 가지고 참여할 수 있도록 만들었다. 이 사례는 우리가 전염병에 대하여 대처하고자 하는 노력의 단지 일부분에 불과할 뿐이다. 다양한 일련의 지식을 대중화하려는 노력들이 지속적으로 이루어지고 대중과 소통하고 공감의 파장이 확대되어 공명으로 울려 퍼질 때, 전염병 지식의 대중화가 이루어질 것이다.

지금 이 순간 지구촌 어딘가에서 우리가 인지하지 못하는 순간에도 신종 바이러스가 출현하고 있는지도 모른다. 그중 상당수는 그 지역에서 유행하다가 찻잔 속의 태풍처럼 사라질 것이고, 일부 바이러스는 그

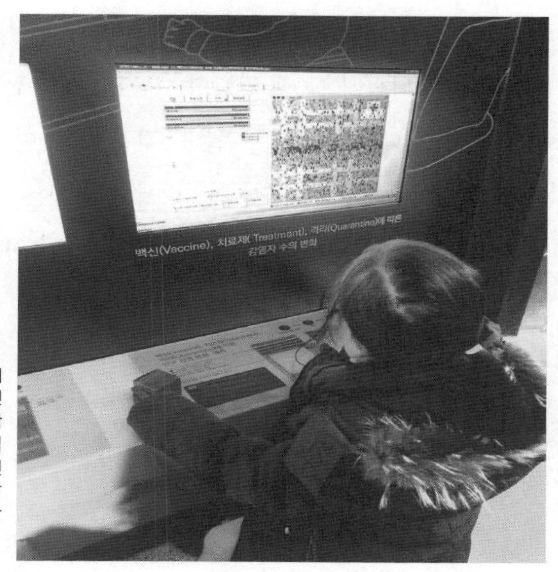

한 어린이가 바이러스 특별 전시관에서 바이러스 확산 시뮬레이션 게임을 하고 있다. 감염자 수의 확산 속도는 백신이나 치료제 투입 여부 등에 따라 변한다. 이렇게 전문지식의 대중화를 통해 미리 알고, 예방할 수 있는 움직임을 확산시킬 필요가 있다.

지역사회를 벗어나 전 세계로 확산될 것이다. 우리의 생활 반경이 확대되고 빨라질수록 전염병의 확산 속도도 더 빨라질 수도 있을 것이다. 앞으로도 지구촌 어딘가에서 신종 전염병의 출현은 우리의 예측 영역 바깥에서 돌발적이고 지속적으로 일어날 수 있다. 그럼에도 불구하고 그러한 전염병 확산이 인류의 지속가능성을 위협하는 수준까지 확대될 가능성은 그리 높지 않다고 본다. 세계보건기구와 보건당국의 개입, 신종 전염병 탐지와 출현 예측기술의 발달, 의학적 대응기술의 발달 등 신종 전염병을 통제할 수 있는 역량을 강화하려는 인류의 노력이 이어지고 있고, 앞으로도 그 노력은 더욱 강화할 것이라고 믿기 때문이다. 그래서 일반 대중이 신종 전염병 출현과 유행에 대해 너무 두려워할 필요가 없다. 그렇다고 너무 낙관적으로 판단하며 무관심해서도 안 된다. 전염병이 출현했을 때 일반 대중이 심한 두려움을 갖지 않고, 이성적으로 올바르게 대처할 수 있어야 한다. 따라서 전염병에 대한 기본 지식을 올바르게 공유하고 이해시키려는 노력은 전염병 출현과 확산을 방지하기 위한 각종 하드웨어적 인프라 구축만큼이나 중요하다.

VIRUS SHOCK

02

하루 만에 진범 찾기
유전자 검사기술이 가져온 진단 혁명

유전자 진단 혁명

늦은 밤, 범죄 사건의 미스터리를 해결하는 미국 드라마 〈CSI 시리즈〉를 간혹 시청하곤 한다. 사건 현장에서 범인이 흘린 흔적과 정황 증거들을 가지고 용의자를 압축하고 범죄를 재구성하는, 반전에 반전을 거듭하는 시나리오는 흥미를 자아내기에 충분하다. 그래서 그 드라마에 심취하다 보면 어느새 스스로가 탐정이 되어 사건을 해결하는 듯한 묘한 매력을 가진다. 또한 사건을 해결하는 과정에서 등장하는 각종 첨단검사 장비와 기술들도 시선을 사로잡기에 충분하다. 그중에 하나가 범죄의 흔적을 가지고 그 증거의 주인공을 찾아내는 결정적인 장비인 유전자 분석 장비이다.

생명의 근원, 유전자를 실험 장비를 사용하여 인공적으로 복제하는 시대의 문이 활짝 열렸다. 다들 알다시피, 지구상에 존재하는 모든 생명체는 아데닌A, 구아닌G, 시토신C, 티민T 등 4종의 핵산 염기의 배열을 가진 고유한 유전자를 가지고 있다. 그래서 유전자 고유 정보를 이용하여, 유전자 부위를 실험실 장비를 사용해 대량으로 복제하는 기술이 중합 효소 연쇄 반응Polymerase Chain Reaction, PCR 방법이다. 이 방법은 1983년 미국 바이오벤처회사 세투스㈜ 연구원 캐리 멀리스Kary Mullis에 의해 개발되었다. PCR 기술의 발견은 유전자 조작기술, 유전자 분석기술, 그리고 단백질 인공 합성기술 등의 기초가 되어 유전공학 시대의 문을 활짝 열었다. 오늘날 유전공학, 의학, 약학, 생물학, 화학 등 많은 분야에 없어서는 안 되는 필수적인 도구가 되었다. PCR 기술로 합성한 유전물질을 사용하여 각종 의약 단백질 제품을 실험실에서 대량 배양할 수 있게

PCR 기술을 이용하여 유전자 분석을 하고 있는 모습 (출처: Karl Mumm)

되었다. 또한 PCR 기술을 이용하여 유전자 게놈 분석은 물론이고 유전자 질환도 조기에 찾아낼 수 있는 토대를 만들게 되었다. 이 방법을 개발한 공로로 멀리스는 1993년 노벨화학상을 수상했다.

실험 장비를 사용하여 바이러스의 유전자 특정 부위를 인공적으로 복제하고 증폭시키는 PCR 기술이 적용되기 시작하면서, 전염병 진단기술 분야에서도 일대 혁신을 가져왔다. 필자가 대학원을 다녔던 1990년대 초만 하더라도, 유전자 진단법은 우리나라 대부분의 연구실에서는 생소한 첨단기술이었다. 유전공학기술의 질병 진단검사 분야에 접목하기 시작하던 터라, 유전공학의 꽃이 피기 시작하는 시대의 조류에 뒤떨어지지 않기 위해 유전공학 전문서적을 부여잡고 공부했었다. 당시 전염병이 발생해서 진단검사가 의뢰돼 들어오면, 일단 검체 시료에서 바이러스를 분리배양한 다음 진단항체를 이용해 무슨 바이러스인지를 확인하는 과정을 거쳤다. 이 진단검사 과정으로 바이러스 검사를 하게 되면 수주 이상이 소요되었다. 따라서 진단검사 결과가 나올 때쯤이면 이미 전염병이 휩쓸고 지나간 뒤였다. 소 잃고 외양간 고치는 격이었다.

단 하루! 유전자 검사기술로 바이러스 유전자를 검출하는 데 불과 하루면 충분하다. 조류 인플루엔자, 구제역, 메르스, 우한 폐렴 같은 일련의 전염병이 국내에서 발생하면서 전염병을 어떻게 진단하는지에 대한 세간의 관심이 늘었다. 이들 전염병을 검사하는 핵심 기술이 유전자 검사법이다. 메르스 사태 때 이 전염병 바이러스를 검사하는 유전자 검사법인 PCR 기술이라는 생소한 유전공학 용어가 방송이나 언론에서 심심치 않게 등장했다. 그래서 상당수 일반인들에게는 PCR이라는 용어가 자연스럽게 바이러스 진단검사의 대명사처럼 인식되고 있다. 유전자 검사법은 기본적으로 바이러스가 보유하고 있는 유전자를 지문검사하여 찾아내는 기술이다.

바이러스도 자신만의 독특한 유전자 염기서열을 가지고 있어서, PCR 기술로 바이러스 고유 유전자를 복제하고 증폭시킬 수 있다. PCR 반응을 한 번 할 때마다 동일한 유전자를 복제한다. 유전자 1개를 한 번 반응하면 2개가 되고, 복제된 2개를 다시 반응시키면 유전자가 4개가 되는 그런 방식이다. PCR 반응을 한 번 시키는 데 몇 분 안걸려서 금방 유전자를 복제할 수 있다. 환자 검체 시료 속에 단 하나의 바이러스 유전자가 있어도 30번 반복해서 반응시키면 복제된 유전자는 약 10억 개에 달한다. 30회 반복해서 반응시키는 데 몇 시간이면 충분하다. 증폭된 유전자는 전기영동장치를 사용하여 쉽게 확인할 수 있다. 그래서 PCR 기술로 바이러스 고유 유전자가 증폭되는지 확인하고 그 바이러스가 존재하는지의 여부를 가지고 검체 시료 속에 바이러스가 들어있는지 알 수 있다. 바이러스 유전자를 검출하는 데에는 불과 하루면 충분하다. 유전자 검사법으로 단 하루 만에 검사 결과를 받아볼 수 있게 되었다. 그래서 전염병이 발생하면 며칠 이내에 바로 방역이나 검역조치가 가능하여, 방역과 검역 통제를 통해 전염병 확산을 조기에 저지할 수 있다.

유전자 염기서열을 분석하는 기술도 나날이 발전하고 있다. 그래서 PCR 기술로 바이러스 고유 유전자가 복제되어 증폭되면, 단 며칠 만에 바이러스 유전정보를 정확히 알 수 있어서 검출된 바이러스의 정확한 족보까지 알아낼 수 있게 되었다. 세계 각지에서 분리되어 있는 바이러스 유전정보 빅데이터를 보관하고 있는 유전자정보은행 인터넷 사이트가 운영되고 있다. 그래서 우리가 어떤 바이러스 유전정보를 알게 되면, 유전자은행에 있는 바이러스 유전정보와 비교 분석을 통하여 그 바이러스가 어떤 바이러스인지, 어떤 계통에 속하는 바이러스인지, 세포 수용체 부위나 바이러스 복제 유전자 부위에 돌연변이가 일어난 변종 바이러스인지 등을 쉽게 확인할 수 있다. 국내에서 유행했던 메르스 바이러스와 중동 지역 유행 바이러스를 비교해봄으로써 바이러스에 어떤 변화가 있었는지 쉽게 확인할 수 있게 된 것이 대표적인 사례이다. 심지어 세계 어느 지역에서 신종 바이러스가 갑자기 출현하더라도 예전보다 훨씬 단축된 기간 안에 바이러스의 정체를 알아낼 수 있다. 최근 첨단기술들이 동원됨에 따라, 유전자 검사 장비가 첨단화되고 검사방법은 단순해졌기 때문이다. 우리가 가게 계산대에서 바코드 스캐너로 바로 물건을 인식하듯이, 어쩌면 멀지 않은 미래에 환자 검체 시료에 빛을 쪼이기만 해도 무슨 바이러스가 들어있는지 바로 화면에 나타나는 시대가 오지 않을까? 바이러스보다 더 빨리 급변하는 세상이다.

10분이면 충분한

신혼 초, 아내가 임신 징후가 있다는 사실을 말했을 때, 제일 먼저 달려간 곳이 인근 약국이었다. 임신 여부를 간단히 알 수 있는 간이검사 키

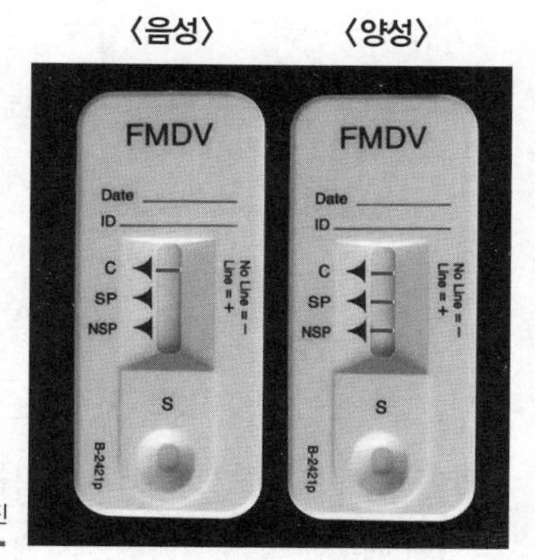

구제역 간이진단 키트 검사 결과 사진

트를 사기 위해서였다. 그 키트 하단에 있는 작은 웅덩이처럼 파여 있는 곳에 소변 한 방울 떨어뜨리고, 단 10분만 경과하면 바로 임신 여부를 알 수 있다. 채 몇 분이 지나지 않아 간이 키트 가운데에 두 줄의 진한 붉은색 눈금이 선명히 나타났다. 임신 양성반응이었다. 아내가 첫 아기를 가졌다는 사실을 알았을 때의 그 기쁨은 이루 형언할 수 없었다.

임신 진단 간이검사 키트의 원리는 간단하다. 임신이 되면 태반에서 인간 융모성 생식선 자극Human Chorionic Gonadtropin, HCG 호르몬이 분비되는데, 이 호르몬이 분비돼 소변으로 배출되고 있는지의 여부를 검사하는 방식이다. 이 키트의 눈금선 부위에는 HCG 호르몬에만 달라붙는 항체가 부착돼 있다. 임신을 했다면, 소변에 HCG 호르몬이 들어있을 것이고, 그 호르몬이 검사 키트의 눈금선을 통과하며 거기에 부착된 항체에 결합 시 발색반응(일반적으로 금 입자를 사용)이 일어나도록 만들어진 것이다.

임신을 확인하는 간이검사 키트는 간이검사 진단 분야 중 일부에 지나지 않는다. 오늘날 간이검사 키트는 다양한 분야에서 사용되고 있다. 심지어 수질검사에서도 간이검사 키트가 활용되고 있다. 전염병 검사 분야에서도 예외는 아니다. 검사하고자 하는 특정 병원균에만 달라붙는 항체를 확보하고 있다면, 간이검사 키트를 개발하는 것은 그리 어렵지 않다. 병원균이 소량으로 들어있는 검체 시료의 경우 간이검사 키트를 사용하기 어려운 한계를 갖고 있기는 하지만, 신속하게 검사 결과를 알 수 있기 때문에 많은 전염병 검사에서 간이검사 키트가 활용되고 있다.

2010년 12월 한파가 몰아쳤던 겨울, 경북 안동에서 구제역이 발생하여 확산되고 있었다. 구제역은 가축 전염병 중에서도 전염력이 매우 강한 전염병이다. 그래서 만약 축산농가에서 구제역 발생이 의심되면 신속하게 검사를 실시하여 양성 판정이 날 경우 최대한 빨리 방역조치를 취해야 한다. 그렇지 않으면 발생 농장에서 다른 주변 축산농가로 전염병이 확산될 수 있기 때문이다. 그 당시 구제역 발생으로 축산업계가 비상재난상황이라, 농림축산검역본부의 연구원들은 구제역 방역활동에 총동원되었다. 그때 필자는 구제역 임상검사와 정밀검사용 검체 시료를 채취하는 현장조사 팀원으로 참여하게 되었다.

어느 날, 안동의 한 축사농가에서 소 한 마리가 혓바닥이 허물고 침을 흘린다는 구제역 발생 의심 신고가 들어왔다. 그래서 그날 축산농가의 신고가 들어오자마자, 긴급 방역물품을 급히 챙겨서 구제역 신고 농장 현장에 출동했다. 축산농가 현장으로 달려갈 때 가져간 물품들 속에

구제역 방역하고 있는 모습
(출처: 매일경제신문사)

는 구제역 바이러스를 현장에서 바로 신속하게 검사할 수 있는 간이검사 키트도 들어있었다. 구제역 간이검사 키트의 성능이 우수해서, 구제역 전문 실험실에서 이루어지는 정밀검사 결과와 간이검사 키트의 결과가 거의 일치했다. 그래서 간이검사 키트에서 양성반응이 나타나면 그 소는 구제역에 걸렸을 확률이 매우 높은 상황이었다.

농장 근처에 도착하자마자, 우리 팀은 방역복을 차려입고 긴장된 마음으로 농장 축사에 들어와서 소들을 관찰하기 시작했다. 여러 마리의 소를 키우고 있는 농가였는데, 그중 소 한 마리가 농가에서 신고했던 대로 침을 흘리고 있었다. 전형적인 구제역 증상은 아니었지만, 혓바닥에서 타박상 같은 소견이 보여 구제역을 배제할 수 없는 상황이었다. 그 축산농가의 소를 현장조사하고 임상증상을 보이는 소들을 대상으로 채혈을 하여 정밀검사를 위한 검체를 채취했다. 축산 농장에서 구제역 검사용 검체를 채취한 후 모두가 가슴 졸이며 기다리고 있었다. 채취한 검체를 간이검사 키트에 떨어뜨려서 구제역 양성 여부를 검사하는 시간이었기 때문이다. 현장에 있는 모든 눈은 간이검사 키트에 어떤 결과가 나올지에 쏠렸다. 다행스럽게도 모두가 소망하고 바라는 대로 구제역 음성 반응이 나왔다. 실제로 며칠 뒤 실험실 정밀검사에서도 구제역 음성 판정이 나왔다. 모두들 가슴을 쓸어내렸다. 구제역이 아닐 가능성이 높아진 것이다. 현장 역학조사에서 생석회가 원인으로 지목되었다. 안동 지역에서 구제역이 발생하니, 농장 주인이 축사를 소독하느라고 축사 주변에 생석회를 잔뜩 뿌렸는데, 소가 축사 앞에 뿌려진 생석회를 핥는 바람에 혓바닥에 화상을 입었을 것으로 추정되었다. 구제역과 같은 전염성이 강한 전염병의 경우 현장에서도 바로 판단할 수 있는 간이검사 키트는 방역에서 그 진가를 확실히 발휘한다. 단 10분이면 충분하다.

03

진범만큼 위험한 잠재적 위험요소 찾기

사막에서 바늘 찾기

오늘날 과학과 의학이 비약적으로 발달하고 있음에도 불구하고, 신종 바이러스 전염병의 출현을 예측하는 데 번번이 실패했다. 신종 바이러스 자체가 과거에 출현한 적이 없는, 그래서 인류가 경험하지 못한 돌발변수이기 때문에 과거의 경험법칙Rule of Thumb에 의존해서 신종 전염병의 출현을 예측하는 것이 불가능하다. 분명히 이 바이러스가 출현하는 데에는 인과관계가 되는 요소들이 존재하고 있지만, 우리가 그러한 돌발 변수를 잡아내는 데 여전히 서투르다. 신종 바이러스가 언제, 어느 지역에서 어떤 생물학적 경로로 출현할 것인지는 예측하기 어렵다. 그래서 신종 바이러스 출현을 대비할 수 있는 사전 준비 태세 없이, 사후약방문식으로 대응하기 때문에 그 후속 폭풍은 크게 나타날 수 있다. 신종 바이러스를 감시하는 진단검사 방법을 구축해야 하고, 그 바이러스가 어느 동물에서 왔는지, 얼마나 전염력을 가지고 있는지, 사람 간 전염이 된다면 어떤 방식으로 전염이 되는지, 얼마나 치명적인지, 바이러스 치료제 적용이 가능한지 등 바이러스 정체를 파헤치는 데 많은 시간이 소요될 것이다. 그래서 바이러스의 출현을 예측할 수 있도록 우리의 경험치를 넓힐 수 있다면 우리는 잠재적인 신종 바이러스의 출현을 예측하고 인지하며 잠재적 위험을 줄여나갈 수 있을 것이다. 그러면 우리가 신종 바이러스 출현을 예측할 수 있는 경험치 영역을 어떻게 넓혀갈 수 있을까?

현재 지구상에 존재하는 포유류 중 가장 종류가 많은 것은 전체의 3분의 1을 차지하는 설치류와 전체의 4분의 1인 박쥐류이다. 이 포유류 동물들은 엄청난 생물학적 다양성만큼 인체에 치명적일 수 있는 바이러스도 가장 많이 보유하고 있다. 최소 68개의 설치류 바이러스와 최소 61개의 박쥐 바이러스가 사람에게 감염돼 치명적인 위험을 줄 수 있는 것으로 알려져 있다. 특히 2002년 중국에서 사스 바이러스 출현 후 박쥐 바이러스 수집활동이 왕성하게 진행되어, 전 세계에서 박쥐 코로나 바이러스만 390종 이상 수집됐다. 심지어 2012년 과테말라 숲 속에 사는 박쥐에게서 그동안 발견하지 못한 새로운 인플루엔자 바이러스가 발견되기도 했다.

많은 학자들이 박쥐 바이러스 수집활동을 계속 진행하고 있어서, 앞으로도 박쥐 코로나 바이러스 수는 지속적으로 증가할 것이다. 야생세계의 바이러스를 수집하는 것은 야생박쥐를 대상으로만 진행되고 있는 것은 아니다. 여러 과학자들이 전 세계 곳곳을 다니며 각종 야생동물로부터 바이러스 수집활동을 하고 있다. 신종 인플루엔자 바이러스의 기원동물로 알려진 야생철새들로부터 수천 종의 바이러스가 수집되었고, 지금도 지구촌 어딘가에서는 철새, 가금조류나 돼지 등으로부터 인플루엔자 수집활동이 왕성히 벌어지고 있다. 야생세계로부터 바이러스 수집활동이 증가하면서 이 야생동물들이 가지고 있는 바이러스 리스트는 계속 업데이트될 것이다. 언젠가는 야생세계에 존재하는 바이러스에 대한 생물학적 다양성의 진면목이 서서히 드러날 것이다.

그런데 중요한 것은 과연 수집된 바이러스들이 인체에 위협을 줄 수 있는 잠재성을 어떻게 평가할 것인가이다. 예를 들면 몇 년 전, 중미 지역 과테말라 산림의 박쥐로부터 신종 인플루엔자 바이러스가 수집됐다. 그 바이러스가 인체에 치명적인 위협이 될지, 자연계에만 존재하여 사람에게는 하등의 해를 주지 않는 그저 그런 바이러스일지 알 수 없다. 가장 이상적인 방법은 사람에게 직접 주입해서 실제 감염이 가능한지를 보는 것이다. 그러나 사람에게 직접 실험할 수는 없다. 가능하지 않다. 일부 바이러스의 경우 사람에게 위협이 될 수 있는 잠재성을 가졌는지 아닌지를 대체 실험 동물을 통해 평가한다. 인플루엔자 바이러스가 인체에 해로운지 그 잠재성을 평가하는 데에는 족제비를 대상으로 실험하는 사례가 대표적이다. 그런 경우 매우 제한적이고 우주복 같은 완전차단 방역복을 착용 후 음압시설이 갖추어진 밀폐 실험실에서, 수집된 미지의 바이러스 수천 종을 일일이 다 검사하는 것도 결코 만만한 작업이 아니다.

알다시피, 숙주세포와 바이러스 사이에는 열쇠-자물쇠 원리처럼 세포 수용체가 서로 맞아야 감염이 시작된다. 그래서 바이러스의 세포 수용체 구조가 어떠한지를 분석해 사람에게 위협이 될 수 있는 잠재성을 평가할 수도 있다. 인플루엔자 바이러스와 같은 일부 바이러스의 경우, 사람 세포에 달라붙을 수 있는 수용체 구조나 사람에게 독성을 유발할 수 있는 수용체 부위가 밝혀져 있다. 그래서 그 수용체 구조를 가지고 있는지를 평가하는 것은 위험성을 평가하는 중요한 잣대가 될 수 있다.

현실적으로 자연계에서 수집된 바이러스 중에서 사람 세포에 직접적인 감염력을 가지는 바이러스는 매우 드물다. 사막에서 바늘 찾기 정도라고 해야 할까. 대부분 자연계 바이러스는 사람에게 직접 감염되지 않는다. 종간 장벽의 벽이 두껍다. 자연계 바이러스가 사람 세포 수용체와 구조가 맞지 않기 때문이다. 그런데 최근에 출현한 신종 바이러스의 경우 바이러스의 구조변경, 즉 돌연변이를 통해 사람으로 넘어오는 데 성공했다. 대부분이 매개 동물을 중간 단계로 거쳐서 나타났다. 이 바이러스들 중 상당수는 중간 매개체 동물에 일차적으로 적응한 다음 사람으로 넘어오는 단계를 거쳤다. 우리가 경험했던 HIV, 니파 바이러스, 헨드라 바이러스, 신종플루, 사스, 메르스 등의 바이러스들이 그런 방식으로 사람에게 넘어왔다. 사람에게 적응하는 데 성공한 바이러스 사례는

HIV와 신종플루 정도이다. 대부분 바이러스는 넘어왔다가 사람 간 전염을 계속하지 못하고 사람 집단에 적응하는 데 실패했다.

사람으로 넘어오는 과정에서 바이러스들은 중간 매개체 동물과 빈번한 접촉을 거치며 동물 수용체에 맞도록 구조변경을 한다. 그렇게 함으로써 그 동물에 바이러스가 적응하게 된다. 그 이후 동물과 사람이 빈번한 접촉을 하면 같은 방식으로 사람에게 적응하도록 돌연변이를 통해 바이러스의 구조변경이 이루어져왔다. 이런 연유로 자연계에서 수집한 야생의 바이러스를 인간을 위협하는 잠재적인 바이러스 리스트에서 마냥 배제할 수는 없다. 그것을 평가하는 기술적 문제를 극복하기란 쉬운 것은 아니다. 아직도 머나먼 길이기는 하지만, 향후 우리가 그런 측면까지 평가하고 야생에 숨어있는 바이러스를 대부분 찾아낸다면, 이 바이러스가 사람에게 넘어오는 것을 차단할 수 있는 효율적인 감시 도구도 만들 수 있을 것이다.

04

지구촌 감시자들
전염병 조기경보 시스템

바이러스 위험 세계 지도

한번 상상해보라. 어느 날 인도네시아 자바섬에 유입인구가 늘어나면서 산림파괴, 축산업 단지 조성, 도시개발 등으로 생활환경이 급변하게 되었다. 최근 이 지역에 설치류 생태계가 급격하게 변하는 현상이 감지되었고 '붉은 등줄기쥐'의 개체 수가 눈에 띄게 늘어나게 되었다. 이 등줄기쥐는 지난해 인도네시아 발리섬에서 크게 유행한 신종 바이러스인 '바이러스성 출혈열'을 매개하는 것으로 밝혀져 있었다. 따라서 붉은 등줄기쥐 개체 수가 급증하며 바이러스성 출혈열이 유행할 수 있는 위험성이 높아져 자바섬 지역의 공중보건에 빨간불이 켜졌다. 이제 붉은 등줄기쥐가 서식할 수 있는 환경을 제거하고, 쥐잡기 운동을 활발하게 벌일 필요가 있다. 필요하다면 바이러스성 출혈열 백신과 바이러스 치료제를 비축하는 것도 이 시점에서 긴급하게 검토되어야 하는 것이다.

이것은 미래에 일어날 수 있는 실시간 생태계 보건 감시 시스템을 가상의 시나리오로 만들어본 것이다. 단순한 감시체계이지만, 질병관리본부가 운영 중인 일본뇌염 감시체계가 이와 같은 생태계 보건 감시 시스템에 속한다. 매년 여름철이 오면 일부 지역에 일본뇌염 위험경보가 울린다. 일본뇌염 환자가 발생해서 울리는 것이 아니다. 일본뇌염은 작은빨간집모기가 매개하는 전염병이기 때문에, 매개 모기의 출현 여부를 가지고 일본뇌염 발생 위험성을 예측하는 방식이다. 그래서 모기가 활동하는 시기가 다가오면 지역별로 주기적인 모기 채집활동을 벌여 작은빨간집모기가 언제, 어디서 출현하는지 감시한다. 그래서 일부 지역에 일본뇌염 매개 모기가 발견되면 보건당국에서 일본뇌염 위험경보음을 울리고 모기 방제에 총력을 다한다. 그때에는 모기에 물리지 않도록 조심해야 한다. 이것은 우리가 일본뇌염을 매개하는 모기종이 무엇인지 정확하게 알고 있기 때문에 가능한 일이다.

최근 박쥐 바이러스가 사람에게 신종 전염병을 일으키는 사례가 잦아졌다. 이에 따라 위험을 인지시키고 사전 대응할 수 있도록 하기 위하여 박쥐 바이러스가 신종 전염병을 일으킬 수 있는 전 세계의 위험 지역을 등급별로 표시한 세계지도가 미국 시카고대학 발행지 〈아메리칸 내추럴

리스트American Naturalist〉에 공개된 적이 있었다.

박쥐 바이러스가 사람에게 출현해서 위협을 가할 위험이 가장 높은 지역이 어디일지를 한번 추측해보라. 과학자들이 지목한 가장 위험성이 높은 지역은 에볼라 바이러스가 자주 출몰하고 있는 사하라사막 이남 지역이었다. 이 지역은 인체에 치명적인 각종 박쥐 바이러스들이 득실거릴 뿐만 아니라, 원주민들은 가축을 키우는 대신 야생박쥐를 사냥해 먹는 식습관이 있기 때문이라고 지적했다. 그다음으로 위험도가 높은 지역으로는 니파 바이러스가 자주 출현했던 인도와 방글라데시, 사스가 출현했던 중국 남부 지역과 인근 지역, 헨드라 바이러스가 자주 출몰하는 호주 동부 해안, 메르스 바이러스가 출현한 중동 지역, 그리고 중미 지역과 유럽 남부 지역을 지목했다. 우리나라는 인체에 치명적인 박쥐 바이러스가 출현할 것 같지 않은 등급으로 분류됐다. 우리나라에 서식하는 박쥐 집단이 그리 많지 않고, 사람과 접촉할 일이 거의 없으므로 당연한 것인지도 모른다.

박쥐 바이러스 위험지도는 전염병 출현, 유행 그리고 확산을 예측하는 지도들 중 하나에 불과하다. 최근 전 세계 열대와 아열대 지역에서 뎅기열이 확산되었다. 따라서 기후변화, 모기활동, 인적 이동 등을 이용하여 뎅기열과 같은 모기 매개 질병의 발생 현황과 추이를 토대로 향후 이 질병의 유행과 확산 예측을 시도하는 연구 결과들이 속속 공개되고 있다. 심지어 최근에는 야생조류 집단에서 조류 인플루엔자 발생을 예측하는 위험지도까지 등장했다.

하나의 보건체계, One Health

우리는 지금 지구상에 존재하는 야생동물에게 숨어있는 수많은 병원균들과 자연 생태계에서 존재하는 각종 병원균의 위험을 모두 알고 있는 것은 아니다. 잠재적인 인수공통전염병 병원균의 1%도 채 파악하지 못하고 있다. 빙산의 일각인 것이다. 최근 야생박쥐로부터 신종 바이러스를 수집하려는 노력 이외에도, 컴퓨터 프로그램을 사용하여 전 세계 설치류에서 신종 전염병의 출현을 예측하려는 시도가 있었다. 미국 국립과학원보 2015년 6월호 판에 흥미로운 연구 결과가 발표되었다. 미국 뉴욕에 있는 캐리 생태학연구소 연구팀이 이 연구를 주도하였다. 지구상에 존재하는 2,277종의 설치류를 대상으로 생명력, 생태계, 행동습성, 생리학, 지리적 분포 등 86개의 변수에 기초한 빅데이터를 기반으로 기계학습 모델을 개발했다. 현재까지 전 세계 설치류의 약 10%에 해당하는 217종의 설치류가 바이러스, 세균, 기생충 등 각종 병원균을 사람에게 옮길 수 있는 것으로 알려져 있다. 이 연구팀은 기계학습 모델을 사용하여 217종의 설치류 이외에도 그동안 미확인된 신종 전염병 병원체를 가지고 있을 것으로 보이는 잠재적인 설치류 50종을 추가로 찾아내었다. 물론 직접적인 증거를 찾은 게 아니라 예측 자료이긴 하지만, 추가로 찾아낸 설치류는 주로 중동과 중앙아시아, 미국 북서부 지역에 서식하고 있는 것으로 조사되었다. 다시 말해서 서식지 환경 변화 등으로 미래에 설치류에서 신종 전염병이 출현한다면, 이 지역이 신종 전염병의 발원지가 될 수 있는 위험성을 가지고 있다고 본 것이다. 이 분석에서 우리나라는 설치류 유래 신종 전염병이 출현할 확률이 매우 낮은 것으로 분석되었다. 그나마 다행이다.

이상적인 것은 우리 인류가 자연 세계를 더 이상 침범하지 않고 있는 그대로 두는 것이다. 그러나 오히려 인구 증가, 생활수준의 향상, 식습관 개선 등으로 세계 각지에서 자연계 침범은 지속되거나 가속화되고 있다. 자연 생태계의 미묘한 변화가 미지의 병원균을 잠에서 깨울 수 있고, 그러한 바이러스가 비단 자연계 내 사소한 문제로 끝나면 다행일 것이다. 그러나 최근에 출현한 신종 전염병 사례에서 보듯이, 자연 침범 과정에서 미지의 병원균이 가축 동물에게 축산업 피해 문제를 일으키고 심각할 경우 식량안보로까지 비약할 수 있다. 유럽 가축들 사이에 갑자기 나타난 슈말렌베르크 바이러스 유행이 그렇고, 심지어 우리나라에서 토종벌 산업을 위기로 몰아넣은 낭충봉아부패병 바이러스도 그렇다. 비단 동물에서만 문제가 되는 것은 아니다. 사스나 메르스 사태에서 보듯이 오늘날 자연계 바이러스가 동물을 거쳐 사람으로까지 넘어온 사례들도 빈번히 나타난다.

오늘날 자연계에 발생하는 문제는 축산업, 공중보건과 독립적인 별개의 사안이 아니라 서로 긴밀히 연결되는 하나의 문제이다. 사람과 동물의 보건문제가 결코 별개의 사실이 아니라는 것을 단적으로 보여주는 사례를 들어보자. 사람과 반추가축(소화 과정에서 한번 삼킨 먹이를 다시 게워내어 씹어 먹는 특성을 가진 동물)에서 질병을 일으키는 브루셀라병이 있다. 이 질병은 감염된 반추류 가축과 접촉하는 과정에서 사람에게 병이 옮을 수 있다. 사회주의 국가인 몽골에서 1980년대까지만 해도 면양 브루셀라병을 근절하기 위해 정부 주도로 가축을 검사하고 백신 접종 정책을 사용했다. 그 정책이 위력을 발휘하면서 사람에게 발생하는 브루셀라병도 격감해 몽골에서 브루셀라병이 근절 직전까지 도달했다. 그러나 1990년대 들어서 사회 경제 체제가 공산주의에서 자본주의 경제 체제로 바뀌면서 가축에서 질병 감시와 백신접종 정책이 민간 자율로 전환되었다. 이에 따라 면양의 브루셀라병 백신 접종이 소홀해지면서 면양 브루셀라병이 매년 늘어만 갔다. 비례적으로 10여 년 동안 발생이 없었던 브루셀라병에 걸린 환자들이 증가하기 시작했다. 결국 세계보건기구는 1990년대 말 사람에게 브루셀라병이 감염되는 피해를 예방하기 위하여 면양을 대상으로 백신 접종 정책을 도입했다. 이처럼 자연계 보건을 조사하며 감시하고, 중간 매개체가 될 수 있는 동물에게 돌아다니는 바이러스 감시를 소홀히 할 수 없다. 신종 전염병의 출현의 측면에서 보면 자연 생태계 보건, 가축의 보건, 사람의 보건은 통합적이고 긴밀하게 공조와 협조체계를 구축해서 실행되어야 한다.

2003년 사스 유행 이후, 신종 전염병의 출현과 유행을 차단하기 위한 노력의 일환으로 전 세계적으로 생태계(환경)보건, 동물(가축)보건, 공중보건 분야를 하나의 보건체계One Health로 통합하는 움직임이 본격화되었다. 이러한 움직임은 세계보건기구, 세계동물보건기구, 세계식량농업기구 등이 주축으로 협력과 공조체계가 이루어지도록 만들었다. 지구촌 자연 생태계와 야생동물종의 생태 환경 변화, 이동반경이나 먹이 등 행동 특성, 개체밀도 변화 등을 조사한다. 그리고 그러한 변화가 신종 전염병 출현의 측면에서 동물보건과 공중보건에 어떠한 위협요인으로 존재하는지를 분석한다. 이러한 노력이 체계적이고 발전적으로 이루어지면, 세계 어느 지역에서 언제 신종 바이러스가 출현할지 예측할 수 있게 될 날도 도래할 것이다. 그러나 아직은 갈 길이 너무나 멀다.

빅데이터 위험정보, 전염병 확산 가상 시뮬레이션

하루 동안에도 수천 대의 비행기가 수백만 명의 여행객들을 지구촌 여기저기로 퍼다 나르는 시대에 살고 있다. 수십억 명이 도시 생활권역 안에서 대중교통 수단으로 이동하고 수많은 사람들과 직간접적으로 부딪히며 살아가고 있다. 우리 인류는 과거 어느 시대보다도 매우 역동적인 시대에 살고 있고, 시대가 흐를수록 그 역동성은 증가될 것이다. 만약 지구촌 어느 도시에서 신종 전염병이 출현한다면 지역사회 안에서, 또 지역에서 지역으로, 지역에서 전 세계로 어떻게 확산될까? 한번 상상해보라. 역동적인 인구 이동만큼이나 감염자, 특히 증상도 없으면서 전염병 바이러스를 보균하고 있는 감염자의 이동도 많아질 것이다. 그만큼 전염병도 사람의 이동에 따라 역동적으로 유행하고 확산될 수 있다.

특정 지역에서 전염병이 출현했을 때 바이러스 병원체가 전염이 얼마나 잘되는지, 보건당국이 개입하여 감염자를 치료할 수 있는 치료제나 예방 백신이 투입될 수 있는지, 각종 교통수단 인프라가 어떻게 구축되어 있는지, 인구 유입과 이동이 얼마나 활발하게 이루어지는지, 지역민의 사회적 구성 비율, 생활패턴과 지역문화 등에 따라 전염병의 확산 양상과 유행 지속기간이 달라질 수 있다. 이러한 사회 환경적 요인들을 감안하고 수학적 통계모델을 동원하여 전염병이 어떻게 확산되어 가는지를 예측하는 가상 시뮬레이션 프로그램들이 속속 등장하고 있다.

이러한 수요를 바탕으로 가상 시뮬레이션 프로그램 중 대표적인 전염병 확산 모델이 2005년 미국에서 개발된 소프트웨어 프로그램인 'GLEAMviz' 도구이다. 이 모델을 이용해서 2009년 신종플루 바이러스가 북미 지역에서 전 세계로 어떻게 확산될 것인가를 시뮬레이션하여 세간의 주목을 받기도 했다. 이 프로그램은 바이러스의 감염력$_{R0}$값과 잠복기간을 기본으로 하고 개인별로 비감염자$_{S}$, 병원균 노출자$_{E}$, 감염환자$_{I}$, 완치자$_{R}$ 등 감염단계를 4단계 등급으로 구분한 SEIR 수학모델을 사용한다. 지구촌 인구통계, 국제 항공운행 정보, 지역 내 활동인구 및 교통정보, 지역 교통망 정보 등 각종 빅데이터 변수가 결합되어 분석할 수 있게 한다. 실제 이곳 인터넷 사이트에 있는 홍보 영상을 보면 중국에서 신종 전염병이 출현하고 시간이 경과하면서 감염자 증가 추세와 함께 중국에서 인근 국가로, 다른 대륙으로 전염병이 어떻게 확산되어 가는지를 시뮬레이션으로 보여준다.

이런 시뮬레이션 프로그램을 통하여 전염병 예방 홍보, 특수 병상 확보와 환자 격리, 백신이나 치료제 투여 등 어느 지역에서 어느 시기에 어떤 방법으로 집중적인 보건 개입을 해야 전염병 확산을 저지하고 큰 효과를 거둘 수 있을지를 판단하는 데 도움이 된다. 다만, 현재 개발되고 있는 각종 전염병 확산 예측 프로그램들은 그 나라의 사회 문화적 특성을 고려하지 않는다. 따라서 다양한 시나리오에 기반한 지역 맞춤형 전염병 예측 모델들을 개발할 필요가 있다. 아마도 우리나라를 포함하여 여러 나라에서 그런 프로그램이 개발되고 있을 것이다. 지역마다 고유한 생활방식, 식습관, 문화생활, 간병 문화 등이 있으므로 전염병의 확산 양상도 그에 따라 달라질 수 있다. 그래서 그러한 변수를 감안한 전염병 확산 예측 모델들도 지속적으로 개발되고 업그레이드될 것으로 전망된다.

오늘날 정보통신기술은 하루가 다르게 발달하고 있고, 하루에도 방대한 정보들이 SNS 등을 통해 쌍방향으로 쏟아져 나오는 정보의 바다 시대에 살아가고 있다. 만약 그 방대한 정보들 중에서 전염병과 관련된 정보들을 추출하여 빅데이터로 활용한다면, 우리가 어느 지역에 무슨 전염병이 발생하고 있는지 실시간으로 정보를 받아볼 수 있을 것이다. 최근에 이런 정보를 전염병 발생 통계와 연동하여 전염병의 확산을 예측하거나 시뮬레이션하려는 시도가 진행되고 있다.

실제로 휴대전화 통신 데이터를 활용하여 전염병의 확산을 예측하려는 시도들이 이어지고 있다. 2015년 8월, 미국 프리스턴대학과 하버드대학 연구팀은 아프리카 케냐에서 1,500만 명의 통화 기록 120억 건과 풍진의 확산이 어떠한 상관성을 가지는지를 조사했다. 그 자료 결과에 따르면 어느 지역이든 간에 사람들의 이동이 잦아질수록, 그와 비례해 풍진 발생이 증가했다. 이 연구에서는 인구 이동이 전염병 확산에 영향을 미친다는 것을 입증했지만, 실제 어느 지역에서 어떤 방향으로 전염병 유행이 진행되는지 그 예측까지는 하지 못했다.

국내 굴지의 한 통신회사가 빅데이터 기반의 '가축질병 확산 대응 모델'을 개발했다. 이 모델은 가축 전염병이 축산농가를 출입하는 각종 차량과 사람 등을 통해 확산되는 특성을 가지고 있다는 점에 기반하고 있다. 그래서 국가동물방역통합시스템KAHIS에 등록되어 있는 축산농가, 사료회사, 도축장 등을 출입하는 축산 관련 차량 운행정보와 이동통신사의 이동통신 위치정보 빅데이터를 기반으로 개발했다. 이 모델은 조류인플루엔자와 같은 가축 전염병이 발생하면 향후 어느 지역으로 전염병이 확산될지 그 위험도를 분석하여 전염병 발생지역을 예측하는 방식이다. 그래서 추가 발생 위험 지역으로 표시되면, 그 지역에 선제적으로 방역과 소독조치를 시행해 추가 발생의 위험을 줄여 전염병이 확산될 수 있는 위험성을 줄이게 한다. 질병 발생정보와 정보통신기술과 결합한 질병 유행정보 분석기술의 발달로, 일기예보처럼 전염병 발생 위험을 예보하는 것은 먼 미래의 일이 아닐 수도 있다.

전염병의 글로벌한 대응역량 강화

가축이든 사람이든 간에 동남아시아 한 시골 마을에서 발생한 신종 전염병이 주변 국가로, 또 전 세계로 퍼지는 것은 우리가 미처 파악하지 못하는 한순간에 일어날 수 있다. 글로벌 시대에 살아가고 있는 한, 지구 반대편 어느 나라, 어느 마을에서 전염병이 유행한다고 그 나라만의 보건문제로 치부할 수 없게 되었다. 그럴 수도 있다는 단순한 문제가 아니라 현실에서의 안전을 위협하는 문제이다. 17여 년 전, 홍콩에 시작된 사스 유행이 전 세계로 얼마나 급속히 퍼져 나갔는지를, 멕시코 한 마을에서 시작된 신종플루가 미국을 거쳐 전 세계로 얼마나 빨리 확산되었는지 생생히 경험했다. 먼 나라의 일로만 여겼던 중동 메르스가 2015년 봄 우리나라에서 공중보건을 위협했고, 동남아시아에서 유행하는 구제역 바이러스가 국내 축산업을 위협하기도 했다. 이런 전염병이 유행할 때마다 국가 경제가 휘청거렸다. 심지어 동남아시아 여행을 갔다가 뎅기열에 걸려서 입국하는 사례들이 점차적으로 늘어나고 있다. 그래서 오늘날 특정 지역에 전염병이 발생한다고 해서, 단지 그 나라만의 문제로 치부하고 방관할 일이 아닌 것이다. 그러면 국민의 건강보호와 안전한 축산물을 지키기 위하여 무엇을 해야 할까?

세계동물보건기구 가축전염병 표준연구실을 운영하는 농림축산검역본부 연구실들은 매년 연례행사처럼 홍역 아닌 홍역을 치른다. 이때가 되면, 국가방역을 담당하는 아세안 국가 공무원들을 초청해서, 2주간에 걸쳐 가축에게 큰 피해를 일으키는 전염병에 대한 이론교육과 실험교육을 시킨다. 그래서 전염병을 어떻게 진단하고 전염병을 어떻게 통제하는지에 대한 기본적인 대응역량을 가르친다. 필자 또한 그때가 되면 가금 전염병 분야를 맡아 교육을 실시한다. 1980년 이전까지만 해도 우리나라는 전염병 대응역량을 갖추기 위해서 UN의 지원을 받는 수원국 중 하나였다. 어느덧 우리나라가 경제적으로 비약적인 발전을 이루고, 이제는 저개발국을 대상으로 전염병 대응역량을 키우기 위해 지원해주는 공

여국의 반열에 올랐다. 엄청난 발전이다. 사실 이러한 기술 제공은 단지 아세안 국가들의 축산업 이익을 위한 것만은 아니다. 전염병 대응 능력 수준이 올라가면, 그 나라에서 확산되는 전염병을 통제할 수 있게 된다. 그러면 위험한 전염병이 우리나라로 유입되어 축산업에 피해를 입힐 수 있는 위험성도 줄어들게 된다. 축산업을 보호하기 위한 비용·편익 측면에서 보면 이러한 기술 지원의 기저에는 상호 이익의 개념이 흐른다.

가끔 세계동물보건기구 전문가로서 네팔, 캄보디아, 베트남, 필리핀 등 동남아시아 국가들의 방역기관을 방문하곤 한다. 그 나라에서 전염병이 얼마나 유행하는지, 새로운 변종 바이러스가 문제를 일으키는지 감시하기 위한 공동연구를 수행하기 위한 일환이다. 또는 그 나라에서 문제가 되고 있는 전염병 확산을 통제하는 데 필요한 기술 지원이나 기술 자문을 하기 위해 방문한다. 이 저개발국가의 방역기관 연구소들을 방문할 때마다 느끼는 것 중 하나는, 전염병이 유행하고 있을 때 그것을 진단할 수 있는 역량을 갖추는 것이 무엇보다 시급하다는 것이다. 그들이 갖추고 있는 진단 장비는 대부분 국제기구나 미국, 일본 등 선진국에서 지원한 기초 장비들이다. 그것마저도 운용할 전문 인력이 거의 없어 먼지가 자욱이 앉도록 방치되어 있는 것을 보는 것은 그리 드문 일이 아니었다. 심지어 지역검사소의 경우에는 시료를 채취하여 보관할 수 있는 냉장고만 덩그러니 있는 경우도 있다. 그들이 전염병을 조기에 탐지하기 위한 검사가 정말 제대로 이루어지는지조차 의문이 들 정도이다.

신종 전염병이 출현했을 때 조기에 탐색하고 통제하는 것이 얼마나

동남아시아 한 국가 현지에서 실시한 전염병 진단 교육훈련 워크샵 장면. 전염병의 유행은 단지 그 나라에만 국한된 문제는 아니다.

중요한지는 역사가 말해준다. 2008년 말에 말레이시아에서 출현한 괴질이 니파 바이러스라는 정체를 밝히는 데까지 걸린 기간이 족히 반년은 걸렸다. 처음에 말레이시아 보건당국은 그 괴질이 출현했을 때 동남아시아에서 흔한 일본뇌염으로 오진을 내렸다. 그래서 우리나라 제약회사로부터 일본뇌염 백신을 긴급 수입했던 해프닝까지 벌어지기도 했었다. 만약 양돈장에 처음 출현했을 때 신속히 그 정체를 밝히고, 제대로 통제가 들어갔다면 250여 명이 니파 바이러스에 걸리고 100여 명이 사망하는 끔찍한 일이 벌어지지 않았을지도 모른다. 사스의 경우에도 마찬가지다. 중국 광둥성에서 출현한 지 수개월이 지나서야 그것도 중국 연구소가 아닌 외국 연구소에서 그 정체가 밝혀졌다. 초창기 사스 바이러스 같은 신종 바이러스의 정체도 몰라서 환자의 병증만으로 진단을 내리는 일이 벌어지기도 했다. 신종 바이러스라는 것 자체를 그전에 전혀 다루어

보지 못했기 때문에 다소 혼란이 생기는 것은 어쩔 수 없는 일인지도 모른다. 그러므로 신종 전염병이 출현할 때 그것을 신속히 탐지하고 진단해내는 기술은 판데믹으로 가는 최악의 시나리오를 원천봉쇄할 수 있게 해준다. 신종 전염병을 탐지하고 진단하는 기술은 지속적으로 개선되어 새로운 기술이 개발되고 각국이 서로 공유하여 조기에 적용되어야 한다. 이것은 독자적인 노력과 의지만으로 가능하지 않다. 국제 공조와 기술지원 등의 노력이 있어야 가능하다.

2015년 9월, 우리나라 서울에서 세계보건 안보 분야 협력 방안을 논의하는 '제2차 글로벌보건안보구상Global Health Security Agenda, GHSA' 회의가 개최되었다. 이 회의에는 47개국 보건당국 대표와 국제연합UN, 세계보건기구, 세계동물보건기구, 세계식량농업기구 등 전염병 통제에 중요한 일익을 담당하는 단체와 전문가들이 참석했다. 이날 회의에서 보건안보 분야 국제협력과 공조를 위한 전염병 예방, 전염병 조기 탐지, 신속 대응 분야 11개 실천 항목이 채택되었다. 이 회의에서 우리나라도 전염병 탐지와 전염병 유행 통제 등 저개발국 보건 분야 환경개선을 위하여, 2016년부터 5년간 저개발 국가들을 대상으로 1억 달러(약 1,236억 5,000만 원)의 공적개발원조Official Development Assistance, ODA 기금을 지원하기로 약속했다. 우리나라도 신종 전염병의 출현 위협으로부터 인류의 지속가능성을 확보하기 위하여 국제공조와 협력 노력에 참여하는 것은 바람직한 일이다. 지구촌에서 확산되는 전염병을 통제하고 그 나라의 전염병 통제역량을 강화시키는 일은 혼자서 할 수 있는 일이 아니다. 국제기구나 보건당국의 정책 결정자나 각 분야 전문가뿐만 아니라, 심지어 일반 대중까지 모두가 참여하여 같이해야 할 일이다.

지구촌 감시자들, 전염병 조기경보 시스템

2014년 서아프리카에서 에볼라가 발생했을 때, 인류 최악의 바이러스가 아프리카를 벗어나 다른 대륙으로 확산되어 전 세계가 전염병 공포의 도가니에 빠질까 긴장했다. 신종 전염병이 발생하면서, 전 세계의 이목이 세계보건기구의 움직임에 집중되었다. 인류에게 위협이 되는 각종 전염병 유행과 통제에 관한 한, 가장 신뢰성 있는 정보를 제공하는 국제기구이기 때문이다. 도대체 서아프리카에서 무슨 일이 벌어지고 있는 것일까? 세계보건기구는 발생국 보건당국이나 WHO 산하 연구소나 사무소를 통해 공식적인 전염병 발생정보를 얻기도 하지만 언론 미디어, 전염병 감시기구, 비정부단체 등을 통하여 비공식적 정보도 취합한다. 이 정보에 대한 검증 절차를 거쳐 이슈가 되는 주요 전염병의 발생 통계정보나 보건당국의 통제조치, 미디어 활동 등 다양한 관련 정보를 주기적으로 제공한다.

필자는 이러한 발생 통계를 찾기 위해서, 예를 들면 서아프리카 에볼라 사태나 중동 지역 메르스 사태가 어떻게 통제되고 있는지 알아보기 위해서 세계보건기구 인터넷 사이트를 접속하곤 한다. 그러나 일단 이 사이트에 들어가 본 사람들은 알 것이다. 이 전염병 정보는 공식적 전염병 발생 수치와 신뢰성 있는 관련 정보를 기반으로 하기 때문에 우리가 생활에서 실제로 필요한 전염병 정보를 얻기에는 무언가 부족하다는 것을 말이다. 물론 그 정보 자체도 중요하다. 그러나 실제 일반인들이 생활에서 필요로 하는 전염병 유행 관련 정보는 그 나라에서 발생한 에볼라 발생 통계 수치가 아니다. 바로 그 시간에 그 나라 어느 지역에서 환자들이 얼마나 발생하고 있는지 등의 실시간 지역 발생정보이다. 또한 에볼라나 메르스, 우한 폐렴 같은 치명적인 신종 전염병이 아니더라도, 그 나라에서 어떤 전염병이 나돌고 있는지 등의 실시간 전염병 정보를 원한다. 그래서 만약 어떤 나라를 방문하게 된다면 무슨 전염병을 조심해야 되는지, 무엇을 준비하고 어느 지역 방문을 조심해야 하는지 사전에 알고 싶어 한다. 수많은 사람들이 여러 가지 목적으로 지구촌 구석구석을 여행하는 오늘날, 사람들은 어디에서 어떤 전염병이 유행하는지 같은 실시간 정보에 목말라 있다.

세계보건기구에서 국가별, 지역별 전염병 발생정보를 실시간으로 수집하기는 한다. 그러나 그 정보가 주로 국가 보건당국의 공식보고 경로에 의존하기 때문에 보건당국, 특히 저개발국의 발생보고가 지연되는 경우가 자주 발생한다. 따라서 현실적으로 일반 사람들이 원하는 실시간 발생정보를 제공받기는 어렵다. 또 국가 보건체계나 대응역량이 열악한 경우에는 정확한 전염병 발생 통계조차 소홀해지기 쉽다. 예를 들어 보자. 2014년 봄, 서아프리카 기니 궤케두 지역에서 처음 에볼라가 출현해 여러 명이 목숨을 잃었던 발생 초기에는 세계보건기구가 이 지역의 에볼라 발생의 심각성을 인지하지 못했다. 그 나라에서 에볼라 발생의 공식 발생보고가 이루어지지 못했기 때문이다. 세계가 이 지역의 에볼라 발생을 인식하기 시작한 것은 열악한 지역병원 내 감염을 통하여 여러 지역으로 걷잡을 수 없이 에볼라가 확산되어 사망자가 급증하고 있는 시기였다. 에볼라 창궐이 전 세계로 알려진 것도 '국경없는 의사회' 등 비정부단체의 노력이 큰 역할을 했다.

서아프리카에서 전혀 예측하지 못한 방향으로 에볼라가 급속히 확산되고 있었을 때 언론이나 네티즌으로부터 많은 주목을 받았던 한 인터넷 웹사이트가 있었다. 바로 2006년 미국 보스톤 어린이병원에서 구축한 인터넷 사이트인 실시간 세계보건지도 '헬스맵Healthmap(http://www.healthmap.org)'이다. 사실 필자도 그때 처음 이 인터넷 사이트를 알았다. 이 사이트에 들어갔을 때 마치 신천지를 발견한 것 같은 감탄이 절로 나왔다. 그 사이트에 들어가면 과거 전염병 발생정보뿐만 아니라, 최근 며칠 동안 지구 어디에서 어떤 전염병이 발생되었는지, 수백 가지 각종 전염병과 질환정보들이 실시간으로 업데이트되고 있다. 심지어 가축의 전염병까지도 실시간으로 발생정보가 나온다.

과거 전북 김제 지역에 있는 한 돼지 농장에서 구제역이 발생했다는 안타까운 소식을 접했을 때 헬스맵 사이트에 들어가서 발생 기간을 최근 일주일로 설정하고 구제역을 검색하니 놀랍게도 대한민국에 구제역이 발생했다는 빨간 점이 나타났다. 지도를 확대해보니 정확히 전북 김제 지역에 빨간 점이 표시되고, 돼지 농장 발생상황까지 상세히 기술된 의학정보 뉴스들이 링크되어 화면에 나타났다.

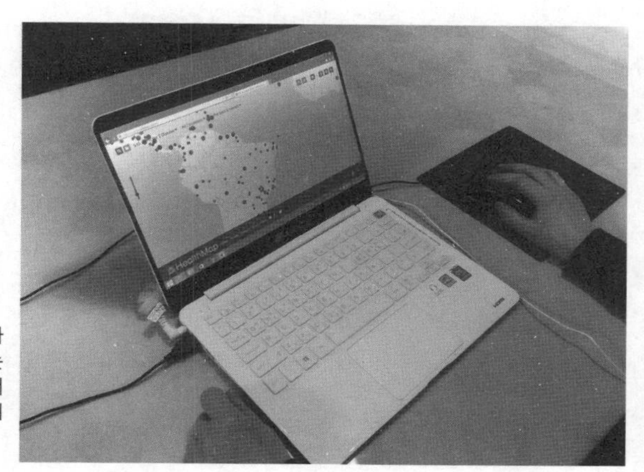

헬스맵으로 남미 지역 지카 바이러스 발생지역을 찾고 있는 모습. 집에서도 어느 지역에서 환자가 발생하고 있는지 실시간 현황을 쉽게 알 수 있다.

만약 동남아시아나 어떤 이국적인 나라를 여행하고 싶다면, 그래서 여러분이 방문하는 도시나 지역에 지금 무슨 전염병이 유행하고 있는지 알고 싶다면, 웹사이트에서 상세한 정보를 실시간으로 확인할 수 있다. 매우 놀랄 만한 발전이기는 하지만, 그 사이트가 제공하는 정보가 미디어나 인터넷 의학정보에 의존하다 보니 실제적으로 놓치는 전염병 발생 정보가 많이 있음을 느낀다. 전 세계 전염병 수집 정보원의 역량에 아직은 한계가 있기 때문이다. 사실 이런 종류의 전염병이나 질환정보를 제공하는 인터넷 서비스 사이트는 여러 군데 있다. 대중이 원하면 원하는 대로, 그 정보 품질을 높이는 방향으로 업데이트된 웹사이트들이 나타날 것이다. 세상은 그렇게 흘러간다. 언젠가 상업용 웹사이트 서비스도 등장하지 않을까?

05

치명적 진범 찾기
바이러스에 대응하는 비장의 무기들

백신과 항바이러스제로 바이러스 무력화시키기

건강한 사람의 입안이라 하더라도 수많은 세균들이 득실거린다. 우리가 살고 있는 환경에서도 해로운 세균들이 득실거리고, 호시탐탐 입안으로 들어올 수 있는 기회를 노리고 있다. 그럼에도 양치질을 통해 수시로 세균을 제거하며 살아가고, 입안에 남아있는 세균도 구강 내 타액에 있는 각종 살균물질이나 기관지 섬모 같은 물리적 장벽 구조물에 의해 제거된다. 따라서 병원균이 침투하지 못해 우리는 병에 걸리지 않고 건강하게 살아갈 수 있다. 그러나 만약 타액 분비가 제대로 이루어지지 않아 입안이 청결하게 관리되지 않는다거나, 면역체계가 제대로 기능을 하지 못해 손상을 받게 되면 폐렴을 일으킬 수 있는 상황으로 바뀔 수 있다.

예를 들면, 호흡기 질환을 유발하는 감기 바이러스에 감염되면 호흡기 상기도 섬모 조직이 파괴되어 입안에 들어있는 세균들이 호흡기 기도를 타고 넘어와 폐렴 합병증을 일으킬 위험이 커진다. 고열과 함께 병원균을 배출하려는 신체 반작용으로 기침과 가래가 잦아질 수 있다. 독감과 유사한 증상이 나타나기도 한다. 증상이 심하면 중증 폐렴으로까지 발전할 수 있다. 메르스 바이러스의 경우 호흡기 조직에서 바이러스가 증식하여 손상을 입히기 때문에 세균 합병증으로 발전하여 중증 폐렴으로 진행되는 경우가 많다. 항생제가 없는 시절 같으면 상당수가 목숨을 잃었을 것이다. 바이러스 감염 자체보다 세균성 2차 폐렴이 더 무섭다.

인류 역사에 기록된, 단기간에 가장 큰 인명 피해가 있었던 호흡기 바이러스는 1918년 스페인 독감 바이러스가 아닐까 싶다. 당시 스페인 독감에 걸려 전 세계적으로 최소 2,000만 명에서 최대 5,000만 명이 사망한 것으로 알려져 있다. 그런데 이 사망자의 대부분은 스페인 독감 바이러스 자체만으로 목숨을 잃은 게 아니라, 불결한 위생환경으로 인한 세균 폐렴 합병증, 즉 중증 폐렴으로 악화되어 사망했던 것으로 알려져 있다. 스페인 독감 바이러스 자체가 인체에 치명적이긴 했지만, 사망자 수가 급증한 데는 세균 합병증이 결정적인 역할을 했던 것이다.

21세기를 사는 오늘날, 어느 날 갑자기 100년 전 스페인 독감 바이러스가 나타나 판데믹으로 진행되는 최악의 시나리오를 가정해보자. 그러면 어떤 사태가 벌어질지 상상해보라. 2009년 신종플루 사태에서 우리가 경험했듯이, 인구 밀집과 활발한 인적 교류 등으로 지구촌화되어 그 바이러스는 1918년과는 비교되지 않을 정도로 빠르게 전 세계에 퍼져나갈 것이다.

그러나 오늘날 스페인 독감 바이러스와 같은 치명적인 독감 바이러스가 출현한다 하더라도 인체 치명률은 1918년에 비해 훨씬 줄어들 것이다. 2009년 멕시코로부터 시작된 신종플루 사태를 통해 이미 우리는 경험했다. 오늘날 우리는 과거와는 다른 청결한 위생환경에서 살아가고 있다. 청결한 위생환경은 세균 감염의 위험을 줄여주고, 2차 세균 폐렴 합병증이 발생할 위험을 낮춰준다. 고위험군에 속하는 신장질환, 폐질환, 당뇨 등 세균 폐렴에 취약한 기저질환자나 노약자들은 만일에 대비해 미리 폐렴구균 백신주사를 맞는 것이 좋다. 설령 독감 바이러스에 걸리더라도 폐렴 합병증으로 발전할 수 있는 위험을 상당히 줄일 수 있기 때문이다. 오늘날, 세균을 죽이는 항생제나 폐렴 치료 의료 장비들도 치료하는 데 중요한 무기가 된다. 감염 환자를 치료할 수 있는 바이러스 치료제도 나날이 그 성능이 개선되고 있다. 심지어 새로운 독감 바이러스가 출현해서 전 세계로 유행하게 되면 백신 제조에 수개월 정도는 소요되겠지만 신형 독감백신도 등장하게 될 것이다. 결론적으로 깨끗한 위생환경, 폐렴 합병증 치료, 항바이러스제 투여, 독감백신, 한층 강화된 보건 개입 등 인류가 개발한 비장의 무기들은 과거에는 치명적일 수도 있었던 바이러스를 점차 무력화 시키는 방향으로 유도한다.

단일 클론 항체, 바이러스 치료제를 찾아서

한국영화 〈감기〉의 줄거리를 보면, 분당 지역에 인체에 치명적인 변종독감이 출현하여 도시 전체를 휩쓸면서 변종독감을 한 번에 치료할 수 있는 마법 탄환인 특효약을 찾아 나선다. 그 마법 탄환은 변종독감에 걸렸다 회복한 사람에게서 생성된 혈청 항체였다. 이것은 단지 영화의 가상현실에서만의 일이 아니다. 면역 항체 치료기술은 백신이나 치료제를 사용할 수 없는 긴급한 상황에서, 환자 몸에 있는 바이러스를 긴급히 제거하기 위해 사용된다. 실제로 2015년 한국 메르스 사태 때 면역 항체로 중증 환자를 치료하는 데에 사용하기도 했다.

1990년대 초, 대학원 석사 과정을 진학하면서 필자가 처음 부여받은 실험실 과제는 단일 클론 항체 생산기술을 실험실에 구축하는 것이었다. 당시 필자의 임무는 바이러스의 정체를 분석하고, 바이러스 존재를 확인하는, 질병 진단 시약의 용도로 그 항체를 활용하기 위한 목적이었다. 지금은 바이오 분야에서 단일 클론 항체 생산기술이 보편화되어 있지만, 그 당시만 하더라도 그 기술은 한국 내 연구실에서 막 적용되기 시작한 첨단 바이오 기술이었다. 당시 실험실 사정도 그리 여유로운 편이 아니라 마음껏 시행착오를 거쳐서 시도할 만큼 실험 시약도 풍부하지 않았다. 그 기술을 실험실에 처음 도입하는 과업을 부여받은 필자로서는, 전문 서적을 정독하면서 시도해봤지만 실패를 반복했다. 그래서 드러나지 않은 성공 비법(?)을 알아내기 위해, 단일 클론 항체를 만들어봤던 경험 있는 연구원 선배들을 찾아가 자문과 충고를 받아내곤 했다. 한참의 고통스러운 시행착오 끝에 나중에 깨달았다. 제작기술 프로토콜보다도 먼저 세포라는 생명체를 이해하고 배려해야 가능하다는 것을!

일반인들에게는 생소한 전문용어지만, 단일 클론 항체는 바이오공학이나 의학 분야에서는 오늘날에도 매우 중요한 기술이다. 우리들에게 잘 알려진 메르스 바이러스를 예로 들어보자. 생쥐에게 메르스 바이러스를 주입하면, 생쥐의 몸속에는 면역반응으로 B세포가 활성화되어 항체를 분비한다. 이때 B세포에서 만들어지는 항체는 오로지 메르스 바이러스만 제거한다. 한마디로 메르스 바이러스 요격 항체이다. 그래서 만약 항체를 만드는 B세포를 실험 용기에서 배양할 수 있다면, 그 세포는 자라면서 항체를 잔뜩 만들어낼 것이다. 이 항체를 고농도로 생산하는 기술을 확보한다면, 메르스 바이러스만 요격하는 마법 탄환인 특효약을 만들 수 있다. 그러나 생체에서 추출한 B세포의 수명은 몇 주 정도밖에 되지 않아 항체를 대량으로 만들 수 없다. 실험실 배양 용기에서 B세포를 배양하면서 항체를 대량으로 생산할 수 있는 방법은 없을까?

1975년 쾰러Köhler와 밀스타인Milstein은 실험 용기에서 B세포를 배양해 대량으로 항체를 생산할 수 있는 획기적인 방법을 발명했다. 쾰러와 밀스타인은 단일 클론 항체 생산기술을 발명한 공로를 인정받아 1984년 노벨생리의학상을 받았다. 그들이 공안한 발명품은 항체를 생산하는 B세포와, 실험 용기에서 무한정 증식하는 암세포를 융합시켜 하나의 잡종 암세포를 탄생시키는 방식을 사용했다. 그 잡종 암세포는 암세포이기 때문에 실험 용기에서 무한정 증식하는 능력을 가진다. 그리고 중요하게도 B세포의 항체 생산 능력도 가지고 있다. 그래서 잡종 암세포를 실험 용기에서 배양한다면, 세포가 무한정 증식하면서 항체를 대량으로 만들어낸다. 이들 잡종 암세포는 오로지 단 한 종류의 항체만 생산해낸다. 바로 그 기술이 단일 클론 항체 생산기술이다. 만들어진 암세포가 메르스 바이러스를 제거하는 항체를 대량생산한다면, 그 항체는 메르스 치료제로서 탁월한 효과를 보이는 마법 탄환이 될 수 있다. 마법 탄환의 핵심은 바이러스를 제거할 수 있는 항체의 능력에 달려있다.

변종이 잘 생기는 바이러스나 덩치가 큰 바이러스의 경우 단일 클론 항체 한 종류만으로는 감염 환자의 몸속에 돌아다니는 바이러스를 제거하는 데 역부족인 경우가 많다. 그래서 에볼라 바이러스를 제거할 수 있는 단일 클론 항체 여러 종류를 칵테일처럼 혼합해서 바이러스 치료제로 만든다. 그렇게 만든 칵테일 항체들은 연합 작전을 통해 돌아다니는 바이러스를 보다 쉽게 포획해서 제거할 수 있다. 덩치가 큰 에볼라 바이러스가 그런 경우에 속한다. 실제 2014년 서아프리카에서 에볼라가 확산되었을 때 에볼라에 걸린 미국 선교사 치료에 칵테일 항체 제품인 Z약품을 사용했다. Z약품은 단일 클론 항체 3종을 칵테일처럼 혼합해서 만든 치료제이다. HIV나 독감 바이러스 같이 변종이 쉽게 생기는 바이러스의 경우를 생각해보자. 이 바이러스가 워낙 자주 변신을 한다. 그래서 치료제 항체를 생산하는 데 성공해서 치료용으로 처방하더라도 금세 변종 바이러스가 나타나게 된다. 이 바이러스를 치료할 수 있는 항체 치료제는 궁극적으로 변종 바이러스가 생기더라도 제거할 수 있는 범용 항체가 궁극적인 해결책일 것이다. 그런 광범위 단일 클론 항체를 개발하는 것은 여전히 기술적으로 어려운 문제이다. 그뿐 아니라 인간 앞에 갑자기 출현한 신종 바이러스의 경우, 바이러스를 제거할 단일 클론 항체를 만들 시간적 여유조차 전혀 주지 않는다. 그럼에도 다양한 항원 분석기술과 제작기술로 보다 광범위한 단일 클론 중화 항체를 개발하고, 다양한 바이러스 치료 요법과 병용하는 새로운 방법들이 개발되면서 나날이 바이러스 치료 효능은 개선되고 있다. 기술은 발전하고 진화한다.

사실 단일 클론 항체는 치명적인 바이러스를 제거하기 위한 목적으로 제품 개발이 활발히 이루어지고 있지만, 항체 치료제가 가장 활발하게 개발되고 있는 분야는 각종 암세포를 제거하기 위한 세포 치료제 분야이다. 예를 들어, 암세포의 표면에는 정상세포에는 없는 고유한 표지인자 분자물질들이 존재한다. 그 분자물질을 찾아내서 달라붙는 단일 클론 항체를 생산한다면 그 항체는 오로지 그 분자물질을 가진 암세포만 찾아낼 수 있다. 만약 암세포를 죽일 수 있는 무기를 항체에 탑재한다면, 정상적인 세포는 건드리지 않고 몸속에 있는 암세포만 골라서 죽일 수 있다. 암세포 요격미사일인 셈이다. 그런 방식은 면역질환 치료 등 다양한 질환 치료에도 응용되고 있다. 단일 클론 항체는 생명을 수호하는 마법 탄환이 될 수 있다.

바이러스 복제, 길목 차단

여러 가지 일이 겹쳐 스트레스가 쌓일 때면 입술에 부기가 있는가 싶다가 어느새 보면 물집이 생겼다. 입술포진이 신체에 큰 문제를 일으키는 것은 아니고 시간이 지나면 자연스럽게 아물긴 하지만, 물집이 생기는 부위가 간지럽기도 해서 나도 모르게 입술에 손이 가는 등 여간 성가신 게 아니다. 입술포진은 DNA 바이러스인 단순포진 바이러스(헤르페스 심플렉스 I형)가 일으키는 질환이다. 아마도 바이러스가 국소 신경절에 잠복해서 숨어있다가 과로나 스트레스로 면역 상태가 저하되면 그런 일은 어김없이 반복된다. 무리하지 말아야지 하면서도 그럴 수 없는 게 세상의 일이다. 한번은 입술포진으로 입술에 물집이 생긴 것을 지인이 보고는, 약국에 가서 A약품을 사서 입술에 발라보라고 권했다. 그 연고를 바르고 나니 며칠 만에 금세 효과가 나타났다. 그 후로 입술포진으로 고생한 기억이 별로 없다. 바이러스가 제거되어서 그런 건지, 스트레스를 적게 받아서 그런 건지는 알 수 없다. 현재 헤르페스 바이러스 치료제인 A약품은 국내에서만 연간 150억~160억 원의 시장을 형성하고 있다.

1990년대까지만 해도, 많은 과학자들은 바이러스 감염증을 치료한다는 것이 가능하지 않다고 여겼다. 왜냐하면 바이러스가 숙주세포 속에서 절대적으로 기생하는 존재이기 때문에, 숙주세포를 다치지 않게 하면서 바이러스만 제거하는 것이 거의 불가능에 가깝다고 봤기 때문이다. 환경에서 독립적으로 증식하는 세균이라야 항생제로 죽일 수 있다고 생각했다. 그러나 지금은 바이러스가 세포 속에서 어떻게 증식하는지 그 기작이 밝혀지면서 바이러스 복제의 길목을 차단하는 게 가능해졌다. 오늘날 개발되는 바이러스 치료제들은 대부분 세포에서 바이러스가 복제하는

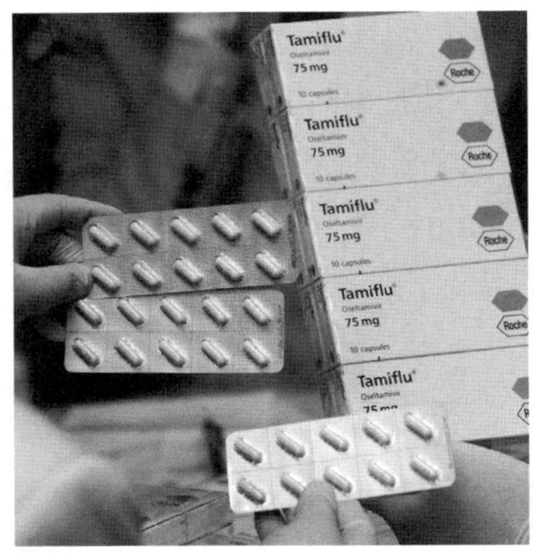

전 세계로 확산되고 있는 인플루엔자의 치료약인 '타미플루'

기작의 중간 길목을 차단하는 방식으로 개발했고, 지금도 많은 신약들이 개발되고 있다. 오늘날 우리가 병원에서 감염증 치료를 받게 되면, 우리가 알든 모르든 상당수의 사례에서 다양한 형태의 바이러스 치료를 받는다. 아마도 바이러스 치료제 중에서 가장 크게 언론의 스포트라이트를 받았던 제품은 인플루엔자 바이러스 치료제인 '타미플루'가 아닌가 싶다. 바이러스 치료제 중에서 가장 매출액이 큰 약이라는 의미가 아니다. 2009년 멕시코에서 처음 출현한 직후 신종플루가 급속히 전 세계로 퍼져나갔다. 그 당시 세계 각국은 신종플루가 제2의 스페인 독감으로 발전할까봐 전전긍긍했고, 타미플루 비축 물량을 서로 많이 확보하느라 난리였다. 이 약은 1990년대 중반에 미국 벤처회사 질리어드사가 개발해서 스위스 로슈사에 팔았던 인플루엔자 치료제 신약이다. 그 덕분에 로

슈사는 2009년 당시 타미플루를 30억 달러(약 3조 7,095억 원)어치 이상을 팔았던 것으로 추정하고 있다. 연 10억 달러(약 1조 2,365억 원) 이상 판매하며 새로운 블록버스터 약으로 당당히 이름을 올렸다. 지금도 독감이 유행하는 한겨울이 오면 불티나게 팔리는 바이러스 치료제 중 하나이다.

위에서 사례로 들었던 헤르페스 바이러스나 인플루엔자 바이러스 치료제는 전체 바이러스 치료제에서 극히 일부분에 불과하다. 현재 전 세계에는 수십 종의 다양한 바이러스 치료제 신약이 출시되어 판매하고 있다. 전체 의약시장에서 항바이러스제가 차지하는 비중이 고작 2% 정도 수준에 불과하다. 하지만 1990년대 이후 바이러스 치료제 개발이 활발히 이루어지면서 1999년 84억 달러(약 10조 3,866억 원)에 불과했던 바이러스 치료제 시장은 2006년 140억 달러(약 17조 3,110억 원), 2009년 280억 달러(약 34조 6,220억 원)로 급성장했다. 바이러스 치료제 주력 제품군은 HIV 치료와 관련된 제품들이다. 2016년에는 전 세계 HIV 시장 규모가 170억 달러(약 20조 4,068억 원)에 달했다. 바이러스 치료제 시장을 주도하는 HIV 치료제의 경우 1990년 1개에 불과했지만, 2001년에는 19개로 급증했다. 실제로 HIV 바이러스 치료요법이 나날이 개선됨에 따라, 선진국에서 HIV 감염자의 사망률은 급격히 떨어지고 있다. 현재의 치료제 기술 개발 추세로 보면, 조만간 획기적인 HIV 치료제가 출시될 수 있다는 희망을 가지게 만든다. B형 간염 치료제의 경우 국내 시장만 하더라도 2014년 기준 2,600억 원 정도 된다. B형 간염 치료제 대표주자인 B약품만 하더라도 한 해 국내 매출액이 1,600억 원에 달하는, 연 100

억 원 이상 판매된 블록버스터 약이다.

막대한 신약 개발 비용과 함께, 일부 바이러스 치료제에서 나타나듯이, 약제 내성을 나타내는 변종 바이러스 출현문제나 복용 환자의 부작용 발생 잠재성은 바이러스 치료제를 개발하는 과정에서 여전히 해결해야 하는 문제이다. 특히 인체 부작용을 일으키는 정상적인 세포의 손상이 없이 감염된 바이러스만 제거한다면 가장 이상적인 치료제 약물이 될 것이다. 지금 이 순간에도 어딘가에서 누군가는 반짝이는 아이디어를 가지고 인체 부작용을 최소화하면서 바이러스 복제 길목을 차단할 수 있는 묘안을 찾기 위해 치료제 신약 개발에 몰두하고 있을 것이다. 이 바이러스 치료제 분야는 공공재 성격이 있으면서도 기업 이익에 부합될 만큼 큰 시장 규모를 갖추었기 때문이다. 반면에 신종 바이러스 치료제는 제약회사에 시장성을 제공하지는 않으면서 공중보건 분야에서 투입해야 하는 공공재 성격이 강하다. 그래서 많은 제약회사들이 신종 바이러스에 대한 치료제 개발이나 백신 개발에 주저하는 부분이 있다. 기존의 바이러스 약물 개발 경험과 기술 발전으로 인해 치료 대상 범위는 점차 확장될 것이다. 그들이 개발에 뛰어들 수 있도록 공공재 시장을 만들어주는 것을 인류 보건을 위해 고민할 때가 되었다. 언젠가는 신종 바이러스, 특히 인류의 지속가능성에 악영향을 미치는 바이러스의 치료제 개발을 앞당기는 날이 다가올 것이다. 그러한 분위기는 이미 감지되고 있다. 2014년 서아프리카에서 창궐한 에볼라 바이러스나 중동에서 여전히 유행이 멈추지 않는 메르스 코로나 바이러스, 2016년 초부터 문제가 된 지카 바

T세포 내 HIV 바이러스 복제 과정과 항레트로 바이러스 치료제(HIV 치료제) 치료 전략

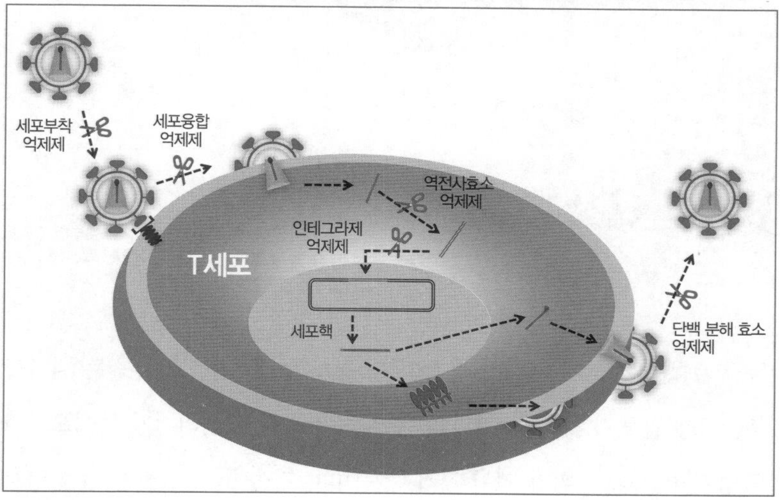

이러스까지 여러 제약회사들이 바이러스 치료제 신약 개발에 들어갔다는 뉴스가 종종 들렸다. 중요한 건 소 잃고 외양간 고치는 것보다 소 잃기 전에 외양간을 고치는 게 낫다는 것이다.

생명 보험, 백신의 중요성

해마다 겨울철이 다가오면 인근 보건소에 간다. 유행성 독감 주사를 맞기 위해서다. 조류 인플루엔자 진단 및 방역과 관련된 업무에 종사하는 연구원이기 때문에 우선접종 대상자이기 때문이다. 독감 백신을 접종받기 위해 보건소에 노인분들이 길게 줄을 서있는 장면을 보는 것은 그리 낯설지 않다. 어쨌든 독감 예방주사를 맞은 덕분에, 매년 초 한겨울

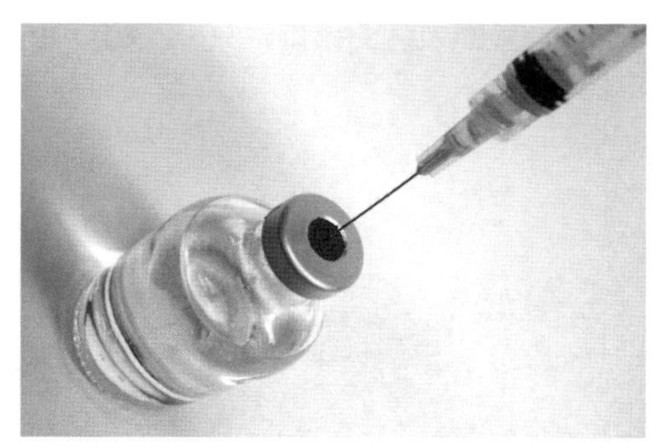

인체에 치명적인 바이러스로부터 건강을 보호해주는 가장 큰 무기는 백신이다.

독감 유행이 절정에 다다라 독감 유행 경보가 내려도, 그 뉴스는 필자를 불안하게 만들지 않는다. 필자의 몸은 이미 독감 바이러스가 들어오더라도 충분히 싸울 준비가 되어 있기 때문이다. 겨울이 오기 전 이미 생명보험 주사를 맞은 덕분이다.

우리 인류의 역사에서 바이러스 전염병의 역사는 곧 백신의 역사와 직결된다. 오늘날, 인체에 치명적인 바이러스로부터 건강을 보호해주는 가장 큰 무기는 백신이기 때문이다. 전염병을 예방하는 데 있어서 백신의 역할은 아무리 강조해도 지나침이 없다. 에볼라 바이러스나 메르스 바이러스와 같은 신종 바이러스가 유행할 때마다 나온 뉴스의 단골 메뉴 중 하나가 예방 백신이나 치료제가 없다는 내용이었다. 그런 종류의 뉴스는 신종 바이러스에 대한 두려움을 가지게 만드는 자극적인 나쁜 뉴스다. 인류 앞에 갑자기 모습을 드러냈기 때문에, 신종 바이러스를 물리칠 백신이나 치료제를 개발할 사전 준비가 전혀 되어 있지 않은 것은 어쩔 수 없는 일이다. 설령 예방 효과가 있는 백신 신약을 서둘러 개발하더라도 2003년 사스처럼 어느 날 갑자기 나타났다가 모두가 바라는 대로 몇 달 만에 홀연히 사라져 버릴 수 있다. 그러면 엄청난 개발 비용을 투자한 제약회사는 무용지물이 된 백신을 두고 난감해할 수밖에 없다. 그래서 신종 바이러스가 출현하더라도 제약회사들이 백신 개발에 주저할 수밖에 없는 딜레마에 빠진다.

전통적으로 바이러스 전염병을 예방하는 백신은 바이러스 자체를 배양해서 백신으로 사용하는 방식이다. 재조합 DNA 조작기술과 인공 단백질 생산기술이 날로 발전하고 있다. 과거 전통적인 백신 제조 방법의 한계를 극복하기 위해, 예방효과와 기능성을 향상시킨 다양한 형태의 유전자 재조합 백신들이 개발돼 출시되고 있다. 여성에게 다발하는 자궁경부암을 예방할 수 있는 획기적인 백신들도 전 세계의 주목을 받고 있다. 이 제품들 상당수는 자궁경부암을 예방하는 재조합 단백질 백신이다. 이 제품은 경제적 능력이 있는 나라들에서 여성들에게 거의 필수적으로 접종을 받아야 하는 백신 제품으로서 이례적으로 블록버스터 약이 되었다. 자궁경부암은 사람 유두종 바이러스, 특히 6, 11, 16, 18형에 의해 유발되는 감염병이다. 사람 유두종 바이러스의 껍데기를 구성하고 있는 L1 단백질을 실험 용기 내 배양된 세포를 통해 인공적으로 대량생산한다. 인공적으로 생산된 바이러스 껍데기 단백질은 서로 엉겨 붙어 원래 바이러스와 모양이 거의 같은 바이러스 유사 입자Virus Like Particle, VLP를 형성한다. 이것을 백신으로 사용하는 것이다. 자궁경부암을 일으키는 여러 바이러스를 바이러스 유사 입자 형태로 인공적으로 대량생산 후

칵테일처럼 혼합하여 제조한 백신이 바로 G약품이다.

이 바이러스 유사 입자는 항원 구조가 동일하여 원래의 바이러스와 동일한 면역반응을 유도한다. 그러나 바이러스를 복제하는 바이러스 유전자가 없는, 즉 바이러스 껍데기 단백질로만 구성되어 있는 바이러스 감염의 위험이 전혀 없는 안전한 백신이다. B형 간염 백신의 경우에도 유사한 방식으로 B형 간염 바이러스의 껍데기 단백질을 실험실에서 인공적으로 대량생산하여 백신을 제조한다. 이와 같이 바이러스의 특정 단백질만을 인공적으로 생산하여 제조한 백신을 '서브유니트subunit' 백신이라고 부른다. 서브유니트 백신 이외에도 바이러스 표면 단백질을 만드는 DNA로 제조한 DNA 백신, 다른 바이러스 게놈에 예방하고자 하는 바이러스 유전자를 탑재하여 만든 바이러스 벡터 백신, 서로 다른 바이러스 유전자를 교배시킨 잡종 바이러스 백신 등 다양한 첨단 백신의 개발이 이루어지고 있다.

그러나 첨단 백신 제조기술의 발달에도 불구하고, 바이러스 백신을 개발하는 데에는 여러 가지 난관에 부딪힌다. 특히 바이러스가 수시로 돌연변이하는 HIV나 인플루엔자 바이러스의 경우 백신을 개발하는 데 부딪히는 문제는 백신이 감당할 수 없는 범위의 문제이다. 예를 들면, 인플루엔자 바이러스의 경우 단 하나의 균주로 만든 독감 백신으로 다양한 타입의 바이러스와 수시로 출몰하는 신·변종 바이러스를 막아내는 것이 불가능하다. 그래서 그해 유행할 것으로 예상되는 균주로 매년 독감 백신 균주를 교체한다. HIV의 경우에도 비슷한 문제가 발생한다. 잠복기가 길기 때문에 잠복 중인 바이러스를 제거하기가 어렵고, 감염자의 몸 안에서 계속해서 돌연변이를 일으키는 바이러스를 통제할 수 있는 백신을 만들기가 매우 어렵다.

현재의 기술로는 아직 갈 길이 먼 미래의 얘기이겠지만, 언젠가 어떤 타입의 인플루엔자 바이러스라도 막을 수 있는 광범위한 효능을 가진 획기적인 유니버셜 독감 백신이 개발될 수 있다. 그러면 매년 3종의 독감 백신 균주들을 선발해서 3종 균주 혼합 백신을 제조하는 노력을 하지 않아도 될 것이고, 어떤 신·변종 바이러스가 출현해도 바로 대처할 수 있을 것이다. HIV에서도 마찬가지다. HIV 유니버셜 백신을 개발하여 HIV를 통제할 수 있다면, HIV를 예방할 수 있는 획기적인 전기를 마련할 수 있을 것이다. 그러한 기술을 바탕으로 다른 바이러스군에도 유니버셜 백신 제조기술이 확대 적용된다면, 어떤 신종 바이러스가 출현하더라도 인류의 건강을 지켜낼 수 있는 여지를 만들어줄 것이다. 그러나 유니버셜 백신 개발은 아직도 요원하다.

에필로그

바이러스 쇼크 시대를 맞이하며

이제, 길었던 바이러스 여행을 마무리할 시간이다. 여러분들도 이 책을 읽으면서 바이러스가 만들어놓은, 지루했을지도 모르는 기나긴 터널을 지나왔다. 막상 집필을 끝내고 나서 보니, 마치 나무꾼이 짐을 잔뜩 지고 와서 마당에 널브러지게 풀어놓은 느낌을 지울 수가 없다. 그러면서도 울창한 숲 속 어딘가에 베어둔 나무를 모두 다 실지 못해 안타까워하는 나무꾼의 미련도 마음 한구석에 남아있다. 아마도 필자 자신이 바이러스에 대해 지적 부족함과 서투름을 느끼는 까닭일 테고, 실제 바이러스에 대해 밝혀지지 않은 많은 과학적 미스터리들이 있기 때문인지도 모르겠다. 여하튼 이제는 풀어놓은 짐을 가지런히 정리할 시간이 됐다.

이 책에서 인류의 지속가능성을 위협할 수도 있는 많은 신종 바이러스를 다루었다. 이러한 신종 바이러스들은 우리들에게 일관된 메시지를 던지고 있다. 바로 '바이러스 쇼크'다. 마치 쇼크가 찾아오듯 수많은 신종 바이러스들이 우리들에게 어떠한 예고도 없이 갑자기 다가왔다. 중동, 서아프리카, 그리고 남미 지역에서 마치 불씨 스파크가 일 듯 여기저기에서 불쑥 나타나 들불처럼 번졌다. 앞으로 어디에서 어떻게 새로운 바이러스 불꽃이 튀어서 들불처럼 활활 타오를지 예측할 수 없는 시대에 살고 있다. 예고도 없이 찾아온 쇼크는 우리가 대비하지 못한 만큼 강한 사회경제적 충격을 준다. 그러나 바이러스 쇼크가 주는 충격은 순간적으로 강하게 나타나기는 하지만, 대부분의 경우 언젠가는 결국 잔불이 되어 소멸되는 속성을 가지고 있다. 우리 인류가 당하고만 있지 않기 때문이다. 그 충격의 후유증은 오래갈 수도, 곧바로 진정될 수도 있다. 어떻게 하면 우리가 전조 증상을 알아차리고 쇼크가 오지 않도록 대비할 수 있을까? 우리들에게 닥친 바이러스 쇼크의 충격을 어떻게 진정시키고 극복할 수 있을까? 우리 인류의 의지와 역량에 달려있다. 그러면 우리는 무엇을 해야 할까?

지금까지 우리 인류는 지역사회에 출현한 신종 바이러스의 국제적 확산 저지를 위한 국제협력과 네트워크 구축 강화, 각종 보건 개입, 지역사회 확산 저지 모델 개발, 인명 피해 최소화를 위한 치료제와 예방기술 개발 등 지역사회에서 바이러스 유행을 저지하려는 대응 노력을 다방면으로 진행해왔다. 이러한 노력으로 사스, 에볼라 등 일부 신종 바이러스에 대해서는 소기의 성과를 거두었지만 일부 바이러스는 유행의 불길이 오히려 점점 거세지고 있어, 향후 그 불길을 어떻게 진정시킬지 그 방안을 찾아내는 것이 지구촌의 과제로 남아있다.

익히 알고 있다시피, 인류 생존에 위협을 주는 신종 바이러스 대부분은 야생세계에서 동물을 통해 인류에게로 넘어왔다. 그래서 신종 바이러스 출현 이후 공중보건의 한정된 측면에서 집중 대응하는 것만으로는 한계가 있다. 지금까지 공중보건 영역의 대응 노력과 달리, 지구촌에서 신종 바이러스 출현 자체를 저지하는 선제적 예방 노력은 출발점, 그 선상에 여전히 머물러 있는 것처럼 보인다. 사스 바이러스처럼 이미 바이러스 출현 경로가 알려진 경우와 달리, 그 이전에 경험하지 못한 신종 바이러스에 대해서는 어느 지역에서 어떤 경로로 나타날지 사전에 예측하고 대비하는 데 번번이 실패했다. 신종 바이러스 출현 배경을 제공하는 푸시&풀 여건(산림파괴, 대도시화, 기업축산, 기후변화, 여행증가 등)을 개선하려는 발걸음은 여전히 출발선 이상을 진행하지 못하고 있다. 또한 바이러스 학자들이 지구촌 야생세계에서 미지의 바이러스를 찾고 있고, 우리 주변의 동물인 가축에서 신·변종 바이러스 출현을 감시하고 있지만, 사람에게 위험이 되는 신종 바이러스를 찾아내는 것은 사막에서 바늘 찾기처럼 어려운 일이다. 설령 그런 바이러스를 수집하더라도 향후 사람에게서 문제를 일으킬 소지가 있는지 판단하는 데 기술적으로 한계가 있다. 생태계(환경)보건, 동물(가축)보건, 공중보건 등 세 가지 보건섹터 전문가 그룹들이 머리를 맞대고 시너지 가치를 상승시키는 하나의 보건체계 'One health' 개념으로 접근해야 문제를 해결하는 데 보다 나은 개선책을 만들어낼 수 있을 것이다. 이제 우리 인류는 그러한 방향을 인식하고 이제야 출발 시동을 걸고 있다. 다소 늦은 감은 있으나 바람직한 일이다.

신종플루 사태에서 경험했듯, 바이러스는 우리 인간이 바라는 대로 움직이는 것이 아니라 바이러스 자신의 속성대로 숙주 사이에서 순환하고 유행한다. 그래서 효율적인 보건 개입과 더불어, 우리는 공중보건에 대한 사회적 노력을 통해 바이러스 유행 배경이 되는 사회 환경 위험을 최대한 낮출 수 있도록 노력해야 한다. 우리나라도 경제적으로 비약적인 발전을 이루면서 공중보건 문화가 나날이 개선되고 있기는 했지만, 여기에서 일일이 언급하기에는 너무 많을 만큼 대중 공유 문화에 대하여 개선해야 할 점이 생활환경 도처에 남아있다. 모든 것을 한꺼번에 바꾸는 것은 매우 어려운 일일 것이다. 2015년 메르스 사태를 계기로, 우리나라에서 공중보건 개선에 대한 사회적 공감대가 생기고 일차적으로 병원 문화에 대해 개선하고자 하는 노력들이 있었다. 공공 장소 손 소독제 비치나, 가축 바이러스의 경우 농장 유입 차단 방역조치들을 바이러스가 유행할 때 반짝 일회성으로 하지 말고 일상적으로 행해지도록 하는 사회 문화를 만들도록 하자. 앞으로 공중보건에 대한 사회적 공감대가 사회 전반으로 확산되어, 전염병을 확산시킬 수 있는 잠재적 생활 여건들을 점진적으로 개선해 나가길 기대해 본다.

지구촌 어딘가에서 생전 듣지도 보지도 못한 공포의 바이러스가 출현하거나 우리 사회 어딘가에서 감염 의심 환자라도 발생하면, 그 지역에 바이러스가 퍼질까봐 노심초사한다. 또 보건당국에 그 주변 지역 소독과 방역조치를 해달라고 조급증을 낸다. 평소에는 관심조차 가지지 않던 사람들이 마치 전문가인 양 말한다. 무엇이 문제일까? 그런데 실상은 일반 대중이 가진 바이러스 정보라는 것이 마치 모범답안을 외운 것 같은 느낌을 지울 수 없다. 그 정보라는 것이 대개 편안한 소파에 앉아서 방송과 언론으로부터 눈과 귀로 얻는 것들이고, 그러다 보니 일반 대중이 얻을 수 있는 정보는 상당히 제한적이다. 예를 들어, 사람들은 이미 방송과 언론을 통해 '지카 바이러스는 이집트숲모기가 매개한다'는 사실을 알고 있다. 그런데 "그 모기가 왜 문제가 되지? 그 모기가 원래 몸속에 바이러스를 달고 다니던 건가?" 하고 물었을 때, 대부분은 머뭇거리고 제대로 대답을 하지 못한다(상세 내용은 제4장 참고). 그런 연유로 방송이나 언론 매체에서 다루는 전염병 관련 기사를 볼 때, 그것이 지역사회에서 무슨 문제를 일으키는지, 그 파장이 어떻게 진행될지 일반 대중이 해석하고 판단하는 것에 한계가 있다. 그래서 일반인들 사이에서는 지구촌 어디에선가의 전염병 출현이 심리적 불안과 우려로 증폭되기 마련이다. 심지어 자신이 알고 있는 정보 영역 밖의 사안이라면, 자신이 가진 모범답안 정보를 바탕으로 나름대로 해석과 추측을 하게 되고 그것이 심하면 유언비어나 낭설로 발전하게 된다.

여기서 말하고자 하는 것은 대중도 이제 바이러스 전염병에 대한 기본적인 교양을 평소에 쌓아야 한다는 것이다. 우리는 이러한 부분에 대해 평소에 제대로 훈련되어 있지 않다. 대부분의 대중은 자기계발서나 인문교양서에는 열광을 하면서도, 정작 자신의 신상에 위협이 될 수 있는 바이러스 지식 습득에는 관심을 별로 가지지 않는다. 단편적으로 발생하는 특정 사안에 대해서만 일시적으로 관심을 가질 뿐이다. 언제까지 특정 사안에 대해서만 관심을 가질 것인가? 어떤 방식으로 전염되고, 어떻게 감염을 차단할 수 있는지 등 평소에 바이러스의 정체에 대해 올바른 지식으로 무장되어 있다면, 신종 바이러스 출현에 대한 뉴스 기사를 접하면서 어떻게 대처할 수 있는지 쉽게 판단할 수 있게 된다. 그런 기본적인 교양지식을 가지고 있는 것은 우리의 건강을 지키는 생명보험을 드는 것과 마찬가지다. 그러려면 대중들이 기본 교양을 갖추기 위해 접근할 수 있는 도서가 필요하다. 이미 그런 교양서적들이 없는 것은 아니지만, 무언가 부족함을 느낀다. 지식의 부족함을 느끼면서도 감히 용기를 내서 이 책을 집필한 이유가 여기에 있다.

일단 전염병이 유행하기 시작하면, 일반 대중이 할 수 있는 일은 제한되어 있다. 사소하지만 가장 중요한 것은 개인위생 안전수칙을 지키는 것이다. 사실 개인위생 안전수칙을 일상적으로 지키고 실천하는 것은 번거롭고 귀찮은 일이다. 그렇지만 평소에 개인위생 관리수칙을 잘 준수하고, 백신 접종 등 예방 노력을 기울여 전염병의 고통을 최소한으로 줄일 수 있다면, 비용 편익 측면에서도 훨씬 경제적이다. 개인위생 안전수칙에 관련된 정보는 질병관리본부(http://www.cdc.go.kr)나 지역 보건소에서 자세히 얻을 수 있다. 대부분 전염병의 경우, 입이나 코 등을 통해서 병균이 배출되고, 외부 환경 여기저기를 수시로 잔뜩 만지는 손을 통해 감염이 일어난다. 그래서 이런 종류의 전염병 예방은 기침 예절과 손 씻기 예절이 개인위생 관리의 핵심을 이룬다. 기침을 하더라도 분비물이 다른 사람에게 튀거나, 외부 환경에 묻지 않도록 해야 한다. 손을 씻더라도 손가락 사이 잡균 덩어리로 가득 찬 새카만 땟물이 없어질 때까지 비누로 깨끗이 자주 씻어야 한다. 세안이나 양치질 등을 통해 혹시 얼굴이나 입안에 묻어있을 수도 있는 병균을 최대한 제거하도록 해야 한다. 이것은 필자만 지키는 것이 아니라 우리 모두가 지켜야 하는 공중보건 공공재이다. 이러한 개인위생 예절만 지켜도 병원균에 노출될 확률을 80% 이상 줄일 수 있다. 사회 전체적으로 개인위생 관리에 관심이 높았던 2009년 신종플루 유행 때 다른 전염병, 특히 수인성 질병 발생이 많이 줄어들었다. 이 사실은 개인위생 관리가 우리 사회 전염병 문제를 진정시키는 데 얼마나 기여하는지를 단적으로 보여준다. 모두가 지키면 할 수 있는 일이다.

매년 수천만 명의 국민들이 여러 가지 목적으로 해외여행을 다녀온다. 이 방문 국가들 중에는 우리보다 공중보건 시스템이 잘 갖추어진 국가도 있는가 하면 그렇지 못한 국가들도 많다. 그러다 보니 해외여행을 하는 동안 우리나라에 없는 전염병에 노출될 위험성을 가진다. 실제로 해외여행 도중 뎅기열 등의 전염병에 걸려 입국하는 감염 사례들이 매년 증가하고 있다는 것이 통계적으로 입증되고 있다. 해외여행을 통하여 의도한 것은 아니겠지만, 본의 아니게 국내로 병균을 갖고 들어와서 우리 사회에 피해를 입히는 사건이 벌어지지 않도록 모두가 노력해야 한다. 그러려면 여행하고자 하는 지역이나 국가에서 어떤 전염병이 돌고 있는지 정보를 사전에 알고 여행을 가야 한다. 현재 보건 관련 국제기구 등에서 제공하는 전염병 관련 정보는 세계적으로 이슈가 되는 일부 전염병에 집중되어 있어, 실제 그 지역에 상재하고 있는 수많은 전염병에 대한 정보는 여전히 부족하다. 실제로 이 기구들 사이트에 들어가면 국내 유입사례가 많은 뎅기열이나 홍역 같은 전염병이 어느 나라에서 현재 얼마나 발생하고 있는지 등의 정보를 얻기가 어렵다. 우리가 그런 유익한 전염병 정보를 미리 알게 된다면, 해외여행을 떠나기 전 전염병에 걸리지 않기 위해 무엇을 사전에 준비해야 하는지 파악하는 데 도움이 될 것이다. 실시간으로 전 세계 질병정보를 웹 사이트로 공유하는 헬스맵(http://www.healthmap.org) 등과 같은 세계 보건지도에서 우리에게 필요한 유익한 정보를 제공받을 수 있다.

최근 들어 우리 사회가 수차례에 걸쳐 직접 경험했듯, 바이러스가 가진 전염성의 속성상 혼자서 고민하고 지체한다고 해결될 문제가 아니다. 그럴 경우 본인의 건강에도 적신호가 울릴 수 있고, 중요한 것은 슈퍼전파자로 진행될 위험성을 가지게 되어 주변 사람들, 심지어 공중보건상 심각한 문제를 일으킬 수 있다는 것이다. 이 문제는 공중보건에만 한정된 문제가 아니라 축산업이나 식물에서도 마찬가지이다. 고열 등 건강상에 문제가 있다고 느껴지면 가능한 한 빨리 의료기관을 방문해서 검진을 받아야 한다. 가축 전염병이 의심되는 경우, 방역기관이나 수의사에게 신고를 해야 한다. 조금이라도 의심이 간다면 바로 조치를 취해야 할 것이다. 그래야 우리 사회에 더 큰 피해가 발생하지 않을 수 있다. 필요하다면 보건소 등 관련 의료기관이나 방역기관의 상담을 받는 것도 좋다. 빠르게 실천할수록 좋다. 개인의 노력부터 사회적인 노력까지 우리는 할 수 있는 한 빠르게 그리고 정확하게 예방하고 대응해야 한다. 개인부터 사회, 국가까지의 긴밀하고 빠른 대응이 가능한 네트워크를 활성화시킨다면 신종 바이러스의 출현에 보다 효율적으로 대처해 나갈 수 있을 것이다.

마지막으로, 이 책을 집필하는 데 수많은 학자들이 일구어 놓은 연구결과를 최대한 참고하여 대중들이 얻고자 하는 바이러스 교양지식을 피부에 와 닿도록 나름대로 충실히 담고자 노력했다. 혹시 잘못된 내용이나 과장된 사실이 있다면 너그러이 이해하고 알려주면 추후 성실하게 수정·보완하도록 하겠다. 또한 이 책의 집필을 하는 데 부족함이 있었음에도 불구하고 동료학자들과 친구들의 많은 도움과 격려가 있었기에 용기를 내고 완성할 수 있었음을 밝혀둔다. 끝으로 보다 세련된 책을 출간하는 데 많은 열정을 쏟아주신 매경출판 관계자 분들에게도 고개 숙여 감사드린다. 아무쪼록 보다 건강한 세상을 영위해가는 데 이 책이 조금이나마 밀알이 되었으면 좋겠다. 그것만으로도 행복하다.

참고문헌

인터넷 사이트

1. 질병관리본부 홈페이지 http://www.cdc.go.kr/CDC/main.jsp
2. 위키피디아(WikiPedia) https://www.wikipedia.org/
3. 세계보건기구(World Health Organization) http://www.who.int/
4. UNAIDS http://aidsinfo.unaids.org/
5. 미국질병통제센터(CDC) http://www.cdc.gov/
6. 실시간보건지도 http://www.healthmap.org/en/
7. 전염병 유행확산 분석모델 제공 사이트 http://www.gleamviz.org/

제1장

8. 네이선 울프, 강주헌 역, 《바이러스 폭풍의 시대》, (김영사, 2015)
9. ProMed mail. NOVEL CORONAVIRUS – SAUDI ARABIA: HUMAN ISOLATE 2012.9.20.
10. Yang J. How medical sleuths stopped a deadly new SARS–like virus in its tracks. 2012.10.21. The Star.com.
11. Pollack MP, Pringle C, Madoff LC, Memish ZA. Latest outbreak news from ProMED–mail: novel coronavirus — Middle East. Int J Infect Dis. 2013 Feb;17(2):e143–4.
12. Hussein I. The story of the first MERS patient. Interview. Nature Middleeast. June 2 2014.
13. 나심 니콜라스 탈레브, 차익종 역, 《블랙스완》, (동녘사이언스, 2008)
14. Casti JL. X–Events: The Collapse of Everything. 2012. Morrow/HarperCollins Kirkus.
15. Adney DR, van Doremalen N, Brown VR et al., Replication and shedding of MERS–CoV in upper respiratory tract of inoculated dromedary camels. Emerg Infect Dis. 2014 Dec;20(12):1999–2005. doi: 10.3201/eid2012.141280.
16. Hemida MG, Perera RA, Wang P et al., Middle East Respiratory Syndrome (MERS) coronavirus seroprevalence in domestic livestock in Saudi Arabia, 2010 to 2013. Euro Surveill. 2013 Dec 12;18(50):20659.
17. Haagmans BL, Al Dhahiry SH, Reusken CB et al., Middle East respiratory syndrome coronavirus in dromedary camels: an outbreak investigation. Lancet Infect Dis. 2014

Feb;14(2):140–5.

18. Zaki AM, van Boheemen S, Bestebroer TM et al., Isolation of a novel coronavirus from a man with pneumonia in Saudi Arabia. N Engl J Med. 2012 Nov 8;367(19):1814–20.

19. Babkin IV, Babkina IN. The origin of the variola virus. Viruses. 2015 Mar 10;7(3):1100–12. doi: 10.3390/v7031100.

20. Memish ZA, Mishra N, Olival KJ, et al., Middle East respiratory syndrome coronavirus in bats, Saudi Arabia. Emerg Infect Dis. 2013 Nov;19(11):1819–23.

21. New SARS–like virus is 'threat to the entire world,' WHO head says. Fox News. May 29 2013.

22. Drexler JF, Corman VM, Drosten C. Ecology, evolution and classification of bat coronaviruses in the aftermath of SARS. Antiviral Res. 2014 Jan;101:45–56.

23. von Bredow R, Hackenbroch V. Interview with Ebola Discoverer Peter Piot: 'It Is What People Call a Perfect Storm'. DER SPIEGEL. Issue 34. Sep 22, 2014.

24. Loria K. Scientists Who Discovered Ebola Almost Caused A Disaster: 'It Makes Me Wince Just To Think Of It'. Business Insider. Aug 21, 2014.

25. Heinrich HW. Industrial accident prevention: a scientific approach. McGraw–Hill.1931.

26. Lefebvre A, Fiet C, Belpois–Duchamp C et al., Case fatality rates of Ebola virus diseases: a meta–analysis of World Health Organization data. Med Mal Infect. 2014 Sep;44(9):412–6.

27. Bausch DG, Schwarz L. Outbreak of ebola virus disease in Guinea: where ecology meets economy. PLoS Negl Trop Dis. 2014 Jul 31;8(7):e3056.

28. Changula K, Kajihara M, Mweene AS, Takada A. Ebola and Marburg virus diseases in Africa: Increased risk of outbreaks in previously unaffected areas? Microbiol Immunol 2014; 58: 483–491.

29. Leroy EM, Kumulungui B, Pourrut X et al., Fruit bats as reservoirs of Ebola virus. Nature. 2005 Dec 1;438(7068):575–6.

30. Anti P, Owusu M, Agbenyega O, Annan A, Badu EK, Nkrumah EE, Tschapka M, Oppong S, Adu–Sarkodie Y, Drosten C. Human–Bat Interactions in Rural West Africa. Emerg Infect Dis. 2015 Aug;21(8):1418–21.

31. Tamotsu Shibutani. Improvised News: A Sociological Study of Rumor. 1966.

Ardent Media.

32. Banana Virus Rumor. China.org.cn. March 16, 2007.

33. USA today. Control of SARS lies in identifying 'super spreaders'. April 5, 2003.

34. Stein RA. Super-spreaders in infectious diseases. Int J Infect Dis. 2011 Aug;15(8):e510-3.

35. Shen Z, Ning F, Zhou W et al., Superspreading SARS events, Beijing, 2003. Emerg Infect Dis. 2004 Feb;10(2):256-60.

36. Woolhouse ME, Dye C, Etard JF et al., Heterogeneities in the transmission of infectious agents: implications for the design of control programs. Proc Natl Acad Sci U S A. 1997 Jan 7;94(1):338-42.

37. Leo YS, Chen M, Lee CC, et al. Severe accurate respiratory syndrome-Singapore, 2003. MMWR Morb Mortal Wkly Rep 2003;52:405-11.

38. Li Y, Yu IT, Xu P et al., Predicting super spreading events during the 2003 severe acute respiratory syndrome epidemics in Hong Kong and Singapore. Am J Epidemiol. 2004 Oct 15;160(8):719-28.

39. Lau SK, Woo PC, Li KS et al., Severe acute respiratory syndrome coronavirus-like virus in Chinese horseshoe bats. Proc Natl Acad Sci U S A. 2005 Sep 27;102(39):14040-5.

40. Li W, Shi Z, Yu M, Ren W, Smith C, Epstein JH, Wang H, Crameri G, Hu Z, Zhang H, Zhang J, McEachern J, Field H, Daszak P, Eaton BT, Zhang S, Wang LF. Bats are natural reservoirs of SARS-like coronaviruses. Science. 2005 Oct 28;310(5748):676-9.

41. Lau SK, Feng Y, Chen H, Luk HK, Yang WH, et al., Severe Acute Respiratory Syndrome (SARS) Coronavirus ORF8 Protein Is Acquired from SARS-Related Coronavirus from Greater Horseshoe Bats through Recombination. J Virol. 2015 Oct;89(20):10532-47. doi: 10.1128/JVI.01048-15.

42. Fuhrman JA. Marine viruses and their biogeochemical and ecological effects. Nature. 1999 Jun 10;399(6736):541-8.

43. Griffin DE. Measles virus. D.M. Knipe, P.M. Howley (Eds.), Fields Virology (edn 5), Lippincott Williams & Wilkins, Philadelphia (2007), pp.1551-1585.

44. Daszak P, Cunningham AA, Hyatt AD. Emerging infectious diseases of wildlife— threats to biodiversity and human health. Science. 2000 Jan 21;287(5452):443-9.

45. Han HJ, Wen HL, Zhou CM, Chen FF, Luo LM, Liu JW, Yu XJ. Bats as reservoirs of severe emerging infectious diseases. Virus Res. 2015 Jul 2;205:1-6.

46. Plowright RK, Eby P, Hudson PJ et al., Ecological dynamics of emerging bat virus spillover. Proc Biol Sci. 2015 Jan 7;282(1798):20142124.

47. Calisher CH, Childs JE, Field HE et al., Bats: important reservoir hosts of emerging viruses. Clin Microbiol Rev. 2006 Jul;19(3):531–45.

48. Chan JF, Kok KH, Zhu Z, Chu H, To KK, Yuan S, Yuen KY. Genomic characterization of the 2019 novel human–pathogenic coronavirus isolated from a patient with atypical pneumonia after visiting Wuhan. Emerg Microbes Infect. 2020 Dec;9(1):221–236.

49. Huang C, Wang Y, Li X, Ren L, Zhao J et al., Clinical features of patients infected with 2019 novel coronavirus in Wuhan, China. Lancet. 2020 Jan 24. pii: S0140–6736(20)30183–5.

50. Wang C, Horby PW, Hayden FG, Gao GF.A novel coronavirus outbreak of global health concern. Lancet. 2020 Jan 24. pii: S0140–6736(20)30185–9.

51. Woodward A. The outbreaks of both the Whuan coronavirus and SARS likely started in Chinese wet markets. Business Insider US, Jan 30, 2020.

제2장

52. Grant A, Hashem F, Parveen S. Salmonella and Campylobacter: Antimicrobial resistance and bacteriophage control in poultry. Food Microbiol. 2016 Feb;53(Pt B):104–9.

53. Roach DR, Donovan DM. Antimicrobial bacteriophage–derived proteins and therapeutic applications. Bacteriophage. 2015 Jun 23;5(3):e1062590.

54. Philippe N, Legendre M, Doutre G et al., Pandoraviruses: amoeba viruses with genomes up to 2.5 Mb reaching that of parasitic eukaryotes. Science. 2013 Jul 19;341(6143):281–6.

55. Choi KS, Kye SJ, Kim JY, Lee HS. Genetic and antigenic variation of shedding viruses from vaccinated chickens after challenge with virulent Newcastle disease virus. Avian Dis. 2013 Jun;57(2):303–6.

56. Jeong OM, Kim MC, Kim MJ et al., Experimental infection of chickens, ducks and quails with the highly pathogenic H5N1 avian influenza virus. J Vet Sci. 2009 Mar;10(1):53–60.

57. Freeman CL1, Harding JH, Quigley D, Rodger PM. Structural control of crystal

nuclei by an eggshell protein. Angew Chem Int Ed Engl. 2010 Jul 12;49(30):5135–7.

58. Abergel C, Legendre M, Claverie JM. The rapidly expanding universe of giant viruses: Mimivirus, Pandoravirus, Pithovirus and Mollivirus. FEMS Microbiol Rev. 2015 Nov;39(6):779–96.

59. Babkin IV, Babkina IN. The origin of the variola virus. Viruses. 2015 Mar 10;7(3):1100–12.

60. Wolfe ND, Dunavan CP, Diamond J. Origins of major human infectious diseases. Nature. 2007 May 17;447(7142):279–83.

61. Lustig A, Levine AJ. One hundred years of virology.J Virol. 1992 Aug;66(8):4629–31.

62. Lecoq H. Discovery of the first virus, the tobacco mosaic virus: 1892 or 1898?]. C R Acad Sci III. 2001 Oct;324(10):929–33.

63. Grmek MD. History of virology, viral diseases, and virologists. Hist Philos Life Sci. 1994;16(2):339–54.

64. 식품의약품안전처, 정책브리핑, '지하수 사용 김치 제품의 노로바이러스 등 오염 방지대책 실시', 2013

65. Sid H, Benachour K, Rautenschlein S. Co–infection with Multiple Respiratory Pathogens Contributes to Increased Mortality Rates in Algerian Poultry Flocks. Avian Dis. 2015 Sep;59(3):440–6.

제3장

66. The Worldbank. Mortality rate, infant (per 1,000 live births). http://data.worldbank.org/indicator/SP.DYN.IMRT.IN

67. 황병익, '역신의 정체와 신라 〈처용가〉의 의미 고찰', 정신문화연구, 2011

68. Njeumi F, Taylor W, Diallo A et al., The long journey: a brief review of the eradication of rinderpest. Rev Sci Tech. 2012 Dec;31(3):729–46.

69. Centers for Disease Control (CDC). Pneumocystis pneumonia—Los Angeles. Morb Mortal Wkly Rep. 1981 Jun 5;30(21):250–2.

70. Centers for Disease Control (CDC). Update on acquired immune deficiency syndrome (AIDS)—United States. Morb Mortal Wkly Rep. 1982 Sep 24;31(37):507–8, 513–4.

71. Barré–Sinoussi F, Chermann JC, Rey F ET AL., Isolation of a T–lymphotropic retrovirus from a patient at risk for acquired immune deficiency syndrome (AIDS). Science. 1983 May 20;220(4599):868–71.

72. Keele BF, Van Heuverswyn F, Li Y et al., Chimpanzee reservoirs of pandemic and nonpandemic HIV-1. Science 2006;313 (5786): 523-6.

73. Normile D. Avian influenza. Human transmission but no pandemic in Indonesia. Science. 2006 Jun 30;312(5782):1855.

74. Yang Y, Halloran ME, Sugimoto JD, Longini IM Jr. Detecting human-to-human transmission of avian influenza A (H5N1). Emerg Infect Dis. 2007 Sep;13(9):1348-53.

75. 〈매일경제신문사〉, 2014.08.03, 속보부, "덕성여대 행사 논란, 온라인 커뮤니티서 반대 운동…'1만 6990여명 동참' "

76. 〈매일경제신문사〉, 2015.04.14, 민동석, "매경춘추 – 꿀벌이 사라진다면"

77. 〈헤럴드경제신문사〉, 2013.11.05, 이자영, "꿀벌 떼죽음에…지구촌 농작물 가격 들썩"

78. 〈환경TV〉, 2011.03.11, 유엔환경계획(UNEP), "꿀벌 감소, 전 세계로 확산 중"

79. UNEP. UNEP special issues: Global honey bee colony disorders and other threats to insect pollinators. 2010.

80. Choi YS, Lee MY, Hong IP et al., Occurrence of sacbrood virus in Korean apiaries from Apis cerana (Hymenoptera: Apidae. Korean J Apiculture 2010;25:187-191.

81. 〈연합뉴스〉, 2010.10.13, 신준희, " '꿀벌 떼죽음' 피해 보상하라"

82. 〈노컷뉴스〉, 2010.10.08, 오지예, "호박 · 가지값 폭등…'꿀벌 떼죽음' 탓"

83. 〈데일리팜〉, 2013.03.14, 이혜경, "중국 여배우 자궁암 사망…남 일 아니다"

84. 국민건강보험공단, '건강보험통계'

85. 통계청, '보도자료: 2014년 사망원인통계', 2015

86. Alexandersen S, Brotherhood I, Donaldson AI. Natural aerosol transmission of foot-and-mouth disease virus to pigs: minimal infectious dose for strain O1 Lausanne. Epidemiol Infect. 2002 Apr;128(2):301-12.

87. Douglas RG. Influenza in man. In: Kilbourne ED, editor. The influenza viruses and influenza. New York; Academic Press. p375-447. 1975.

88. 〈아시아경제〉, 2015.11.26, 지연진, "양천구 C형간염 미스터리…주범은 주사기 재탕"

89. Romero-Tejeda A, Capua I. Virus-specific factors associated with zoonotic and pandemic potential. Influenza Other Respir Viruses. 2013 Sep;7 Suppl 2:4-14.

90. Ryan F. Virus X: Tracking the New Killer Plagues-Out of the Present and and Into the Future, Brown and Company, Boston, MA. 1997.

91. Gao F, Bailes E, Robertson DL et al., Origin of HIV-1 in the chimpanzee Pan troglodytes troglodytes. Nature. 1999 Feb 4;397(6718):436–41.

92. Plagemann PG. Porcine reproductive and respiratory syndrome virus: origin hypothesis. Emerg Infect Dis. 2003 Aug;9(8):903–8.

93. Virology Blog, Reverse zoonoses: Human viruses that infect other animals. April 8, 2009.

94. Yang Y, Liu C, Du L et al., Two Mutations Were Critical for Bat-to-Human Transmission of Middle East Respiratory Syndrome Coronavirus. J. Virol. 2015 Sep;89(17): 9119–23.

95. Rasschaert D, Duarte M, Laude H. Porcine respiratory coronavirus differs from transmissible gastroenteritis virus by a few genomic deletions. J Gen Virol. 1990 Nov;71(11):2599–607.

96. Laude H, Van Reeth K, Pensaert M. Porcine respiratory coronavirus: molecular features and virus-host interactions. Vet Res. 1993;24(2):125–50.

97. Garten RJ, Davis CT, Russell CA et al., Antigenic and genetic characteristics of swine-origin 2009 A(H1N1) influenza viruses circulating in humans. Science. 2009 Jul 10;325(5937):197–201.

98. Ma W, Lager KM, Vincent AL et al., The role of swine in the generation of novel influenza viruses. Zoonoses Public Health. 2009 Aug;56(6–7):326–37.

99. Kim TJ, Tripathy DN. Reticuloendotheliosis virus integration in the fowl poxvirus genome: not a recent event. Avian Dis. 2001 Jul-Sep;45(3):663–9.

제4장

100. Lo MK, Rota PA. The emergence of Nipah virus, a highly pathogenic paramyxovirus. J Clin Virol. 2008 Dec;43(4):396–400.

101. Shi Z, Hu Z. A review of studies on animal reservoirs of the SARS coronavirus. Virus Res. 2008 Apr;133(1):74–87.

102. Hemida MG, Perera RA, Wang P et al., Middle East Respiratory Syndrome (MERS) coronavirus seroprevalence in domestic livestock in Saudi Arabia, 2010 to 2013. Euro Surveill. 2013 Dec 12;18(50):20659.

103. Worobey M, Gemmel M, Teuwen DE et al., Direct evidence of extensive diversity of HIV-1 in Kinshasa by 1960. Nature. 2008 Oct 2;455(7213):661–4.

104. van den Hoogen BG, de Jong JC, Groen J et al., A newly discovered human

pneumovirus isolated from young children with respiratory tract disease. Nature Medicine. 7(6):719–724. 2001.

105. Wolfe ND, Daszak P, Kilpatrick AM, Burke DS. Bushmeat hunting, deforestation, and prediction of zoonoses emergence. Emerg Infect Dis. 2005 Dec;11(12):1822–7.

106. Yu XJ, Liang MF, Zhang SY et al., Fever with thrombocytopenia associated with a novel bunyavirus in China. N Engl J Med. 2011;364:1523–32.

107. Liu Q, He B, Huang SY et al., Severe fever with thrombocytopenia syndrome, an emerging tick–borne zoonosis. Lancet Infect Dis. 2014 Aug;14(8):763–72.

108. Patterson M, Grant A, Paessler S. Epidemiology and pathogenesis of Bolivian hemorrhagic fever. Curr Opin Virol. 2014 Apr;5:82–90.

109. Maiztegui JI, Clinical and epidemiological patterns of Argentine haemorrhagic fever. Bulletin of the World Health Organization. 1975;52:567–575.

110. UN Intergovernmental Panel on Climate Change (IPCC), Climate Change 2007; the Fourth Assessment Report. 2007.

111. Quam MB, Sessions O, Kamaraj US et al., Dissecting Japan's Dengue Outbreak in 2014. Am J Trop Med Hyg. 2015 Dec 28. pii: 15–0468.

112. Afonso A, Abrahantes JC, Conraths F et al., The Schmallenberg virus epidemic in Europe–2011–2013. Prev Vet Med. 2014 Oct 15;116(4):391–403.

113. Enserink M. Emerging infectious diseases. During a hot summer, bluetongue virus invades northern Europe. Science. 2006 Sep 1;313(5791):1218–9.

114. 농림축산식품부. '2014년 농림수산식품 주요 통계'

115. Choi KS. Current situation and perspective of Newcastle disease in Asia. the 3rd workshop on diagnosis of animal diseases for Asian countries. June 9–20, 2014.

116. Guan Y, Peiris M, Kong KF et al., H5N1 influenza viruses isolated from geese in Southeastern China: evidence for genetic reassortment and interspecies transmission to ducks. Virology. 2002 Jan 5;292(1):16–23.

117. Zhao K, Gu M, Zhong L et al., Characterization of three H5N5 and one H5N8 highly pathogenic avian influenza viruses in China. Veterinary Microbiol. 2013;163:351–357.

118. Shin JH, Woo C, Wang SJ et al., Prevalence of avian influenza virus in wild birds before and after the HPAI H5N8 outbreak in 2014 in South Korea. J Microbiol.

2015 Jul;53(7):475–80.

119. 통계청 e-나라지표, 한국관광공사, '해외여행객 수'

120. 〈질병관리본부〉, 2015, 조승희 · 박숙경 · 성연희 · 이은경 · 조은희, "주간 건강과 질병"

121. Alirol E, Getaz L, Stoll B et al., , Urbanisation and infectious diseases in a globalised world. The Lancet Infectious Diseases. 2011 Feb;11(2):131–141.

122. Kilpatrick AM, Randolph SE. Drivers, dynamics, and control of emerging vector-borne zoonotic diseases. Lancet. 2012 Dec 1;380(9857):1946–55.

123. Higgs S. Zika Virus: Emergence and Emergency. Vector Borne Zoonotic Dis. 2016 Jan 29.

124. Gatherer D, Kohl A. Zika virus: a previously slow pandemic spreads rapidly through the Americas J Gen Virol. 2015 Dec 18. doi: 10.1099/jgv.0.000381. [Epub ahead of print]

125. Hamel R, Dejarnac O, Wichit S et al., Biology of Zika Virus Infection in Human Skin Cells. J Virol. 2015 Sep;89(17):8880–96.

126. Riley S, Fraser C, Donnelly CA et al., Transmission dynamics of the etiological agent of SARS in Hong Kong: impact of public health interventions. Science. 2003 Jun 20;300(5627):1961–6.

127. Bauch SC, Birkenbach AM, Pattanayak SK, Sills EO. Public health impacts of ecosystem change in the Brazilian Amazon. Proc Natl Acad Sci USA. 2015 Jun 16;112(24):7414–9.

128. People, Pathogen and Our Plants, World Bank, 2010.

129. 〈매일일보〉, 2015.07.26, 곽호성, "메르스 사회적 비용 20조…더 강한 바이러스 출현하면?"

130. Hughes K. Focus on: Hendra virus in Australia. Vet Rec. 2014 Nov 29;175(21):533–4.

제5장

131. Nishiyama A, Wakasugi N, Kirikae T et al., Risk factors for SARS infection within hospitals in Hanoi, Vietnam. Jpn J Infect Dis. 2008 Sep;61(5):388–90.

132. Li Y, Guo YP, Wong KC et al., Transmission of communicable respiratory infections and facemasks. J Multidiscip Healthc. 2008 May 1;1:17–27.

133. Luis AD, Hayman DT, O'Shea TJ et al., A comparison of bats and rodents as reservoirs of zoonotic viruses: are bats special? Proc Biol Sci. 2013 Feb

1;280(1756):20122753.

134. Tong S, Li Y, Rivailler P et al., A distinct lineage of influenza A virus from bats. Proc Natl Acad Sci U S A. 2012 Mar 13;109(11):4269–74.

135. Brierley L, Vonhof MJ, Olival KJ et al., Quantifying Global Drivers of Zoonotic Bat Viruses: A Process-Based Perspective. American Naturalist, January 2016.

136. Zhang ZW, Liu T, Zeng J et al., Prediction of the next highly pathogenic avian influenza pandemic that can cause illness in humans. Infect Dis Poverty. 2015 Nov 27;4:50.

137. Herrick KA, Huettmann F, Lindgren MA. A global model of avian influenza prediction in wild birds: the importance of northern regions. Vet Res. 2013 Jun 13;44:42. doi: 10.1186/1297-9716-44-42.

138. Han BA, Schmidt JP, Bowden SE, Drake JM. Rodent reservoirs of future zoonotic diseases. Proc Natl Acad Sci USA. 2015 Jun 2;112(22):7039–44.

139. Zinstagg J. "One health": The added value of closer cooperation between human and animal health for Infectious diseases. One health Korea 2012. Seoul National University. Dec 12–14, 2012.

140. Van den Broeck W, Gioannini C, Gonçalves B et al., The GLEaMviz computational tool, a publicly available software to explore realistic epidemic spreading scenarios at the global scale. BMC Infect Dis. 2011 Feb 2;11:37.

141. Wesolowski A, Metcalf CJ, Eagle N et al., Quantifying seasonal population fluxes driving rubella transmission dynamics using mobile phone data. Proc Natl Acad Sci U S A. 2015 Sep 1;112(35):11114–9. doi: 10.1073/pnas.1423542112. Epub 2015 Aug 17.

142. 〈정책브리핑〉, 2015.09.06, "제2차 글로벌보건안보구상(GHSA) 고위급 회의 서울 개최"

바이러스 쇼크

초판 1쇄 발행 2016년 4월 5일
5쇄 발행 2017년 2월 20일
2판 16쇄 발행 2021년 3월 25일

지은이 최강석
펴낸이 서정희 **펴낸곳** 매경출판㈜
책임편집 여인영
마케팅 강윤현, 이진희, 김예인

매경출판㈜
등 록 2003년 4월 24일(No. 2-3759)
주 소 (04557) 서울시 중구 충무로 2 (필동1가) 매일경제 별관 2층 매경출판㈜
홈페이지 www.mkbook.co.kr
전 화 02)2000-2634(기획편집) 02)2000-2636(마케팅) 02)2000-2606(구입 문의)
팩 스 02)2000-2609 **이메일** publish@mk.co.kr
인쇄·제본 ㈜M-print 031)8071-0961
ISBN 979-11-5542-435-3(03400)

책값은 뒤표지에 있습니다.
파본은 구입하신 서점에서 교환해 드립니다.